制造业高端技术系列

装载机传动系统关键技术

邹乃威　著

机　械　工　业　出　版　社

本书从装载机的功能需求着手介绍了装载机对传动系统的性能要求，基于能量在装载机传动系统和液压系统之间的分配规律阐述了装载机对能量传递的要求，并介绍了传统装载机传动系统如何满足这两方面的要求；然后在此基础上介绍了近年来新兴的适用于装载机的无级变速传动技术，以及利用该技术开展装载机传动系统和液压系统功率合理分配控制的尝试和实践；最后介绍了新能源装载机对传动系统的要求，以及如何利用新能源技术在提高装载机能源利用率的基础上提高传动效率的理论和方法。

本书可供工程机械设计、研发等相关技术人员参考使用，也可供工科院校相关专业师生参考。

图书在版编目（CIP）数据

装载机传动系统关键技术/邹乃威著. —北京：机械工业出版社，2023. 11

（制造业高端技术系列）

ISBN 978-7-111-74193-0

Ⅰ. ①装…　Ⅱ. ①邹…　Ⅲ. ①装载机-传动系　Ⅳ. ①TH243

中国国家版本馆 CIP 数据核字（2023）第 215714 号

机械工业出版社（北京市百万庄大街 22 号　邮政编码 100037）

策划编辑：雷云辉　　责任编辑：雷云辉　王　良

责任校对：郑　婕　王　延　　封面设计：马精明

责任印制：常天培

北京机工印刷厂有限公司印刷

2024 年 1 月第 1 版第 1 次印刷

169mm×239mm · 17. 5 印张 · 309 千字

标准书号：ISBN 978-7-111-74193-0

定价：129. 00 元

电话服务　　网络服务

客服电话：010-88361066　　机　工　官　网：www. cmpbook. com

010-88379833　　机　工　官　博：weibo. com/cmp1952

010-68326294　　金　书　网：www. golden-book. com

机工教育服务网：www. cmpedu. com

序

装载机是一种典型的工程机械装备，在基础设施建设中发挥着解放生产力、提高生产效率和保障工程质量的作用，广泛应用于矿山、公路、铁路、机场、农田、水利和房地产等各种项目建设中为我国的现代化建设做出了重要贡献。但装载机的油耗较高，燃油的大量消耗必然会产生大量的温室气体。虽然国际上的有害气体排放法规对非公路机械都曾网开一面，相对于数量更庞大的公路机械降低了排放指标的要求，但在全面实施“双碳”战略的大背景下，人们也应该从装载机自身的工作特点出发，寻找一条符合长远目标的“双碳”发展道路。

长期以来，为了适应装载机载荷突变的特性要求，人们选择了一种具有载荷自适应特性的液力机械传动方案，它不但可以在突变的载荷工况下保护传动系统其他零部件免于破坏，还可以避免因为发动机过载而导致的熄火现象，提高了装载机的生产效率，液力机械传动方案因此受到青睐。但通过深入地研究装载机作业的循环工况不难发现，由于装载机传动系统广泛采用液力机械传动方案，其传动效率较低，在铲掘物料工况下有时甚至出现传动效率为零的极限工况，因此油耗率偏高。在“双碳”战略严格的要求下，装载机传动系统必须摒弃原有粗犷的技术路线，应以数据挖掘技术和先进的控制技术为支撑，重新选择一条更符合“双碳”战略的技术路线，实现装载机的“涅槃重生”。

其实，传动系统历来都是装载机的关键技术之一，围绕着如何适应装载机突变载荷的规律、满足装载机大转矩传动的需求、提高装载机传动效率和生产效率的目标，人们从未间断过对更加适合装载机的动力传动方案的探索与实践。如今，人们在数据挖掘技术的支撑下，清晰地认识到了装载机作业过程蕴含着的功率需求及分配规律，在先进制造技术的帮助下，能够生产出更耐久、更精细的传动部件，在智能化控制技术的支持下，实现了对传动系统速比的精细化控制，为装载机传动系统关键技术的突破与创新创造了条件，使研发和制造出更节能、更高效、更环保的装载机成为可能。

邹乃威教授长期以来一直致力于装载机传动系统关键技术和新能源装载机驱动理论及其控制技术的研究工作。《装载机传动系统关键技术》一书全面介绍了装载机传动系统从诞生、发展、完善，并最终走向多样化、智能化、环保化的完整历程，凝聚了作者多年来从事相关项目研究的成果，并将其进行了深入的再加工和再创造，使其更加完善、更加系统、更加具有指导意义。该书对装载机传动系统的关键技术进行了有序的梳理和系统的总结，形成了一套完整的理论体系。该书首先以装载机的作业性能为出发点，介绍了装载机对传动系统的性能要求，并运用数据挖掘的方法，详细分析了在装载机工作过程中，发动机输出的功率在传动系统和液压系统之间的分配及其耗散规律，介绍了传统装载机传动系统将发动机输出动力向传动系统和液压系统分配的方法及其导致的缺陷；随后又介绍了近些年新兴的适用于装载机的静液-机械复合传动无级变速技术，阐述了利用无级变速系统速比调节装载机传动系统和液压系统功率分配比例的理论和方法；最后，介绍了新能源装载机对变速传动系统的要求，以及利用新能源技术提高装载机功率利用率及传动效率的方法、理论和实践经验。该书提出了很多理论模型，并提供了相应的验证方法和支持该系列理论模型正确性的试验结论。该书可为广大工程技术人员提供技术指导，也可为科学研究工作者提供重要参考和借鉴，必将推动装载机传动技术以及类似机械传动技术研究的进步和发展。

赵丁选

2023 年 11 月 20 日

前　言

装载机是一种土方机械，其工作过程往往要求传动系统与液压系统配合工作，传动系统以合适的行驶速度和足够的牵引力配合液压系统驱动工作装置将物料铲装进入铲斗，随后再完成一系列的运输和卸载任务，装载机就这样周而复始地重复装卸作业。以往关于装载机的著作较多地关注于液压系统，专门讨论装载机传动系统的著作较为少见。其实，装载机传动系统是非常值得关注的，不仅仅因为它关乎装载机的传动效率、工作效率和关键零部件的使用寿命，还关乎传动系统与液压系统的功率分配比例。随着制造和控制技术的发展，一些新型的传动系统逐渐应用于装载机，由此衍生出关于装载机的一些新的传动理念和科学问题，值得深入探讨和研究。另外，新能源技术也在工程机械领域不断渗透，新能源技术在装载机上的应用必然会对传动系统提出一些特别的要求，本书一并予以研讨。

本书首先从装载机功率分配及耗散规律入手，对处于一线工地的装载机循环工况进行了广泛深入的调查研究，利用数据挖掘的方法，总结出了装载机作业过程中的功率分配及其耗散规律，制定了面向装载机作业终端功率需求特性的装载机循环工况数值文件，为装载机的正向设计与逆向仿真提供了基础数据文件，并总结出了装载机分配给传动系统与液压系统的功率在发动机输出功率约束下呈互补关系的规律。对于探索利用各种新型传动方案的装载机利用速比调节功率分配比例提供了理论支持。

其次，根据装载机动力传动的特点，确定了对传动系统的要求，比较了多种能够满足装载机传动要求的传动系统的优势和缺陷，得出无级变速传动系统是装载机最理想的传动方案的结论。在诸多能够实现装载机无级变速传动的方案中，确定了每一种无级变速传动方案的适用范围。经过农业机械领域和军事机械领域的迭代和优化，静液-机械复合传动无级变速系统具有传动效率高、变速范围宽、传递功率大和耐受突变载荷能力强的特点，21 世纪初，逐渐进入装载机无级变速传动系统大家族。通过建立数学模型和数值仿真等方法，充分论证了该传动系统适合于装载机，然后又基于装载机分配给传动系统与液压系统的功率在发动机输出功率约束下呈互补关系的规律，提出了利用无级变速系统速比调节装载机传动系统与液压系统功率分配比例的方案。通过一系列的仿真和试验证实了相应结论的正确性和有效性。

最后，基于装载机工作强度大、耗能率高和具有极强的规律性等特点，提出了混合动力装载机的七种节能途径，从根本上厘清了混合动力装载机的节能机理。在此基础上，提出了同轴并联混合动力、电力变矩混合动力、增程式混合动力和油-液混合动力等各种混合动力装载机的结构构型。每种构型均提出了对传动系统的具体要求，还着重利用仿真和试验的方法，对同轴并联混合动力装载机和电力变矩混合动力装载机的节能效果进行了验证。结果表明，同轴并联混合动力装载机结构改型较小，但能够实现混合动力装载机的节能途径有限，因此节能潜力不大；电力变矩混合动力装载机既能够取替液力变矩器，又能够在变矩过程中回收盈余的发动机功率，可从提高传动效率和能量利用率两个方面实现节能，因此节能潜力较大，是比较有前途的一种混合动力结构方案。随后，还介绍了纯电动装载机传动系统的匹配要求和特点，并介绍了已经量产的纯电动装载机的性能指标。

本书可作为装载机设计研发人员、车辆传动系统设计研发人员、装载机维修人员、装载机驾驶人员、装载机营销人员，以及工矿企业管理人员丰富知识的读物。装载机传动技术在几代专业人士的不懈努力下，早已改变了当初的模样，相信在未来的日子里，还会取得更加颠覆性的变革，以适应装载机独特的动力传动要求。希望本书能够为读者开启一扇通往装载机传动系统神圣殿堂的大门，开始一段认识并逐渐改进、革新装载机传动系统的传奇之旅。

在此衷心感谢赵丁选教授为本书作序。本书受国家自然科学基金项目（51105173、51775241）、汽车动力与传动系统湖南省重点实验室开放基金项目（VPTS202301）和宁波工程学院学术专著出版基金资助出版，同时笔者还参考了诸多行业同人的专业书籍以及国内外的文献资料，在此一并表示衷心感谢。

本书成书过程中虽数易其稿，但因装载机传动系统的知识体系博大精深，而作者水平有限，难免有疏漏之处，恳请广大读者批评指正。

邹乃威

目 录

第 1 章 装载机概述

装载机是一种土方机械，在它的帮助下，人类告别了肩挑背扛的岁月，步入了机械化施工的时代，不但极大地解放了生产力，还使基础建设的周期一再缩短、施工效率一再提高、工程质量也一再提升。装载机不仅加快了人类改造世界的进程，使生存环境越来越美好、越来越和谐，还助力人们创造了一个又一个的工程奇迹。

1.1 装载机的定义、发展历程和发展趋势

在开始详细介绍装载机的各种性能之前，有必要先明确装载机的定义并回顾装载机产生、发展、成熟和不断进步的过程，明确地界定将要深入阐述的对象及其走过了怎样一段不平凡的发展历程。

1.1.1 装载机的定义

装载机是一种自行的履带式或轮胎式机械，其前端装有主要用于装卸作业（用铲斗）的工作装置，通过机器向前运动进行装载和铲掘等作业。装载机的工作循环通常包括物料的装载、提升、运输和卸载。装载机的整车结构如图 1-1 所示。

由定义可知，装载机是一种特种车辆，而且有独立行走功能。装载机的行走系统可以是履带式的也可以是轮胎式的，分别称为履带式装载机和轮胎式装载机。其中，履带式装载机是整体车身，其地面附着能力较强，车身自重较大，牵引力和掘起力也较大，适用于泥泞、陡峭的山地，由于车身较为笨重，适用场合较少，现在已经基本退出历史舞台了，本书将主要介绍轮胎式装载机。轮胎式装载机（下文简称轮式装载机）是当前装载机的主流，本书在不做特殊说

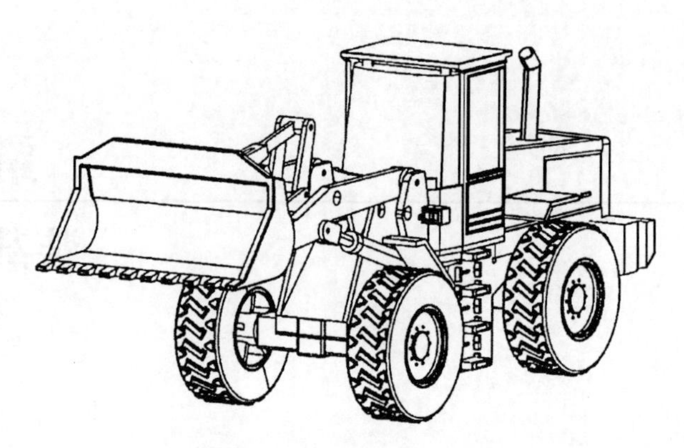

图 1-1　装载机的整车结构

明的情况下，装载机指的就是轮式装载机。轮式装载机结构轻便，操纵灵活，能够适应多种作业环境。

装载机最主要的特征在于其前部装有一个工作装置，工作装置上有一个可以翻转的铲斗（在无其他专门用途的情况下），用于铲装散装物料，铲斗在工作装置和液压系统的配合下可以实现放平、翻转、举升、卸料和收斗等一系列动作，完成对散装物料的铲装、运送和卸载等作业操作。

除此之外，装载机还具有极强的牵引性能，以便于铲斗插入料堆和克服各种行驶阻力，牵引力源自装载机的动力源，包括发动机、驱动电机或其他类型的原动机。动力源的动力表现为转矩和转速，会按需分配给装载机的附件系统、液压系统和传动系统，其中传动系统分配到的动力占比最大，经过变速传动后，以适当的转矩和转速驱动装载机行驶，并提供合适的牵引力。牵引力指标是衡量装载机性能的关键指标之一，传动系统的主要职能就是为装载机提供适当的牵引力，本书将着重阐述装载机传动系统的关键技术。

1.1.2　装载机的发展历程

装载机的产生和发展都要滞后于同时代其他车辆，技术上的“拿来主义”为装载机的技术更新和迭代免去了很多试错的过程，在一定程度上加快了装载机技术的发展进程。

（1）雏形阶段　最早的自行式装载机出现于 20 世纪 20 年代，其铲斗安装在两根与车身垂直的立柱上，铲斗的升降是靠钢丝绳牵动的。

从 20 世纪 30 年代开始，装载机的结构得到了较大的改进，并出现了轮式装载机。由于最初的装载机采用整体式车身，所以这段时期内的轮式装载机仍依靠轮胎偏航转向。

从 20 世纪 40 年代开始，装载机的驾驶室从车辆的后部移到了前部，从而改善了驾驶员装载货物时的视野，同时为了增强装载机的稳定性，也将发动机的位置由车身的前端移到了后端，因此，装载机的倾翻载荷大为增加，额定载重量也有所增加。为了增强装载机的转矩输入，同时也为了满足可靠性和安全性的要求，用柴油发动机取代了汽油发动机。至此，装载机的整机结构形式基本确定下来。

（2）液压驱动阶段　装载机诞生之初，铲斗一直都是安装在两根垂直于车身的立柱之间的，其上升要靠钢丝绳来牵动，下降则依靠重力复位。直到后来，开始在装载机上用两侧的动臂代替了垂直的立柱，用液压技术代替了钢丝绳控制铲斗，产生了更高级、控制更精确的作业装置。

20 世纪 40 年代末，受全轮驱动汽车技术的启发，出现了四轮驱动的装载机。这样，装载机的全部重量都可以作为垂直载荷，装载机的牵引力得以大幅提升，插入料堆的作用力也大大增加，配合由液压系统控制的工作装置，装载机的作业能力大幅提升。这是装载机发展过程中的一次重大突破。

（3）液力传动阶段　20 世纪 50 年代，随着液力传动技术的飞速发展和广泛应用，出现了第一台装备了液力变矩器的轮式装载机。液力变矩器能够在发动机输入功率不变的条件下，根据装载机的载荷变化，自动调节输出的转速和转矩，使装载机在铲掘阻力增加时也不至于发动机熄火，可以非常平稳地插入料堆。

装载机液力变矩器的工作原理可以表示为：在发动机输入功率一定的条件下，当装载机的铲掘阻力较大时，液力变矩器的输出转矩会自动增加，以平衡增大的铲掘阻力，同时放慢输出的转速；当装载机的铲掘阻力较小时，液力变矩器的输出转矩会自动减小，同时提高输出的转速，以提高作业效率。

由于装载机在结构和性能上的改进，其工作效率得到提升，应用范围得到拓展，应对物料的种类得以拓宽。这是装载机发展过程中的又一次重大突破，提高了装载机的适应性能、牵引性能和使用效率及寿命。这个时期，装载机开始形成系列化和专业化，装载机的应用也得到了普及。

（4）铰接车身阶段　20 世纪 60 年代以前的装载机均为整体式车身，即便是轮式装载机，其转向也只能依靠转向轮胎来改变航向角，进而实现装载机的转向，整机灵活性较差，转向半径较大，作业场地要求较宽阔。20 世纪 60 年代出现了铰接式装载机，装载机的车身做成两截。转向时，车轮不转动，而是通过车身折弯实现转向，如图 1-2 所示（R_1 和 R_2 中较小者为最小转弯半径）。这种结构使装载机的转向性能大为改善，提高了装载机的机动性和操纵稳定性。由于最小转弯半径减小，装载机作业循环的行驶距离大幅减小，生产效率得到大幅提升，同时对狭窄场地的适应能力增强，这是装载机发展过程中第三次重大突破。

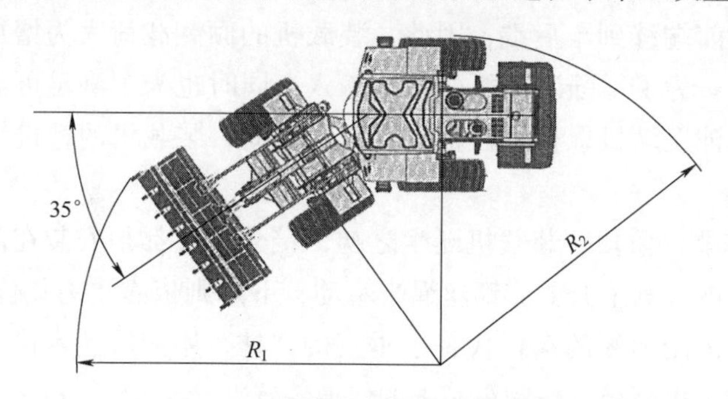

图 1-2 铰接式装载机最小转弯半径

（5）现代化发展阶段 20 世纪 70 年代至 80 年代，装载机朝着整机结构安全、操纵省力、维修方便、减少污染、舒适等方向发展。

到了 20 世纪 90 年代以后，装载机主要向节能、环保、安全、高效和人性化操作等方向发展，此时不再仅仅追求单机效率，而是更注重多机联合作业整体效率的提升。进入信息化、电子化时代，装载机更加注重信息的高效合理运用，包括信息的采集、传输、管理和应用等范畴。

1.1.3 装载机的发展趋势

经过了一个多世纪的发展，装载机已经演化成了一种功能完备、用途广泛、定位明确的工程机械设备，在未来的日子里，装载机仍将随着科技的不断发展，逐渐优化和丰富自身的功能，拓展用途。未来装载机将沿以下几个趋势发展，达到人与机械和谐共处的新境界。

（1）系列化 系列化是工程机械发展的必然趋势。装载机的额定载重量要与运输车辆等其他衔接设备的作业能力相匹配，例如运输车辆的吨位要与装载机的额定载重量相匹配，才能够最大限度地发挥装载机的性能，否则，将出现运输车辆不能满载，浪费运力的情况。为了适应不同的作业要求，配套工程机械设备的系列化“倒逼”着装载机也要实施系列化，且随着市场细分的要求变化，装载机的系列化行为将更加全面，也更加“主动”。

（2）大型化 为了提升作业效率、增强作业能力、方便运营管理、减少作业成本和应对更大更难铲掘的物料，装载机需要向大型化发展。实践表明：装载机的尺寸越大，其整机重量越大，完成一定量的装卸任务需要的循环次数就会减少，铲掘能力也越强，同时需要装载机的数量也会减少，出现故障的概率也会下降，可以实行“歇人不歇设备”的轮班制，发动机功率的有效利用率也会增加，单次能够吞下更大“粒度”的物料，尤其是整体物料，破碎物料的需求降低，且保持物料完整性的能力增加。目前，世界上最大的轮式装载机——勒图尔勒 L2350 型电力传动轮式装载机，整机重量已经达到 265. 8t，斗容已经达到 65. 75m^3，额定载重量已经达到 72. 6t，是不折不扣的开山利器。

（3）小型化　为了全方位地满足不同应用场合的需求，装载机已经进入了多用途、小型化的发展阶段。首先，推动这一发展的因素源于液压技术的成熟应用，通过合理地设计液压系统，可以使装载机的工作装置完成多种作业任务；其次，快速可更换连接装置的诞生也推动了这一发展，通过在工作装置上安装快速换接装置，能够在作业现场完成各种属具的快速更换，有时驾驶员甚至不需要离开驾驶室就可以完成换装操作。一方面，小型装载机通用性得以提高，用户可以在不增加投资的前提下，充分发挥设备的性能，完成更多的作业任务；另一方面，小型装载机能够代替人力劳动，提高生产效率，适应狭窄的施工场所以及特殊的作业环境，因此，装载机的小型化也将成为未来装载机发展的一个趋势。

（4）节能化　自 20 世纪 70 年代起，全世界范围的能源危机就从未真正停止过，且有愈演愈烈的趋势。装载机的能耗率一直居高不下，调查数据表明：中等吨位的装载机满负荷工作一小时的燃油消耗量与经济型小轿车行驶 500km 的燃油消耗量相当。研究表明：装载机的动力供应系统、传动系统和液压系统均存在较大的节能潜力。未来装载机将综合运用发动机控制技术、混合动力技术、传动系统优化技术、液力变矩器闭锁技术、静液-机械复合传动无级变速技术、液压系统的复合敏感技术和液压系统的变排量技术，针对装载机各个子系统的能量消耗和能量耗散规律及特点制定节能策略，实现装载机的节能化。

（5）环保化　地球是人类共同的家园，人类必须共同努力保护生存环境，碳达峰和碳中和是全人类对大自然共同许下的一个诺言。这个诺言对于装载机等依靠化石燃料提供动力的工程机械是一个极大的挑战。未来装载机在节能化要求的前提下，还要考虑低碳、环保的要求，因此，代用燃料驱动技术、混合动力驱动技术甚至纯电驱动技术将在装载机上大范围应用。除此之外，噪声也是装载机对环境不友好的一个突出表现，动力供应系统的主动降噪技术、散热系统的分散按需运转技术、传动系统的齿轮修形技术等都曾取得了良好的降噪效果，未来装载机更突出的降噪要求将有赖于各项技术的进一步突破和相互整合。

（6）人性化　未来的装载机将更加注重操作人员的人身安全和操作环境的人性化设计。驾驶室的防翻滚保护和防落物保护将更细致、更严密、更周到；驾驶室的操作环境将更安静、更干净、更舒适；驾驶员的操作动作和意愿表达将更方便、更省力、更精准；装载机运行信息的表述将更明确、更直接、更易懂；装载机的维护与维修工作也将更简单、更便捷、更智能，未来装载机处处都将体现出人性化的特点。

（7）智能化　在信息化时代的背景下，装载机的智能化发展将成为必然。智能网联汽车即将落地独自行驶，在自动驾驶技术的推动下，装载机的自动铲装技术已经从实验室走向市场，将来装载机将代替人类自动完成重复性的枯燥操作，甚至能够代替人类前往危险性极高、极不适于人类生存的环境，完成挖掘、装卸、铲运和举升等操作任务。

1.2　装载机的基本构成

装载机是一种自行式作业车辆，它既具有车辆的基本特征，又拥有作业机械的功能。装载机的动力系统不但要为其行走系统提供驱动动力，而且还要为作业装置提供必要的能量，也要为装载机能够维持正常运转提供可靠的辅助支持。其中，行走系统主要靠传动机构驱动，工作装置由液压系统驱动，行走系统要与工作装置相配合，共同完成散装物料的铲、装、运等各个作业环节，附件系统则要求动力系统提供稳定的动力供应，以维持系统的正常运行。从系统构成的角度来划分，装载机主要由车身部分、工作装置、液压系统和传动系统等部分构成，如图 1-3 所示。

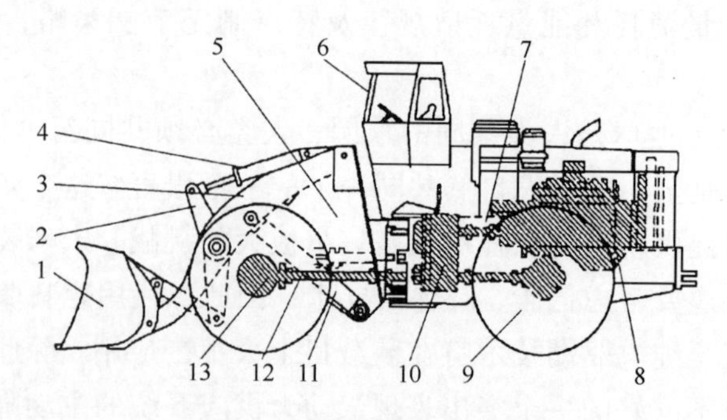

图 1-3　装载机的总体构造

1—铲斗　2—摇臂　3—动臂　4—转斗液压缸　5—前车架　6—驾驶室　7—后车架
8—发动机　9—驱动轮　10—变速器　11—动臂液压缸　12—传动轴　13—驱动桥

1.2.1　装载机车身部分

装载机的车身主要用于承载装载机的各系统零部件，承受作业装置的各种反作用力和力矩，抵抗因此产生的各种应变，为铲、装、运提供灵活可靠的自行驶车身载体。

（1）驾驶室　驾驶室是承载驾驶员的自由空间，与其他车辆驾驶室的位置不同，装载机的驾驶室安装在装载机的最高处和最中央的位置，为避免转向时驾驶室的摆动造成驾驶员眩晕，现代装载机通常将驾驶室固定在后车架上。驾驶室前后左右的视野均应良好，尽量减小视野盲区，有必要时可在盲区安装摄像头，将画面引入驾驶室供驾驶员参考。出于保护驾驶员人身安全的考虑，驾驶室要做好防侧翻和防落物保护，必要时可在周围安装强度足够的金属防护网。为了减轻驾驶员操作的疲劳，改善舒适度，驾驶室要做好隔振、消声、防尘等处理，这样能够减少外界对驾驶员的干扰，使驾驶员能够更安心地专注于装载机的操纵。驾驶室内的操作部件尽量布置在驾驶员容易触及的位置，如左手操纵方向盘，右手操纵手柄就可以完成正常的装卸作业，左脚制动，右脚加速，避免频繁地切换手和脚操作而造成误操作。

（2）车身　现代装载机的车身不同于其他车辆的整体式车身，分为前、后车架，中间用铰接销连接成为整个车身，通过安装于前、后车架之间的左、右转向液压缸的共轭伸缩运动实现车身的整体折弯和车辆的转向，最大的折弯角度一般为 35°，如图 1-2 所示。前、后车架结构的分体式车身能够使装载机的超长车身实现铰接式转向，更容易达到减小转弯半径的目的，使装载机的作业更加机动、灵活，以达到缩短作业距离的要求。前车架较为小巧，主要任务是承载动臂、摇臂和铲斗等工作装置；后车架较大，主要承受发动机、传动系统、液压系统、驾驶室和配重等装载机自身的载荷，同时也是装载机自重的主要承受体。此外，车身和驾驶室还包裹着一层“漂亮的外衣”。近年来，装载机也像其他工业产品一样，开始注重自身的“形象”了，在“形象”升级的同时，更注重其对内部构造和驾驶员的保护及消声作用，发动机舱内的噪声不容易传出来，驾驶室外的噪声不容易被里面的驾驶员察觉。

（3）轮胎　为了增加轮胎的地面附着力，装载机普遍采用工程轮胎。工程轮胎的扁平比或高宽比较大，即：轮胎断面的高度与宽度之比较大。普通乘用车一般采用较小扁平比的轮胎，以增加轮胎的侧偏刚度，减少行驶过程中的偏航现象。装载机选装的工程轮胎扁平比比普通乘用车的高，主要原因是装载机的车身没有弹性悬架，需要靠轮胎的弹性吸收和缓冲来自地面的振动激励，同时，依靠提高压力来改善轮胎的侧偏刚度。另一方面，装载机的作业距离较短且行驶速度较低，对于行驶跑偏的问题并不敏感。此外，装载机采用工程轮胎减振也带来了一个负面效应，即轮胎的弹性特性与装载机重量分布特性的耦合作用，使装载机在行驶时受其自身激励作用，会形成与行驶方向垂直或沿行驶方向俯仰的振动，当车速达到一定值时会形成共振效应，给驾驶员造成很糟糕的驾乘体验，目前，还没有很好的方法从根本上解决该问题。

1.2.2 装载机的工作装置

装载机主要依靠其工作装置完成一系列的作业任务，所以其最突出的特点就体现在工作装置上。工作装置不仅构成复杂，而且力学特性恶劣，为了应对不同的作业类型，装载机的工作装置演化出了多种类型。

（1）工作装置的构成　一般来说，装载机的工作装置是指支撑铲斗实现铲掘、翻斗、举升和收斗等一系列作业动作的连杆机构。通常装载机采用的连杆机构有两种：反转六连杆和正转八连杆，它们都由动臂、摇臂、连杆、动臂液压缸、转斗液压缸和铲斗等构件组成，图 1-3 所示为反转六连杆工作装置。其中，液压缸都是双作用液压缸，其伸缩运动都可以通过液压系统控制实现，动臂液压缸和转斗液压缸分别控制着动臂和摇臂的升降和转动，最终合成了铲斗的各种执行动作。早期的动臂液压缸和转斗液压缸只能分别操纵，完成一次铲装往往要交替操作数次，如今的装载机可以同时操纵两个液压缸，完成一个复合动作，大大简化了作业的操作过程。

（2）对工作装置的要求　装载机对工作装置的运动有三方面的要求，首先，当动臂处于某一作业位置而不动时，在转斗液压缸作用下，通过连杆机构应能使铲斗绕铰点转动，如图 1-4 所示。

其次，当铲斗液压缸闭锁时，动臂提升或下降的过程中，连杆机构应能使铲斗平移，即：斗底平面与地面夹角变化控制在很小的范围内，避免装满铲斗的物料由于铲斗的倾斜而散落，如图 1-5 所示。

最后，当动臂下降时，能自动将铲斗放平进行铲装，降低驾驶员的劳动强度，提高作业效率。

装载机工作装置的任务是铲装物料，其承受的外界作用力和对外施加的作用力均为衡量装载机性能优劣的指标。一方面，装载机在铲装物料的过程中，不能因超载而破坏；另一方面，装载机铲掘物料和举升物料要通过工作装置来完成，在装载机牵引性能一定的条件下，使其铲装力、掘起力和举升力发挥到极致也是对工作装置提出的挑战。

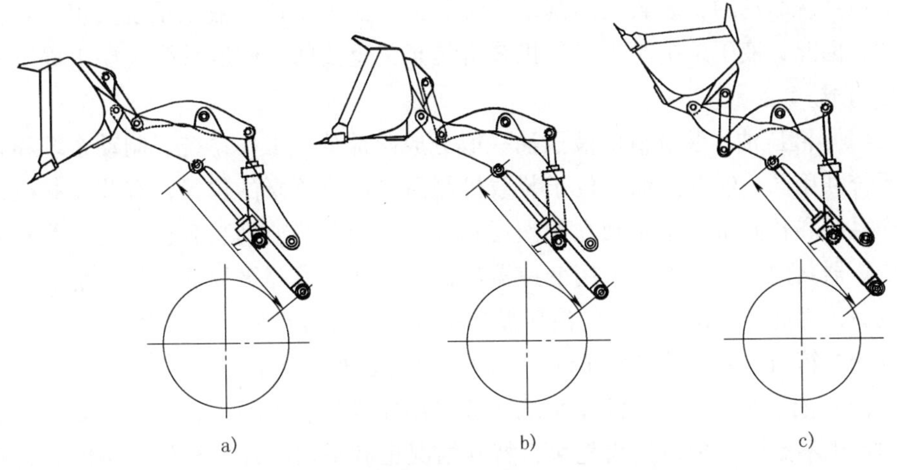

图 1-4　动臂闭锁转斗液压缸可以自由伸缩

a）铲斗卸料　b）铲斗放平　c）铲斗平举

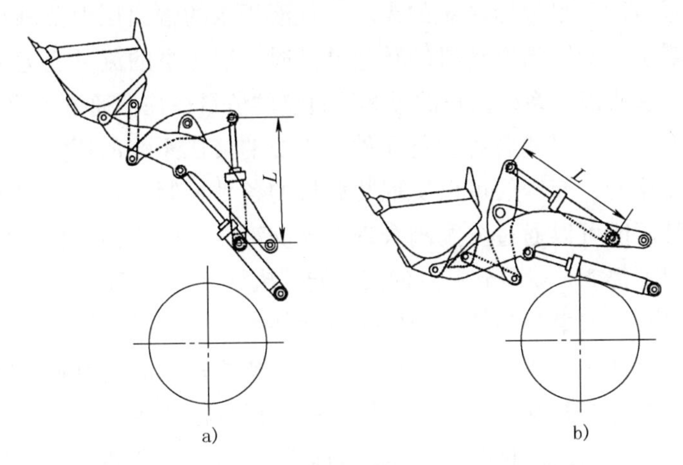

图 1-5　转斗液压缸闭锁升降动臂铲斗角度变化不大

a）动臂提升　b）动臂下降

（3）工作装置的多样性　为了使装载机能够适应不同的物料，或者称为作业类型，装载机拥有多样化的工作装置，通过换装不同的工作装置使装载机能够胜任各种作业任务。工作装置比属具的范畴要更广泛一些，例如通过更换工作装置，装载机可以变身为推土机和起重机等。

1.2.3　装载机的液压系统

装载机的工作装置是靠液压系统驱动的，铰接式装载机的转向系统也是依靠液压系统驱动的，装载机的制动系统和变速器也是通过液压系统实现远程控制的，因此，液压系统对于装载机来讲是至关重要的，液压系统主要由以下五部分组成。

（1）液压油　装载机的液压油一般分成两部分：工作系统、制动系统和转向系统共用同一油源，油箱位于装载机侧面靠近液压泵的位置，有些装载机的工作系统和转向系统采用独立的液压系统，比如卡特彼勒装载机；变速器和液力变矩器共用一个油源，采用变速器油，由于其压力等级较低，控制精准性要求较高，因此需要构成独立的液压循环系统。因为需要强制冷却降温，“双变”系统的油箱与发动机散热器靠近，一般共用发动机的冷却风扇。

（2）液压泵　装载机液压系统一般采用成本低、体积小、工作可靠且对液压油污染不是十分敏感的齿轮泵，特殊情况也有采用叶片泵和柱塞泵的。装载机变速器留有驱动液压泵的动力输出端口，该输出端口的动力直接来自发动机。液压泵的转速与发动机转速成正比，设计装载机时选配的液压泵要求在发动机怠速时的流量应能满足液压系统的需求，且液压泵的输出压力要满足液压系统最高压力的需求，所以当发动机的转速升高时，液压泵的流量会远远超过液压系统的需求，造成液压系统流量的过剩，过剩的流量往往会通过溢流阀卸荷。

（3）液压阀　装载机各种执行元件所需要的液压系统的压力、流量和方向都是随工况变化的，液压阀可以实现装载机的各种控制要求。比如工作泵和转向泵输出的液压能可以通过分配阀合理地支配液压能的走向，使不同的液压回路在各种工况下都能及时得到满意的液压能，执行各自的职能。

（4）液压缸　装载机液压系统的执行元件主要是各类液压缸：动臂液压缸往往成对使用；转斗液压缸对于六连杆系统，吨位较小的用单缸，吨位较大的用双缸，对于八连杆系统，为了不干扰驾驶员视野往往都采用双转斗缸；转向缸一般都是成对使用的，且两个液压缸的运行状态是对偶共轭的。为了在发动机不工作时仍能发挥制动作用，制动系统往往在发动机运转时使蓄能器保持一定的压力，再采用蓄能器为制动液压缸提供液压油源，四个制动缸一般同时制动。

（5）辅助元件　装载机液压系统的辅助元件主要包括：油箱、滤清器、散热器、加热器、密封圈、传感器、油管及管接头。由于装载机作业环境振动剧烈，经常连续作业，液压系统经常在油温较高、峰值压力较大的环境下工作，且装载机的液压油较容易受到污染，所以装载机的辅助元件要经受住1.5倍于工作压力（峰值压力），循环次数为100万次的冲击试验，且能够承受最高工作压力3倍以上的耐强压试验才算合格。

1.2.4　装载机的传动系统

现代装载机往往采用四轮驱动结构，传动系统具有总的速比大、转速低、转矩大、速比切换迅速和耐受冲击载荷能力强等特点，具体由以下三部分构成。

（1）变速传动系统　在传统装载机传动系统中，能够实现变速传动的通常只有液力变矩器和变速器，二者合称为装载机的“双变”系统。其中，液力变矩器具有柔性传动的特点，能够根据行驶阻力的变化自动调节速比的大小，确保传动系统顺畅工作，避免发动机熄火，在一定程度上提升装载机的作业效率，同时也是装载机传动效率低的根本原因所在；变速器通过切换参与传动的齿轮，改变它们的齿数比，从而强制改变传动路线的速比，使其呈阶跃性变化特性。为了实现装载机平滑的速比切换，减小对零部件及整机冲击的目的，在变速器换档阶段，液力变矩器仍需保持其柔性调节特性。长期以来，装载机享受着“双变”系统完美的配合带来的舒适性和方便性，同时也忍受着其传动效率低和速比不可控带来的负面效应，本书在后面的章节中将会介绍几种取代装载机“双变”系统的传动方案。

（2）分动传动系统　为了增加地面附着系数利用率，装载机普遍采用四轮驱动的结构形式，传动系统需要将动力分别传递到前后两个驱动桥上，分动传动系统就是实现这一功能的。装载机的分动传动系统一般与变速器做成一体，将变速器直接设计成向前后桥双输出结构。输出的动力经过传动轴传递到各自的驱动桥。为了适应装载机车身的铰接式转向的特性，又要适应传递较大力矩的特性，采用十字轴式万向节传递动力。同时，为了使传递到前后桥的转速均为匀速，中间传动轴的两个端部万向节叉必须在同一平面上，且总体布置要确保在装载机转向时，中间轴与前后传动轴的夹角保持一致。

（3）终端减速传动系统　装载机的车速要求较低，驱动转矩要求较高，变速器输出的转速和转矩仍不能满足装载机的驱动要求，仍需要经过传动系统的减速、增扭、差速和改变方向。传动轴输入前后桥的动力是绕着装载机纵轴方向旋转的，而驱动装载机的动力要绕着装载机的横轴方向旋转，需要转向 90°，且在装载机转向行驶或在不平路面行驶时，同轴的左右车轮要实现差速，所以主减速器采用主齿轮将动力的传动方向改变了 90°，差速器实现了同轴上的左右轮的差速。前后桥都包含主减速器和差速器，经过 90°转向、减速和差速的动力，传递给半轴。传递到半轴的动力仍然转速较高、转矩较小，仍需进一步减速、增扭才能满足装载机的驱动要求。行星机构的大速比轮边减速实现了装载机最终端的减速、增扭作用，太阳轮接输入半轴，齿圈固定，行星架接输出轮缘，实现装载机的动力输出。

1.3 装载机的功能和用途

装载机可针对土壤、沙石、石灰、煤炭等散装货物的铲、挖、装、运、卸等作业，也可以针对矿石、硬土等做轻度铲挖作业，还可以用来进行平整场地作业。换装不同的工作装置后，又可以完成棒料装卸、重物起吊和搬运集装箱等。在缺乏牵引车的场合，装载机还可以用作牵引车。

1.3.1 装载机的功能

装载机前端装配了一个带铲斗的工作装置，使得装载机可以实现很多其他车辆难以胜任的功能。另外，由于装载机的车身重量较大，又具有全轮驱动结构，因此牵引力较大，在工程施工领域可以发挥其独特的牵引功能。

（1）铲装功能　铲装功能是装载机最基本的功能之一。对于比较松散的物料，让铲斗保持在水平位置，使动臂下铰点距离地面200mm，装载机以低档快速驶向料堆。当装载机距离料堆1m左右时，动臂下降，使铲斗底部接地，同时降低行驶车速，将铲斗插入料堆，如图1-6a所示。当铲斗插入料堆后，提升动臂，如果铲掘阻力较大，间断地向上翻转铲斗，使其配合动臂的提升，以达到装满铲斗的目标，如图1-6b所示。铲装后剩余的物料要及时清理，否则会影响装载机的使用寿命。

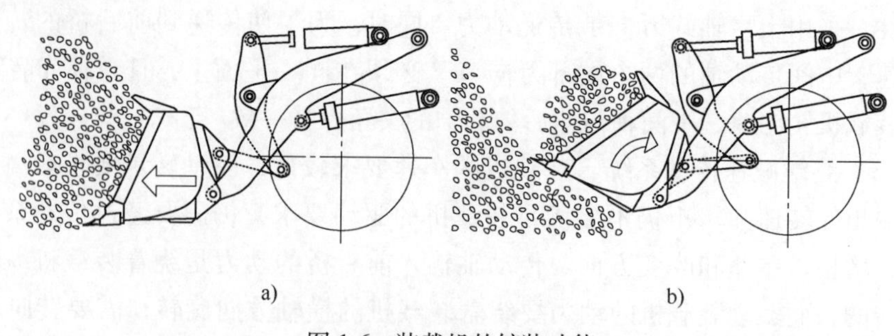

图1-6　装载机的铲装功能

a）插入料堆　b）反转铲斗

（2）卸载功能　向运输车的货厢卸载货物是装载机的又一项基本功能。装载机往运输车辆或料斗卸载物料时，要求将铲斗提升至铲斗前翻时不至于碰到货厢或料斗的高度，操纵铲斗前倾翻转，将物料倾卸到货厢或料斗内，如图1-7

所示。卸载时要求动作缓和，以便减轻物料对承载体的冲击。当物料黏附在铲斗上时，可以通过反复前倾翻转铲斗，使铲斗与物料分离。卸载完毕后，将铲斗回收至初始位置，将动臂也下降至初始位置，准备下一循环的作业。

（3）铲运功能　装载机的铲运功能是指铲斗装满物料后，再运送到较远的位置去卸载。通常在软路面或未经平整的场地上，而运输车辆不能靠近场地，或运距过近，不值得经历一次装卸作业并启用运输车辆的情况，就必须用装载机进行铲运作业。装载机在进行铲运作业时，为了安全稳定作业，并保持良好的视线，应将铲斗转至收斗状态的极限位置，并保持动臂下铰点距地面 400~500mm 的高度，如图 1-8 所示。

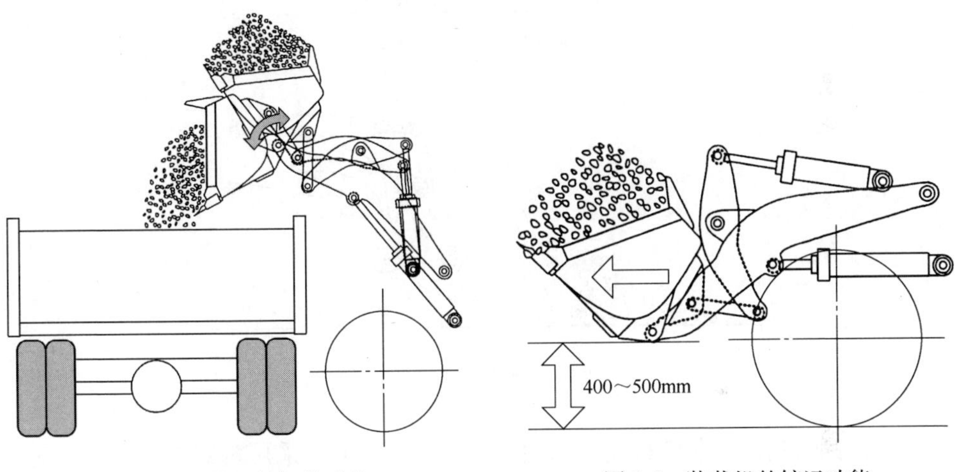

图 1-7　装载机的卸载功能　　图 1-8　装载机的铲运功能

（4）挖掘功能　对于不太硬的土壤或原生土，装载机可以对其进行挖掘作业，随后将挖掘的散料收集和铲装。装载机挖掘作业时，先将动臂放下，并操纵铲斗使之与地面呈一定的负角（图 1-9a），然后让装载机前进，使铲斗切入地面上附着的物料，切入的深度一般保持在 150~200mm 之间，对于附着力较强的物料，可以通过操纵动臂，使铲斗抖动，以便切入更深层的物料（图 1-9b）。装满铲斗后装载机将铲斗回收，提起动臂，并保持动臂下铰点距地面 400~500mm 的高度。装载机驶向目的地倾卸物料。

（5）推运功能　装载机也可以用作推土机，将散铺在地面上的物料，经过推运后聚集成堆，再发挥装载机的铲运功能。运用装载机进行推运作业时，要将铲斗平贴地面，如图 1-10 所示。装载机满负荷向前推进，若遇到障碍物，可以稍微提升动臂继续推运，待越过障碍物后，再将动臂降回初始位置。为了保障推运作业的顺利进行，在推运过程中动臂的位置要随时调整。

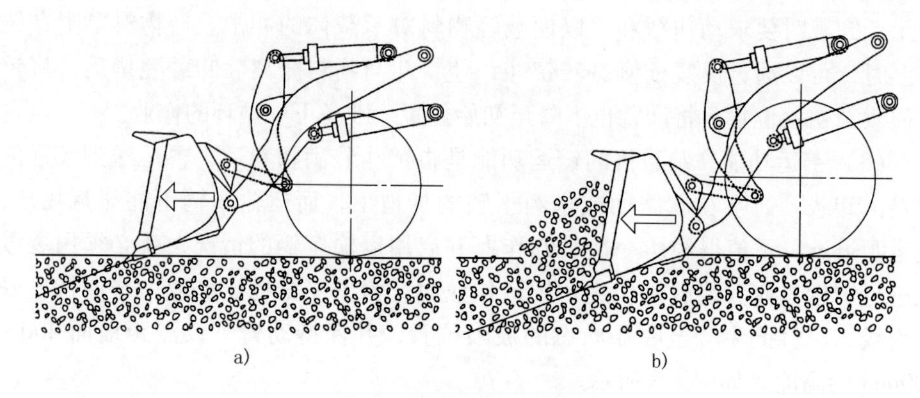

图 1-9　装载机的挖掘功能

a）准备挖掘　b）挖掘过程

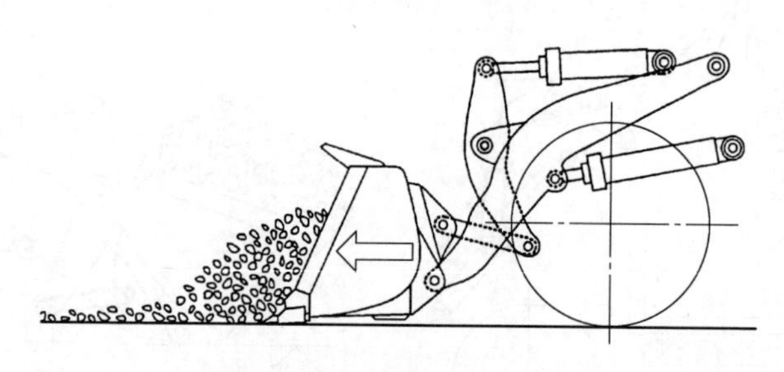

图 1-10　装载机的推运功能

（6）刮平功能　装载机还可以用于平整路面作业。采用装载机刮平作业时，应将铲斗翻转到底，使切削刃触及地面。对于硬质路面，动臂应处于浮动状态，由硬质路面来限制切削刃的下限位置。对于软质路面，动臂应处于中间的某个固定位置，防止切削刃穿透破坏路面。刮平作业要求装载机倒退行驶，用切削刃刮平地面。为了使路面更加平整，可以进一步加工地面，还可以进行精平。将铲斗后方装上一些松散土壤，水平放在地面上，向后左右缓慢蛇形，边走边压实，可以弥补初步刮平之后的缺陷，如图 1-11 所示。

（7）压实功能　装载机的整机重量大，是理想的压实机械。地面压实作业包括：撒土、摊平、碾压与夯实等几道工序。撒土时，土壤装入铲斗后，在斗底离地 800mm 处，将铲斗前倾一个角度，然后，装载机向后行驶，同时快速反复抖动，把所有土壤平均撒布在路面上。撒土后，可利用装载机的自重，在撒土路面上往返行驶，进行碾压。最后，进行夯实作业，将装载机的动臂完全放到最低处，铲斗底贴地。在后退的同时，使前轮离地 100~200mm，再放倒铲斗。此后，把铲斗略微提起，利用装载机的自重和斗底向下拍打，以夯实地面。

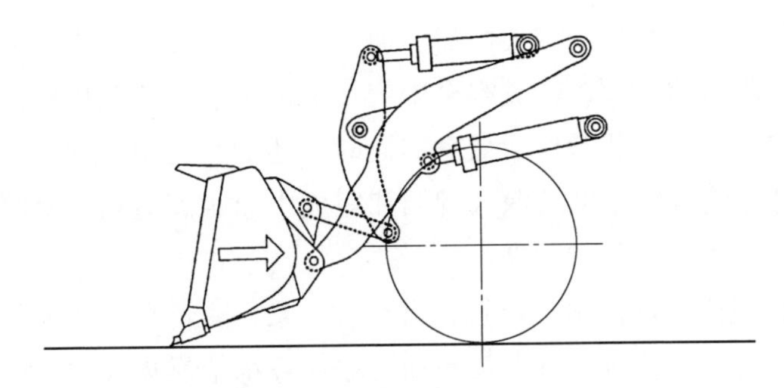

图 1-11　装载机的刮平功能

（8）牵引功能　装载机具有卓越的牵引性能，在一些特定的情况下，可以作为牵引设备。利用装载机进行牵引作业时，需要将拖车牢靠地固定在牵引钩上。一般装载机都是采用四轮驱动进行牵引作业的，因为此时更能发挥装载机的牵引性能。装载机牵引作业时，铲斗需要置于收斗位置，且最低点离地 400~500mm。拖车应配有制动装置，以确保在坡道上牵引作业的安全。利用装载机进行牵引作业时，决不允许出现前轮离地或后轮离地的现象，以免单桥受力，造成单桥负载过大而损坏驱动桥的主传动齿轮或轴。

装载机除了可以进行上述作业外，还可以进行抓取物料，叉装木料，清除树桩、电线杆、大石头和碎石等作业。这些作业可以利用抓斗的剪切动作实现，也可以换装其他的专用工作装置完成。

1.3.2　装载机的用途

因为装载机具有上述各种功能，且换装不同的专用工作装置还可以实现更多的功能，所以装载机的用途非常广泛。但是最常见的用途，也最能突出地体现装载机性能的，还是表现在针对散装物料的铲、装、运作业方面。

（1）矿山、矿井　一方面，装载机可以将采集成堆的矿石和煤炭等矿料从地面收集起来，运送到运输车辆旁，再将矿料卸载到车厢内，避免了繁重的人力装车作业，同时提高了劳动生产效率；另一方面装载机也可以直接用作采集设备，将煤炭等矿料从原生矿床上剥离下来，然后将其聚集成堆，或者用装载机收集爆破后散落四处的矿料。装载机强劲的动力性能，助力采矿业生产效率成倍增长，因此，装载机已经成为采矿行业的主力军，采矿也成为装载机的主要用途。

（2）港口、码头　散装物料历来都是港口和码头的主要装卸对象，早期普遍采用人力装卸物料，不仅劳动强度大，耗费大量的人力，装卸效率也成为阻碍进出港货物吞吐量增长的主要障碍，而且采用人力装卸需要将散装物料先分装成便于人类搬运的单位，造成很多中间环节的浪费。装载机可以将散装物料直接装入货厢，在加快装卸作业效率的同时，还能避免中间的分装环节，节省了成本。此外，装载机还可以深入货厢和完成中短距离运输，使散装物料的装卸真正达到“一步到位”的效果。

（3）工程施工　现代化的建筑、道路、桥梁、隧道和国防工程的施工早已进入机械化时代，大量的土石方装卸和运输任务都依靠现代化机械完成。装载机成为工程施工绝对的主角，其主要作业对象包括：沙石、水泥、石料、渣土等建筑用的原材料和建筑废料。这些物料一般都具有体积和数量庞大、致密坚硬且对其操作伴有粉尘和污染的特性，所以，采用装载机与运输车辆配合作业是工程施工的最佳搭配。而且工程施工不但要保证质量还要保证速度，这些对于装载机来说都是可以克服的困难，可以保证如期完成任务。

（4）农田、水利　现代农业对农田和水利建设提出了更高、更严格的要求，要求农田更加平整，要求灌溉更加及时、方便，这些目标的达成都离不开装载机的帮助。一方面，土壤是装载机最普通的作业对象，农田水利工程经常需要进行平整土地、开挖沟渠和修建堤坝等繁重的作业，采用装载机可以加快工期进度；另一方面，农田水利工程对施工质量的要求往往较高，对土地的平整度和沟渠的直线度及堤坝的坡度等指标有着严格的要求，在一些专用设备的支持下，装载机可以轻松地达到各项施工指标的要求。

（5）市政工程　随着城镇化水平的加速和城市基础设施老龄化的严重，市政工程逐渐增多，这些工程对施工质量要求都很高，同时工期要求尽量短，尽量不要给市民的生活带来不便。装载机是市政施工机械大家庭中的一员，它同其他机械共同包揽了城市修缮、美化和再建设的光荣任务，广泛地应用于园林绿化、清淤疏通、清理垃圾、环境治理和道路维修等领域。其中，最典型的应用是在北方一些城市的清雪工作，装载机通过换装专用的清雪设备，在降雪后甚至在降雪期间就将积雪铲除干净，再将积雪装运到运输车辆的车厢里，由运输车辆将其运送到指定地点等待消融。

（6）抢险救灾　大自然并非一直都对人类友好，有时也会显露出它狰狞的一面，自然灾害就是它不友好的表现形式之一。在装载机和其他工程机械的帮助下，人类战胜灾害的勇气和智慧得以充分展现，遥控操作或无人驾驶装载机能够代替人类深入险境，执行各种不可能的任务，帮助人类抵御自然灾害。

1.4　装载机的分类

从定义上说，能够实现装卸作业的自行式机械设备都可以称为装载机，且装载机可以通过更换属具和工作装置完成更多作业任务，从这个意义上说，装载机概念的外延十分广阔。装载机可以有不同的分类方法和分类标准。

1. 按照行走方式分

装载机是一种自行式作业设备，行走系统需要与工作装置配合完成一系列动作，最终才能实现铲、装、运等功能。按照行走装置的不同，装载机可分为履带式装载机和轮式装载机。

（1）履带式装载机　履带式装载机是以专用的履带底盘为基础，装上工作装置及操作系统而构成的，其中，履带行走系统由主动轮、引导轮、托带轮、承重轮和履带构成，如图 1-12 所示。履带式装载机一般采用整体式车身，单边制动原地转向，转向时对地面损伤较严重，具有接地比压小、通过性好、重心低、稳定性好、附着力强、牵引力大等优点，但是也存在车速较慢、灵活性较差、整车重量大、成本高和行走时易损坏路面的缺点。目前，履带式装载机的市场份额已经很少了。

图 1-12　履带式装载机

（2）轮式装载机　轮式装载机是以专用的轮胎底盘为基础，配置工作装置及操作系统而构成的。轮式装载机的驱动形式有两轮驱动和四轮驱动之分。两轮驱动的经济性较好，但附着性能稍差。目前，装载机多数采用四轮驱动结构。轮式装载机可以采用整体式车身，也可以采用铰接式车身，对应的转向形式分别采用梯形转向和铰接转向。轮式装载机具有重量轻、车速快、机动灵活、工作效率高、行走时不破坏地面等优点，在工程建设中被广泛使用。当前，轮式装载机的市场份额远高于履带式装载机。

2. 按照车身结构分

装载机车身也称为底盘，是装载机承载零部件和承受外部载荷的主要部位。按照车身结构划分可分为整体式装载机和铰接式装载机。

（1）整体式装载机　整体式装载机的车身为一个整体，车身不可以产生相对运动，所有部件在车身上的装配位置相对固定，包括工作装置的铰接点位置相对于整车都是固定的。早期的装载机均为整体式车身，直到20世纪60年代才出现前后车身铰接的装载机，现在的履带式装载机仍采用整体式车身。整体式装载机机动性较差，轮式整体车身装载机一般采用轮胎梯形转向。

（2）铰接式装载机 20世纪60年出现了铰接式装载机，为装载机发展史上的第三次重大突破，时至今日，几乎所有轮式装载机都采用铰接式车身。铰接式车身将装载机分为前、后两个车架，在左、右转向液压缸的作用下，车身可以绕铰接点折弯一个角度，完成转向，如图1-2所示。工作装置与车身的铰接点相对于后车架的相对位置可以变化，增加了装载机的灵活性和对地形地貌的适应性。

3. 按照转向形式分

装载机是自行式的作业设备，其作业过程中经常需要通过转向系统调整和修正行驶方向，装载机按照转向形式大致可以分为轮胎转向装载机、铰接转向装载机和滑移转向装载机。

（1）轮胎转向装载机 轮胎转向是指通过转向梯形机构使车身两侧的转向轮胎与行驶方向偏转一个角度，使车辆的行驶方向与车身发生偏航现象，从而达到改变装载机行驶方向的目的，采用这种转向形式的多为整体式车身的轮式装载机。根据发生偏转轮胎的部位不同，轮胎转向装载机又可以分为前轮转向、后轮转向和全轮转向三种形式，现在轮胎转向仅用于由拖拉机改装而成的小型装载机。

（2）铰接转向装载机 铰接转向是当前装载机的主流转向方式，起源于20世纪60年代，要求装载机的车身采用铰接式车身，利用左、右转向液压缸的共轭伸缩运动将相互铰接的前、后车架折弯一个角度，从而使前、后车架之间相对偏转进行转向。铰接转向装载机具有转弯半径小，机动灵活，可以在狭小场地作业等优点，在工程施工中受到了广泛欢迎。

（3）滑移转向装载机 滑移转向是一种利用差速技术使车辆的两侧驱动机构反向转动实现转向的技术，一般在整体式车身装载机上使用，具有转向半径更小的特点，可以原地360°转向，更加机动灵活，可以在更狭小的场地作业。此外，履带式装载机也是靠滑移转向的，这种转向机构不是通过方向盘输入转向指令的，因而驾驶室内没有方向盘，转向动作通过控制两侧驱动机构之间的差速实现。

4. 按照整机功率等级分

装载机可以采用发动机和电机等原动机作为动力源，按照动力源的额定功率来分，额定功率小于74kW为小型装载机，74~170kW之间的为中型装载机，

170~515kW 之间的为大型装载机，高于 515kW 的称为特大型装载机。

（1）小型装载机　随着人类劳动条件的不断改善，很多起初由人力完成的工程作业逐渐被机械所取代，不但能够缩减人工成本，提高作业效率，而且施工的质量还能够得到保障。小型装载机就是代替人力劳动的代表，起初对小型装载机的研发很欠缺，往往只是由拖拉机底盘改装而成，传动系统也采用机械传动，作业过程中经常熄火。近些年，不断涌现出由专业厂商设计、生产的小微型装载机，具有灵活的适应性，一机多能，它们的出现立刻就受到用户的热烈追捧，而且在施工现场的数量呈爆发式增长，在欧美发达国家，小型装载机已远远超过大中型装载机销售量的总和。

（2）中型装载机　虽然小型装载机在取代人力劳动方面越来越被人们所认可，但是其作业能力仍然很有限，对于生产厂商来说，其单位销售价格与中型机相比相差甚多，因此装载机的生产商将主要精力投放在大中型装载机的研发和生产上。事实上，承担主要工程作业任务的机型还是中型装载机，无论是工作能力、作业效率还是单位作业量的能耗率，中型装载机均优于小型装载机，所以对于工作量较大的专业用户，仍然要选择合适吨位的中型装载机。为了尽量满足各种应用场合，中型装载机所处的功率段分布了最多数量的装载机型号，也是装载机生产商们相互角逐的主要战场。

（3）大型装载机　无论在数量上还是在品种上，大型装载机都少于中型装载机。大型装载机是为了进一步提升工作能力和作业效率才选用的，一般在有特殊作业要求的场合才能够充分发挥其作用。随着功率的上升，市场的保有量呈急剧下降的趋势，单机的价格也呈急剧上升之势，因为研发和制造的一次性投入要均摊在总量较少的每一台装载机上。

（4）特大型装载机　特大型装载机是根据用户需求定制的，生产商制造好了零部件后，要到用户指定的使用地点现场组装，然后，根据用户的需要现场调试装载机的各项功能。理论上，特大型装载机的作业对象要满足无限多储量的条件才有理由订购特大型装载机。无论特大型装载机在哪里作业，它都理所当然地成为核心，为了让它创造出更多价值，需要多台设备为它做好辅助工作，比如负责运输物料的大吨位的矿用卡车和清理场地的大中型装载机等，特大型装载机一般要求能够全天候不停机地作业。全世界著名的特大型装载机生产商代表当属勒图尔勒公司。

5. 按照卸料方式分

装载机最主要的作业任务就是装卸散装物料，如何将散装物料铲装、举升和倾卸也是区分装载机的一种标准。

（1）前卸式装载机　前卸式装载机的作业特点是铲装物料和卸载物料都在装载机的正前方，装载机工作装置的结构比较简单，驾驶员的视野也比较开阔。前卸式装载机要求装载机在卸料时与运输车辆相垂直，因而作业时要调整装载机的姿态，比较费时。目前，前卸式装载机是市场的主流，绝大多数装载机都采用前卸式。

（2）后卸式装载机　在某些特殊场合，比如隧道施工场景，也有采用装载机的前端铲装物料，然后工作装置将物料举升过“头顶”，而后从装载机的后端卸料，完成卸料后工作装置再将料斗恢复到铲掘位置的情况。这种装载机的优势在于不需要调整装载机的姿态，只专注于铲掘物料，工作效率较高；其缺点是卸料阶段驾驶员的视野不好，操纵不便，安全性较差。

（3）侧卸式装载机　侧卸式装载机的工作装置比普通装载机增加了布置在铲斗上的侧卸液压缸，能够使铲斗向一侧倾卸物料，同时铲斗也要设计成两端开口的形式，以便将物料从侧面倾卸出铲斗。侧卸式装载机作业时不需要调整车身姿态，作业效率较高。适用于场地狭小的作业场景，要求装载机与运输车辆并排布置，工作装置结构比较复杂，卸料过程需要单独操作，如图 1-13 所示。

图 1-13　侧卸式装载机

（4）回转式装载机　回转式装载机的物料铲装与其他类型装载机无异，都是前端铲装，在卸载物料时，工作装置可以绕一个转盘向左或向右旋转一定角度，使铲斗能够与车身呈一定的角度，然后向目标物倾卸物料，作业时不需要调整车身的姿态。该装载机具有对准性好、装卸方便、工作效率高的优点，同时也具有工作装置结构复杂、操纵稳定性差等缺点。

6. 按照使用场合分

为了更好地适应特定场合的使用要求，装载机针对不同使用场合的特殊要求，对装载机的设计、研发和性能指标进行了各种限制，并提出了具体要求，形成了只针对特定用途的装载机。

（1）露天装载机　在不做特殊说明的情况下，装载机就是在露天环境下作业的，因此，对其体积、形状、重量、排放和操作空间都没有特别的要求。露天装载机的型号较全面，当然也包括大型装载机乃至特大型装载机。另外，露天装载机多数在工矿场区作业，地域开阔，对排放的要求仅需满足当地对非公路机械的最低排放标准即可，对其操作空间也没有严格的限制，因此，露天装载机的发展比较自由。

（2）井下装载机　随着地下矿藏的开发和隧道工程建设的逐年增加，在狭窄、拥挤的地下空间出现了大量的土石方作业需求，于是井下装载机应运而生。井下装载机主要有三方面的要求。一是作业空间受到限制，尤其是高度受到矿井和隧道高度的限制；二是移动范围较小，卸料方式也与露天装载机有较大的区别，往往采用后卸式、侧卸式或回转式卸料；三是装载机的进气和排放受到井下或隧道半密闭空间的限制，进气应有专门设计的通道，尾气不能直接排放，也要有专门的排气通道，或者直接采用电动化驱动技术，避免进气和排气的要求。井下装载机的结构简图如图 1-14 所示。

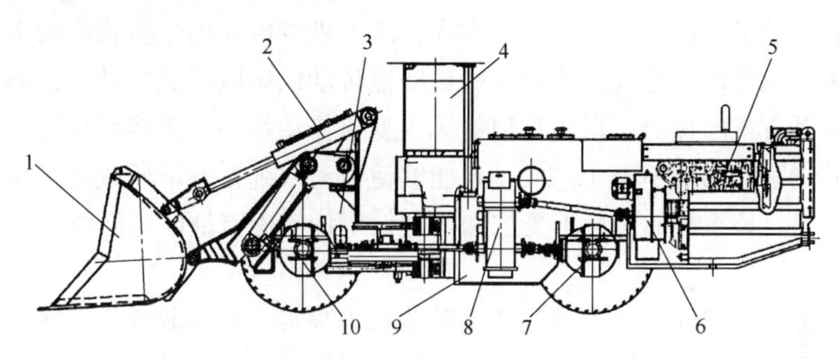

图 1-14　井下装载机结构简图

1—铲斗　2—工作装置　3—前车架　4—驾驶室　5—发动机　6—变矩器

7—后驱动桥　8—变速器　9—后车架　10—前驱动桥

（3）滑移装载机　随着各行各业机械化程度的深入，越来越多的工作实现了机械化操作，在一些狭小的室内空间，也逐步要求实现机械化操作。滑移装载机小巧灵活，可以实现 360°原地转向，在室内或狭小空间内可以代替人力完成诸多重复性的体力劳动，例如可以将体积小巧的滑移装载机驶入一个比较大的货舱内，完成货物的收集、搬运、装卸等作业任务。滑移装载机结构简图如图 1-15 所示。

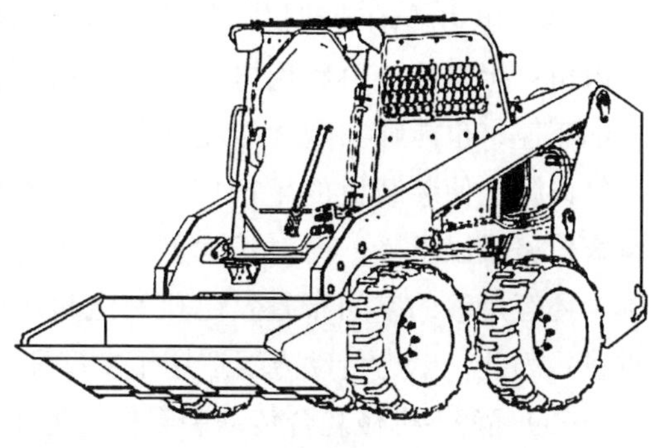

图 1-15　滑移装载机结构简图

7. 按照传动形式分

传动系统的形式关乎装载机的牵引性能、行驶车速、传动效率以及关键零部件的使用寿命等关键性能指标。随着技术的发展，装载机的传动系统也演化出了多种形式，因此，按照装载机传动系统的形式也可以区分不同类型的装载机。

（1）机械传动装载机　装载机的传动系统采用纯机械结构，这是装载机最初的传动系统构造，因为传动过程中没有必要的缓冲和柔性传动环节，发动机容易因载荷骤增而熄火，且还会容易因为传动过程中冲击载荷过大，造成传动系统零部件早期失效。目前，仍有一些低成本的装载机，沿用拖拉机底盘，采用纯机械传动系统。这种装载机的牵引性能较差、发动机容易熄火，且过载能力较差，优点是传动效率较高。

（2）液力机械传动装载机　自从20世纪50年代起，液力机械传动系统就成功地在装载机上应用了，一直到现在，液力机械传动仍是装载机的主流传动形式。液力机械传动是液力传动与机械变速传动以串联形式的结合，充分发挥了各自传动方式的优势，形成近似的无级变速传动特性，使装载机的发动机在载荷突然增加的时候不至于熄火，且能够使传动系统在骤增的载荷下免于受到损伤。但是，该系统的速比不受控和传动效率低等固有缺陷也制约着装载机的发展。

（3）液压传动装载机　液压传动装载机也称为全液压装载机，靠发动机驱动液压泵产生液压能，再利用马达驱动装载机行驶。在此过程中，通过改变液压泵与马达的排量比实现无级变速传动。该传动方式具有比液力机械传动方式更高的传动效率，并且可以通过排量比控制速比，是装载机较为理想的传动系统。但是，由于液压元件承载能力的限制，该传动系统不能满足更大功率、更大转矩装载机的传动需求，仅限于小型装载机使用。

（4）电力传动装载机　与液压传动相似，电力传动装载机通过发动机驱动发电机产生电能，再利用电机驱动装载机行驶，通过改变电机的转速控制装载机的车速，也能够实现无级变速传动。但是，该传动系统中增加了发电机和电机等设备，使装载机的生产成本和重量都成倍增加，对于普通装载机而言，其销售价格难以承受；而对于大型乃至于特大型装载机，不但可以承受增加的成本，还有足够的空间布置发电机和电机等额外的设备，而且还能够承载增加的重量。因此，电力传动方案适用于大型和特大型装载机。

（5）静液-机械复合传动装载机　近年来，装载机传动领域新兴起一种在液压传动系统基础上并联一条机械传动支路，从而构成的静液-机械复合传动系统。

该系统不仅具有液压传动系统的无级变速特性，还具有机械传动系统传动效率高，可承受大转矩、高功率的传动特性，既能在装载机低速时发挥出液压传动系统的驱动转矩，还能在高速时提高系统的传动效率，是中型和大型装载机理想的传动方案。

8. 按照工作装置分

装载机最具特色之处是其前端装有一个可以执行各种作业任务的工作装置，工作装置一般由一系列杆件和液压系统组成，其中最常见的当属六连杆工作装置和八连杆工作装置，六连杆又分为反转六连杆和正转六连杆，八连杆多为正转八连杆。

（1）反转六连杆装载机　顾名思义，六连杆工作装置就是从侧面看上去，由包括液压缸和铲斗在内的所有可动的六个杆件组成的工作装置，可以实现铲掘、回收、举升、收斗和放平等一系列动作，且六连杆结构简单，经过优化后可以获得较大的掘起力、较大的卸料角和收斗角，还可以获得较好的视野。反转六连杆是指摇臂的旋转方向与铲斗的旋转方向相反，到一定位置会相互干涉，如图 1-16 所示。因此，采用这种工作装置的装载机，为了在正常作业的活动范围内不产生干涉，动臂一般要设计得较长。

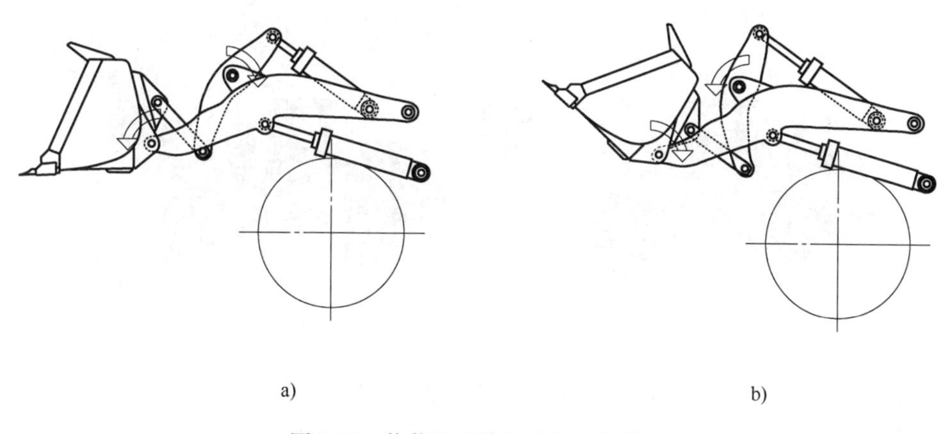

图 1-16　装载机反转六连杆工作装置

a）放平　b）收斗

（2）正转六连杆装载机　与反转六连杆工作装置相似，正转六连杆是指摇臂旋转方向与铲斗旋转方向相同，因此不容易产生干涉。采用正转六连杆的工作装置在设计时自由度较大，铲斗的开口也较大，是装载机最理想的工作机构，但是这种结构的使用权被某些厂商以专利的方式垄断了，所以只有少数厂商可以采用这种工作装置。

(3) 正转八连杆装载机　八连杆机构主要采用的是正转结构，如图 1-17 所示。因为铲斗较容易设计，斗容易于增加，其连杆机构经过优化后，可实现举升过程中铲斗小于5°的平移特性，所以，在叉装场合更适合。但是，该机构的杆件较多，布置困难，不利于承受更大的铲掘力或使铲斗转角范围更大，因此多应用于中小型机上。

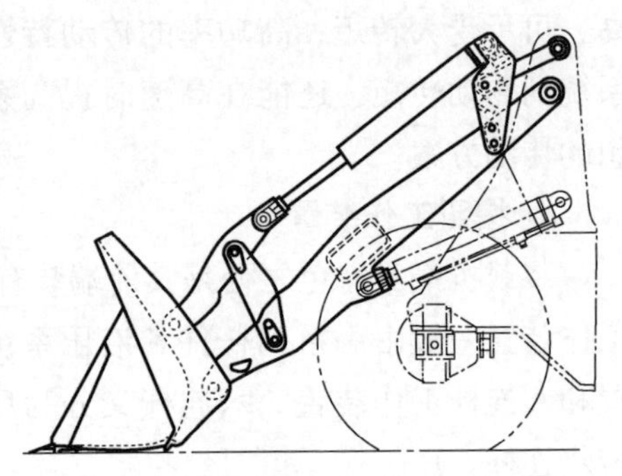

图 1-17　装载机正转八连杆工作装置

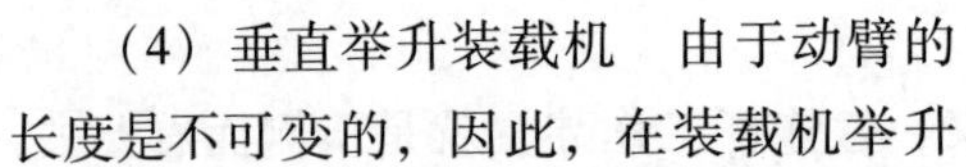

(4) 垂直举升装载机　由于动臂的长度是不可变的，因此，在装载机举升过程中铲斗的运动轨迹是一条弧线。如果要增加装载机举升的高度，则动臂的长度就要增加，举升同样的重量所产生的倾翻力矩也会随之增加，当倾翻力矩超过一定数值时，装载机举升过程中就会产生向前倾翻的危险，因此，随着装载机举升高度的增加，其举升重量势必要减小。

垂直举升装载机可以不受该规律的制约，举升过程中铲斗的运动轨迹近似一条直线，装载机的举升重量可以不受举升高度的限制，如图 1-18 所示。

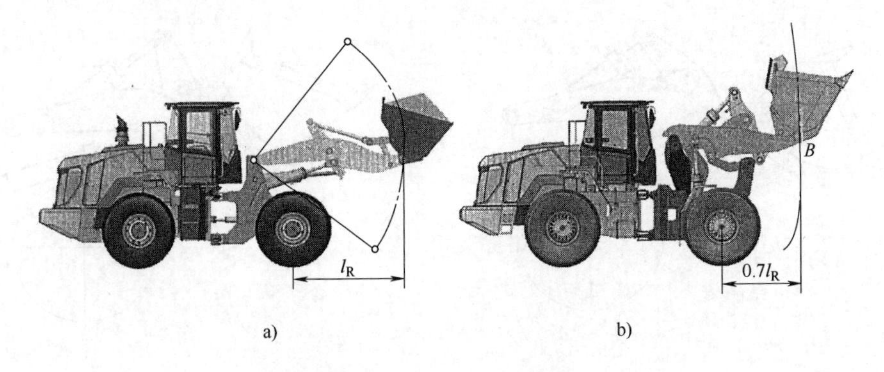

图 1-18　装载机不同工作装置对倾翻力矩的影响

a）正转六连杆机构　b）垂直举升机构

注：l_R 为正转六连杆装载机的装卸距离，垂直举升装载机的装卸距离可以在同等情况下比六连杆装载机小 $0.3l_R$，可以有效减小装载机的倾翻力矩。

1.5　装载机的性能指标

装载机需要具有诸多方面的作业能力，通常表现为各种性能指标，这些性能指标也是用户采购装载机的主要参考依据。装载机的性能指标体现在很多维度上，这些性能指标在一定程度上是相互关联的，有时候为了迎合用户对某几项指标的偏爱，需将这些指标设计得特别突出，但是，往往要以牺牲其他性能指标为代价。

1. 发动机功率

发动机是装载机一切动力的来源，发动机功率是衡量装载机作业能力的一项重要指标，单位为 kW，分为有效功率和额定功率。

（1）有效功率　有效功率是指在理想工况下，从发动机飞轮上可以获得的最大功率。在装载机上有效功率就是指发动机在驱动冷却风扇、交流发电机、空气压缩机和空气滤清器等辅助设备，以及发动机的燃油泵和机油泵等发动机标准附件时，在发动机飞轮上可以获得的功率，其数值可以在装载机上通过仪器测得，通常随着发动机转速的变化，最高有效功率也在变化。

（2）额定功率　额定功率是指发动机的总功率，它是指在理想工况下，包括驱动所有辅助设备功率在内的功率，通常要在专用的试验台架上测得。实际使用的发动机一般发挥不出这个功率，装载机发动机铭牌上标识的功率就是额定功率，往往只在特定转速下才能达到额定功率。

一般铭牌上标出的额定功率越大，装载机能够获得的有效功率也越大。

2. 斗容

装载机铲斗内的容积称为斗容，是衡量装载机承载能力的一项重要指标，单位为 m^3，分为几何斗容和额定斗容两种。

（1）几何斗容　几何斗容是指铲斗的平装容积，即由铲斗切削刃与挡板最上沿的连线，沿斗宽方向刮平后留在铲斗中的物料容积，如图 1-19a 所示。几何斗容是计算满斗率的基准，当斗容达到几何斗容时，满斗率为 100%。

（2）额定斗容　额定斗容是指在几何斗容的基础上，在铲斗的四周以 1∶2 的坡度，自然形成堆尖后，留在铲斗中的物料容积，如图 1-19b 所示。按照满斗率的计算方法，额定斗容的满斗率超过了 100%。

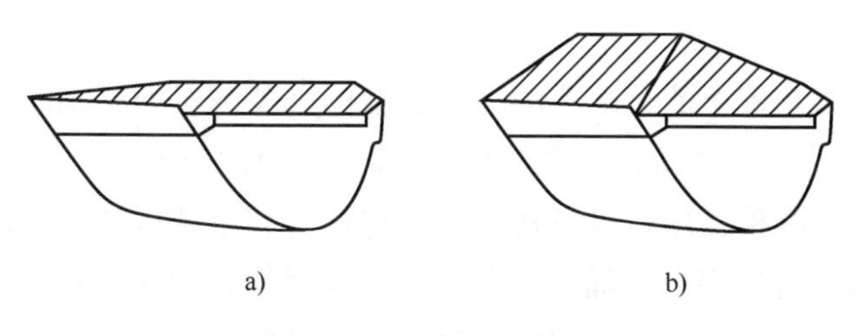

图 1-19　装载机的斗容

a）几何斗容　b）额定斗容

3. 载重量

载重量也称装载质量，是表征装载机承载能力的另一项重要指标，单位为kg。载重量表示在保证装载机所需稳定性的前提下，它的最大载重能力。载重量分为不行走时装载的重量和一边行走、一边装载的重量，前者一般为后者的2~2.5倍。载重量与斗容之间存在着密切的关系，一般根据装载机的载重量需求和常用物料密度来确定斗容，几何斗容是按照设计载重量和$1.4\sim1.6t/m^3$的物料密度计算的，加大斗容是按照$1t/m^3$左右的物料密度计算的。

4. 倾翻载荷

倾翻载荷是衡量装载机承载能力的又一项重要指标，单位为kg，同时它还是关乎装载机稳定性和安全性的关键指标。装载机的倾翻载荷是指在硬的水平路面上，装载机不行走，带有标准的操作重量，铲斗处于收斗状态，且铲斗置于最大卸载距离时，使装载机的后轮离开地面，绕着前轮与地面的接触点向前倾翻时，在铲斗载荷中心的最小重量。

对于铰接式装载机，在技术指标中除了要明确说明在装载机车身处于直线状态下的倾翻载荷外，还要说明装载机前车架相对于后车架最大回转角度时的倾翻载荷，该值要比装载机车身处于直线状态的倾翻载荷小。

5. 最大牵引力

最大牵引力是衡量装载机动力性能的一项重要指标，单位为kN。装载机的牵引力是指驱动轮缘上，由行走机构所产生的推动车轮滚动的作用力。牵引力的最大值取决于装载机最大地面附着力和行走机构推动车轮滚动的作用力两个因素。如果车轮的推力小于附着力，则最大牵引力就是行走机构所能提供的推力；如果车轮的推力大于附着力，则大于附着力的推力发挥不出来，最大牵引力就是附着力。通常装载机的后备功率足够大，即行走机构推动车轮滚动的作用力也足够大，为了使装载机能发挥出更大的牵引力，就要尽量增加车身的附着重量，增加装载机的整机重量和采用四轮驱动的结构都是增大牵引力的有效措施。

与牵引力关系密切的另一个动力性能指标是装载机的铲掘力或插入力，单位为kN。铲掘力是装载机铲掘物料时，在铲斗切削刃上产生的插入料堆的作用力。铲掘力分为两种：用行走机构插入的铲掘力和用液压缸插入的铲掘力。对于用装载机行走机构来进行插入的装载机，其铲掘力取决于牵引力，牵引力越大，则铲掘力也越大。对于将装载机停驶在料堆前方，靠液压缸进行插入的装载机，其铲掘力取决于完成插入动作的液压缸推力，同时也与牵引力有关。

6. 最大掘起力

最大掘起力是衡量装载机液压系统作业能力的一项性能指标，单位为 kN。以装载机的车重为操作重量，静止于水平、坚实的路面上，铲斗切削刃底部平放在地面上，操纵举升或转斗液压缸，当铲斗绕着动臂铰点或铲斗铰点转动时，作用在铲斗切削刃以内 100mm 处的垂直向上的力称为掘起力，可以进一步分成铲斗掘起力和动臂掘起力。在提升动臂或转斗过程中，装载机后轮离地时的掘起力称为最大掘起力，它表示铲斗绕动臂铰点或铲斗铰点举升或翻转铲斗的能力。

7. 装载机自重

装载机自重也称为整机操作质量，也是衡量装载机作业能力的一项指标，单位为 t。装载机自重是指带有标准配置的工作装置和随机工具，加足燃料，润滑系统、液压系统、冷却系统均加注充足的液体，并且带有标准的空载铲斗和一名驾驶员时的总重量。装载机自重是设计装载机时要考虑的一个重要参数，自重大且前后轴载荷分配均匀就意味着装载机的牵引力大，同时也是控制装载机成本的重要努力方向，在满足力学性能的前提下，尽量减少钢材的使用量，采用成本较低的非金属配重增加整机操作质量，是现代装载机设计和制造常用的方法之一。

8. 卸载高度

卸载高度是衡量装载机作业能力的一项几何尺寸指标，单位为 mm。装载机的最大卸载高度是指当动臂处于最高位置，铲斗倾卸角为 45°时，铲斗切削刃最低点到地面的垂直距离，如图 1-20 所示的 H_2。近年来，运输车辆为使每一行程运送更多的物料，其货厢高度一再增加，对装载机的卸载高度提出了更高的要求，在尽量不减小倾翻载荷的情况下，适当地延长动臂的尺寸，可使装载机的卸载高度得到增加，于是加长动臂装载机应运而生。在有些情况下，为了临时提升装载机的卸载高度，也可以采用垫高装载机的方法，让装载机从更高的位置倾卸货物。

9. 卸载距离

卸载距离也称为卸载半径，是衡量装载机作业性能的另一项几何尺寸指标，单位为 mm。装载机的卸载距离是指当动臂处于最高位置，铲斗倾卸角为 45°时，从装载机本体最前面一点，主要指车轮或车架的最外端，到铲斗切削刃之间的水平距离，如图 1-20 所示的 L_1。该距离如果太小，则装载机卸料的目标点就不能达到运输车辆的中心，引起运输车辆的偏载，或需要从运输车辆的另一侧再向车厢内卸载物料。如果该距离过大，则势必会减小装载机的倾翻重量。

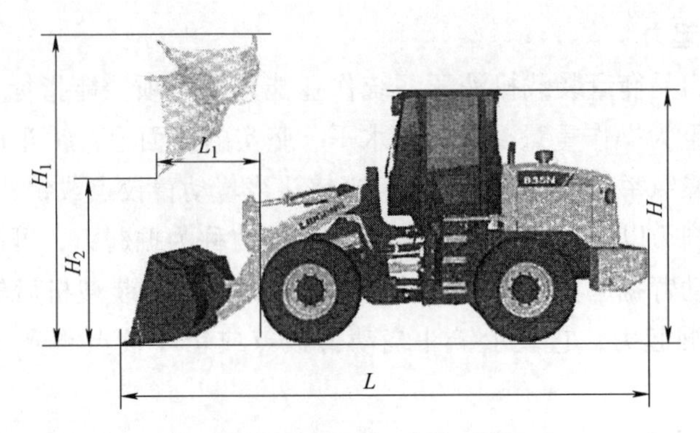

图 1-20 装载机的几何尺寸指标

10. 外形尺寸

外形尺寸是衡量装载机灵活性与适应性的又一项几何尺寸指标，包括裸机高度、最大提升高度、车身总长度和车身总宽度等几个方面，单位均为 mm。裸机高度是指将整装整备装载机置于水平地面上，轮胎气压正常，且工作装置处于放平姿态时，从地面到装载机最高位置处的高度，如图 1-20 所示的 H，该尺寸反映了装载机可以通过桥梁隧道的能力。最大举升高度是指在上述情况下，将工作装置举升至最高高度，且铲斗竖直向上时，从地面到铲斗最高位置的高度，如图 1-20 所示的 H_1，该尺寸反映了装载机要求的最低操作高度。车身总长是指在车身伸直状态下，铲斗接地水平放置时，从装载机配重最后端到斗尖最前端的直线距离，如图 1-20 所示的 L，反映了装载机的灵活度。车身总宽是指装载机最宽部位（一般为装载机的铲斗）的宽度，反映了装载机的灵活度和作业能力。

11. 工作装置三项和

工作装置三项和是指在装载机停驶状态下，加速踏板全开时，动臂举升时间、动臂下降时间和铲斗卸料时间的总和，单位为 s。三项和是衡量装载机液压系统响应操作指令的一项性能指标，反映的是液压系统泵的排量与动臂液压缸和转斗液压缸的匹配是否合理，及液压系统与行走系统功率分配是否合理。三项和即不能太长，因为会影响作业效率的提升，也不能太短，时间过短说明液压系统的排量过大，液压系统会过多地消耗发动机的功率。

12. 循环时间

循环时间是指装载机完成一个作业循环所需的时间，体现了装载机的作业效率，单位为 s。循环时间受作业类型、行驶距离和物料种类等诸多因素的影响，通常在其他影响因素都相同的情况下，比较装载机的循环时间才更有意义。

循环时间与单位时间内完成作业循环的次数，成为现在工矿企业衡量一台装载机作业能力的标准，也有的采用更客观的计量方法，如采用单位时间内完成装载物料的重量。

13. 最小转弯半径

最小转弯半径是衡量装载机灵活性的一项性能指标，单位为 mm，通常认为转弯半径越小越灵活。一般整体式车身的最小转弯半径较大，而铰接式车身最小转弯半径较小，操作灵活性也较好。铰接式装载机的最小转弯半径是指一侧转向液压缸伸长到极限位置，另一侧转向液压缸收缩到极限位置，前、后车架相对转角为 35°时，后轮外侧或铲斗外侧所构成的弧线至回转中心的距离，如图 1-2 所示。

14. 最高车速

最高车速是衡量装载机动力性能的一项指标，一般是指装载机前进或后退最高档的最高车速，单位为 km/h。但是与装载机作业效率和施工方案安排关系最大的却不是最高档的车速，而是作业所能达到最高档的最高车速。装载机通常以Ⅱ档（前进和后退）工作，工作的最高车速应为Ⅱ档时的最高车速。最高档一般用于转场运输工况，真正的最高车速仅出现在转场和运输工况。对于无级变速装载机，其最高车速是可以根据工况要求而设定的理想最高车速，一般通过无级变速系统的速比来控制最高车速，最高车速就是在当前速比下发动机最高转速所对应的车速。

1.6　装载机的关键技术

装载机强大的功能和强劲的动力以及安全运行都离不开诸多关键技术的支撑，本节将着重介绍在装载机不断发展和完善过程中，如何应用这些关键技术。另外，受当今社会节能、环保等可持续发展理念的影响，装载机也要寻找一条属于它的绿色发展道路，一些关于装载机节能、环保的关键技术应运而生，旨在实现装载机的节能、环保理念。

1.6.1　装载机传动技术

装载机要依靠自身的动力驱动其行走，并配合工作装置完成一系列作业任务，所以装载机要通过传动系统将动力系统提供的源动力转化成符合各种工况要求的驱动转矩和转速，同时随着工况变化要与液压系统和附件系统合理地分配装载机动力源的功率。

（1）变速传动技术　变速传动系统通过调整其速比实现输出转速和转矩的

变化，并最终满足装载机工况对于行走系统动力的要求。变速传动技术分为速比可控和速比不可控两种，变速器属于速比可控的速比调整，而液力变矩器属于速比不可控的速比调整，如果将二者串联构成液力机械传动系统，其速比依然是不可控的。液力机械传动系统的速比随装载机行走系统的载荷而变化，载荷增加时速比也增加，输出转速下降的同时，传动系统可以克服的转矩也迅速增加，其特点是速比调整得非常及时，一旦载荷超出传动系统的承受范围，液力机械传动自动以最高载荷下的转矩卸载，既保持了装载机的驱动转矩，又保证了传动系统不会因过载而破坏。液力机械传动虽然具有传动效率难以提高的顽疾，但装载机一经采用这种传动系统就再也无法摒弃它了。

自从20世纪50年代，液力机械传动系统在装载机上得到成功应用以来，历经七十余年的探索，液力机械传动系统的柔性传动特性始终是后来诸多替代传动技术模拟的标准，先后出现了液压传动技术和电力传动技术，但是都因存在一定的缺陷，而不能完全覆盖液力机械传动系统的应用领域。直到控制技术和制造技术都得到充分发展的21世纪，才出现了一种将液压传动技术与机械传动技术通过相融耦合，形成的静液-机械复合传动无级变速的新技术，不但克服了以往传动系统的所有缺点，而且可以通过速比控制，根据装载机的工况调节功率在行走系统与液压系统之间的分配比例，实现随装载机工况变化最佳的功率分配规律，达到节能环保的目标，现已成为下一代装载机最理想的变速传动系统。

（2）减速传动技术　装载机的行驶车速较低、驱动转矩很大，因此其传动系统的总速比必然很大。如果说变速传动系统的关键技术在于速比响应迅速及时，那么减速传动系统的关键技术则在于传动部件能够传递较大的载荷并能够耐受较大的冲击。变速器输出的转速依然较高，至少还要经过三级减速才能满足装载机的驱动要求，随着转速的下降，其转矩在逐渐提升，对零部件的强度、刚度和韧性等都提出了更高的要求。不但转速要经过减速才能满足装载机驱动要求，而且其中还要改变一次动力传动方向，实现一次差速，最终的动力才能对驱动轮输出。

1.6.2　装载机液压技术

自从在装载机上应用液压系统驱动工作装置以来，直到今天纯电动装载机的出现，工作装置仍然沿用液压系统驱动，足见液压系统与工作装置配合的密切程度及其难以撼动的地位。液压系统能在装载机上长期得到青睐，除了其具有得天独厚的优势外，还在于它能够不断地自我进化与革新，迎合了时代发展的需求。在液压系统的帮助下，工作装置及其他液压驱动部件早就能够灵活、可靠地执行各种动作了，当前装载机液压系统的关键技术都是围绕着节能、环保的要求展开的。

（1）变量化技术　目前，装载机仍主要通过发动机驱动，除了液压系统，发动机转速还要满足行走及其他系统的驱动要求，其转速势必会随工况变化而改变，这就要求装载机液压系统的流量在发动机最低稳定转速时能满足工作装置的驱动要求。然而当发动机转速增加时，必然会导致液压泵输出的流量过剩，从而需经过溢流阀卸荷回流，造成能量损耗。可以通过变排量技术根据发动机转速和液压系统负载调节液压泵的排量，为液压系统提供“刚好”的流量。能够与变量泵相配合的液压系统有负流量系统、正流量系统和负载敏感系统三种，装载机习惯上采用负载敏感系统控制液压泵的流量。由于变量系统需要采用成本较高的柱塞泵，且柱塞泵随着排量的增加价格上升较快，很多装载机厂商难以承受。可以采用一种定变量系统的办法，采用定量齿轮泵与变量柱塞泵相组合的方法，为液压系统提供可变排量的液压能，既发挥了变量系统的节能功效，又在一定程度上规避了液压系统成本的暴增。

（2）高压化技术　装载机液压系统要驱动的载荷是一定的，即要求液压系统输出功率一定，通常液压系统功率的需求可以通过压力和流量这两个变量实现。研究表明：流性变量的增加会使系统的能量损失增加，为了减少液压传动的能量损失，液压系统普遍采用增加系统压力，减小系统流量的方法，这样做在传递相同功率的情况下更节能。装载机液压系统也按照这个趋势发展，工作系统压力从起初的16MPa发展到如今的25MPa，将来还会发展到30~35MPa。目前，国外已经出现了工作压力在30MPa以上的装载机。液压系统的高压化要求整个液压系统都要重新设计，液压泵要采用柱塞泵代替齿轮泵，液压缸也要重新设计，采用更细、更耐高压的轻质液压缸。除此之外，液压阀、供油管路、密封设备和方法等都要切换成耐高压部件。因此，高压化对于液压系统的要求将是系统化、全面化的，其中任何一个环节掉队都将导致其他环节的努力付之东流。所以，我国的高压装载机仍需要以步步为营、稳扎稳打的发展战略来适应液压件基础工业“惯性大”的特点。

（3）微动化技术　驾驶的舒适性和操作的灵敏性一直是高端装载机的要求，装载机动作的精细化也是液压系统面临的主要问题。其中，既有液压系统压力和流量稳定性的要求，同时也有控制部件的精细化要求。与高压化面临的问题相似，装载机液压系统零部件微动化的实现更多地需要依靠液压件基础工业的全面进步。

（4）电驱化技术　目前来看，电动装载机的问世并没有摒弃液压系统，相信随着装载机电动化进程的加速，与之相配合的液压系统也将产生翻天覆地的变革。首先，通过驱动定量液压泵的电机转速控制可以实现变量泵的功能，最终实现按需提供流量，进而实现液压系统节能的要求；其次，通过液压系统与工作装置的联动可以方便地实现能量回收，进一步丰富了纯电动装载机的节能途径；最后，还可以将整个装载机的液压系统解耦成分布式驱动的动臂液压系统、转斗液压系统和转向液压系统，分别由独立的电机驱动，增加各系统独立控制的自由度。

1.6.3 装载机结构优化技术

装载机除了拥有强劲的动力，还要拥有一副“钢筋铁骨”，使其在作业过程中能经受得住各种应力和应变的考验。时至今日，装载机的结构件已经不再单靠增加尺寸来增加强度了，也不只是应用新材料来达到强度要求了，而要通过装载机的工况分析，获得载荷分布特性，针对使用工况载荷的特点设计各种结构件的构型，使其能够应用更少的材料，适应更苛刻的使用环境。另外，装载机的运动构件之间还应满足一定的位置和轨迹关系，现代的虚拟仿真技术，有效地助力了工作装置的优化设计工作。

（1）结构件的轻量化技术　装载机的结构件是指承受应力和抵抗应变的实体构件，包括前车架、后车架、铰接销、动臂、摇臂和铲斗等。结构件的轻量化要求在满足各种工况载荷的应力和应变要求的前提下，运用拓扑优化技术对应力和应变较小的部位采取镂空的方法减材，对应力和应变较大的部位采取增材加厚的方法增加强度，将钢材用到需要的部位上，同时减少辅助部位的钢材分布量，达到既增加了强度又减轻了重量的效果。经过拓扑优化后的整机可以减轻重量，降低能耗，同时还可以节省运营成本。

（2）工作装置的仿生技术　铲斗是与物料直接接触的部件，其形状和结构设计的优劣将直接关乎装载机的工作效率，比如针对某种物料的铲掘阻力过大，造成满斗率下降，严重影响了作业效率；又如铲斗在倾卸物料时，总有很多物料残留在铲斗中，使有效的载重量下降，严重地浪费了装卸资源，这些问题可以参考一些生物器官的形态特性和运行规律，运用仿生技术从其他生物漫长的进化过程中得到启发。再比如铲斗和动臂等工作装置经常在某些特殊部位发生损坏，也可以参考某些生物的部分肢体再生功能，将这些部位分解成可以灵活更换的部件，且在选用材料时针对损坏特性适当地加强。

（3）整机载荷分配技术　整机重量关乎包括牵引性能和倾翻性能在内的众多装载机的性能指标，所以装载机的整机重量要控制在合理的范围内，且载荷分布要满足要求。一方面，对于现代广泛采用的轮式装载机，虽然整机重量较履带式装载机减少了，但是受到轮胎载荷极限的制约，其整机重量还要进一步控制在一定的范围内。而另一方面，得益于装载机结构件的优化和轻量化技术的成功应用，在确保能够承受各种载荷的前提下，装载机钢材的应用量在不断减少，其理论总重也在不断降低。为了使装载机与整机重量相关的性能指标不受影响，装载机采用配重来调节整机重量，同时配重的位置对于装载机倾翻性能和轴荷平均分配都将产生影响，成为装载机静载荷分配的重要调节砝码。

1.6.4　装载机新能源技术

长期以来，装载机都是依靠发动机提供动力。因为装载机能耗率较高，所以选用的发动机功率也较大，而且装载机属于非公路机械，相应法规对其燃油消耗和排放要求也较为宽松。但是随着我国“双碳”战略的提出，汽车将逐步摒弃发动机，而选择更清洁的新能源作为动力源，届时单靠工程机械单方面的用户很难承担发动机高额的研发成本，何况新能源战略是摆在所有动力机械面前终将要走的必由之路，装载机领域也在提前布局新能源发展之路。

（1）代用燃料技术　代用燃料是指使用传统燃油以外的储量丰富的燃料作为动力源。对于装载机可以选择液化天然气作为代用燃料，传统的燃油发动机只需稍加改动就可以化身为以液化天然气为燃料的发动机。以液化天然气为燃料的装载机除了要选用一台能够燃烧液化天然气的发动机之外，还要增设一个储存液化天然气的高压气瓶，其安装位置一般在驾驶室的后方，发动机舱的上方，通风散热良好的位置，其余部分均与普通装载机无异。采用液化天然气作为燃料不但不会影响装载机的动力性能，而且还能提高 30% 以上的经济性。由于燃料中含碳元素的比例较小了，且燃烧更充分，因而碳排放量减少了，是装载机实现新能源战略的第一步。

（2）混合动力技术　混合动力技术是介于传统的发动机驱动技术和纯电动驱动技术之间的一种过渡技术，鉴于装载机能耗率较大的特点和电池恢复电力需要较长时间的特性，理论上，混合动力装载机将会存在较长的一段时间。混合动力技术源于汽车，其实质是让发动机工作在经济区域，并为系统提供平均功率，电机在平均功率的基础上，“削峰填谷”地调节输出功率，最终使输出功率满足工况的要求。此外，混合动力系统还能利用回收能量、消除怠速等节能方案进一步节能。装载机作业呈规律性极强的周期性，且周期内能量需求波动十分明显，非常适合采用混合动力技术解决其燃油消耗率高和排放严重的问题。另外，混合动力装载机还可以回收铲斗下降时的势能，优化传动系统，提高传动效率和发动机功率利用率。近年来，混合动力装载机在各大展会上频频出镜，但遗憾的是均未把混合动力技术的节能优势充分发挥出来。

（3）纯电动技术 纯电动技术是装载机驱动技术的终极方案，其实纯电动装载机早就已经出现了，只不过当时的装载机上没有储能设备，而是采用电缆引入电网的电能作为驱动能源。现代的纯电动装载机采用车载锂离子电池作为储能单元，电能耗尽之后可以利用电网恢复电能储量。纯电动装载机的成功，开拓了一条大型工程机械利用清洁能源的示范道路，为其他大型工程机械的纯电动化驱动提供了成功的借鉴和范例，同时也为装载机的新能源之路点亮了一盏指路明灯。车载锂离子电池仍将是纯电动装载机的关键技术之一，包括单位重量可储存的能量，整机持续工作的时间，整机电能的复原周期，车载电源的寿命和安全，还有单位能量的价格，都有待于进一步完善和迭代优化。

第 2 章 装载机的工况

装载机是一种作业机械，其作业时有一定的规律可以遵循，本章主要研究装载机作业过程的规律。首先，要认识装载机的作业对象，也就是了解其物料的特性，然后，掌握装载机在作业过程中针对这些物料的作业模式，再通过一系列的试验深入研究装载机作业的规律，并将这些规律用数学的方法总结成数值文件，使其复现装载机作业时所表现出的规律，以便于通过计算机仿真的手段模拟装载机的作业过程，研究能量消耗及其转化规律。在装载机的试验数据中不仅蕴含着作业流程的规律，功率的分布同样具有较强的规律性，而且不仅在时间坐标上有规律可循，在装载机的不同子系统之间的分配也具有明显的规律性，认识、总结并最终利用这些规律，可以为开启对装载机传动技术更深层次的研究做充分的准备。

2.1 装载机的作业对象

装载机的作业对象一般为散装物料，即能够自然堆放、具有一定粒度和流动性的松散货物集，如沙石、矿石、土壤、煤炭、粮食和松散雪等。有时装载机也针对原生物料作业，即需要从原生附属物上剥离或铲掘下来的物料，如原生土、原生矿和压实雪等。除此之外，装载机也可以配以不同的属具，对一些特殊物料实施作业，如木材、石材和干草等。另外，随着作业场地的不同，要求装载机完成的装卸任务的场景也不同，有给卡车装货的，也有给火车装货的，还有为机器填送物料的，各种装载机的使用场景的作业规律都存在着明显的差别。

2.1.1 散装物料的特性

散装物料是装载机的主要作业对象，针对散装物料的作业类型主要以搬运、装卸为主。散装物料具有流动性，且可以自然成堆放置，一般用自然堆积角表示物料的流动性，物料的流动性越好，堆积角越小，流动性越差，堆积角越大，其属性包括粒径、密度、含水率和自然堆积角等。

（1）沙石　沙为一种自然出现的颗粒物质，是被分割得很细小的岩石，其颗粒大小为0.004~2mm，比沙更小的尺度为泥，比沙大的尺度分类则为砾，其颗粒大小为2~64mm，这里的沙石是指沙和砾。沙石的密度大约在1300~1600kg/m^{3}之间，含水率在4%~15%不等，自然堆积角在30°~45°之间。沙石的主要成分为SiO_2，通常为石英的形式，因其化学性质稳定和质地坚硬，足以抗拒风化，因此被广泛用于建筑行业。据报道估计，人类每年消耗超过400亿t的沙石。沙石是建筑工地装载机典型的作业对象（图2-1）。

（2）矿石　矿石是指含有有用矿物并有开采价值的岩石。此处，矿石专指被爆破或破碎粒度适中的碎石或矿砂，本章仅以铁矿石为例说明。从理论上来说，凡是含有铁元素或铁化合物的矿石都可以叫作铁矿石，铁都是以化合物的状态存在于自然界中，因此，铁矿石的种类很多：磁铁矿，主要成分为Fe_3O_4，呈黑灰色，密度大约在5100~5200kg/m^{3}之间，具有磁性，结构细密，还原性较差；赤铁矿，主要成分为Fe_2O_3，呈暗红色，密度大约在5200~5300kg/m^{3}之间，是最主要的铁矿石；褐铁矿，主要成分为$FeO(OH)\cdot nH_2O$，呈土黄或棕色，密度大约在3600~4000kg/m^{3}之间；黄铁矿，主要成分为FeS_2，呈灰黄色，密度大约在4900~5100kg/m^{3}之间，这种矿石常含有铜、镍、锌、金和银等贵重金属。还有很多其他种类的铁矿石，随着种类和形态的变化，其粒度也在较大的范围内变化。铁矿石的含水率普遍较低，自然堆积角为35°左右。矿石是矿山装载机的典型散装作业对象（图2-2）。

图2-1　装载机铲运沙石

图2-2　装载机铲运矿石

（3）土壤　土壤是指地球陆地表面的一层疏松物质，由各种颗粒状矿物质、有机物质、水分、空气、微生物等组成。土壤可以大致分为沙土、黏土、壤土三类。土壤颗粒通过不同的堆积方式相互黏结而形成土壤结构。除沙土外，土壤颗粒在自然条件下是聚集在一起的，通常以土壤结构的形式表现出来，而土壤质地对土壤生产性状的影响也是通过土壤结构表现出来的。土壤结构的类型有片状、块状、柱状和小颗粒状。土壤的含水率在 8%～20%之间，范围较宽，导致土壤的粒度也随之变化较大，小到小于 0.25mm 的微团，大到 10mm 以上的土块。此外，土壤还有一定的黏性，给土壤的分离和切割造成了一定的困难，铲掘土壤的时候，往往会有一些土壤黏附在铲斗上。土壤的密度大约在 2600～2800kg/m^3 之间，自然堆积角在 30°～45°之间。土壤是农田、水利等作业现场装载机的典型作业对象（图 2-3）。

（4）煤炭　煤炭主要由有机质构成，是重要的能量来源，同时也是重要的冶金和化工原料。煤炭按照粒度可分成六个等级，最小的可以小于 6mm，最大的可以达到 100mm 以上；煤炭的密度一般在 1300～1900kg/m^3 之间；煤炭的含水率在 5%～20%之间；煤炭的自然堆积角在 30°～50°之间。煤炭是煤矿和物资转运仓库装载机的典型作业对象（图 2-4）。

图 2-3　装载机铲运土壤

图 2-4　装载机铲运煤炭

（5）粮食　粮食是各种可食用植物种子和果实等的统称。粮食富含人体所需的丰富营养，是人类和其他动物蛋白质、膳食纤维、脂肪和淀粉等物质的重要来源。粮食种类繁多，品种各异，粒度跨度很大，从几毫米到上百毫米的都有；含水率的跨度也较大，一般粮食的储存要求含水率在 11%～16%之间；密度随粮食种类变化较大，一般在 600～900kg/m^3 之间，粮食的自然堆积角大约在 24°～35°之间。粮食是农场、粮站和食品加工企业装载机的典型作业对象（图 2-5）。

（6）松散雪　雪是由大量白色不透明的冰晶组成的降水。云层中形成的雪降至地面，且地面温度在雪的熔点以下时，就会形成积雪，积雪达到一定厚度就会阻碍交通。新的降雪或未受暖空气、太阳辐射、行人及车辆碾压作用的雪统称为松散雪。松散雪的粒度在 0.05～0.3mm 之间，密度大约在 100～510kg/m^3 之间，松散雪的含水率往往较高，导致其黏度很大，所以铲掘松散雪的阻力不是雪的重量，而是要摆脱雪的黏度。受其黏度的影响，松散雪的自然堆积角也可以较大，一般在50°~80°之间。市政或路政部门经常会采用装载机作为除雪装备（图2-6）。

图2-5 装载机铲运小麦

图2-6 装载机铲运松散雪

2.1.2 原生物料的特性

除了能对散装物料进行搬运和装卸作业外，装载机还具有将物料从其原生体或寄生体上开采或剥离下来的功能，从而完成采、装、运等一整套作业任务。一般把需要从原生体或寄生体上开采或剥离下来的物料称为原生物料，原生物料具有分布范围广、与原生体或寄生体结合紧密和开采过程相对较长等特点。

（1）原生土 原生土又称残积土。岩石在原地风化、积累、未经搬运和松动形成的土，往往需要从原生体上开采或剥离后才能松动和聚集，进而装卸和运输。由于原生土一般都要从压实地面上以一定的层深开采或剥离下来，聚集成堆后才能用装载机搬运，所以开采会耗费大量的时间，且开采过程是装载机牵引力最大、传动系统传动效率最低的工况，因此针对原生土作业的能耗率远远高于针对松散土为作业对象的工况，此外，作业效率也由于铲装时间的延长而比针对松散土作业时低得多。

（2）原生矿 原生矿是指未经爆破和开采的矿石，装载机需要将原生矿石开采下来，并收集起来，然后输送到指定位置，再装车继续完成矿石的运输。原生矿的种类很多，现以露天煤矿为例说明。露天煤矿是指煤层的覆土层较浅的煤矿，开采时，先用推土机将覆土层剥离，直至呈现出煤层，同时开辟出可供矿用卡车运输煤炭的通道，再利用装载机的采装功能将煤从煤层上剥离下来，装载到停在运煤通道的矿用卡车上。由于采煤的过程与装载机的牵引性能息息相关，因此这类装载机的牵引性能要求很突出。为了加快开采的速度，往往采用特大型装载机，采取歇人不歇机器的运营方法，24h连续作业。

（3）压实雪 冬季道路降雪后，由于清理不及时或持续降雪，经过车辆和行人的反复碾压，本来密度较低的松散雪就会形成密度较高（450～900kg/m³）的压实雪；另一方面，由于昼夜温差变化，日间融化的冰雪，夜间又重新冻结，路面降雪表层就会形成冰膜。反复碾压及反复融冻的积雪由于外界载荷的作用，与道路的黏结力增大，剥离和清除的难度增加。作为除雪设备的装载机要在极其光滑的情况下从寄生的路面上剥离压实雪，同时还要求不对路面造成太大伤害，这也是装载机及其属具产品的一大技术难题。

2.1.3　装载机的属具

装载机除了铲斗还有多种属具，这些属具多数是靠装载机的备用液压回路驱动的，能够在驾驶员的指令下完成不同的作业动作。同一台装载机可以通过更换属具完成不同的操作任务，在一定程度上扩展了装载机的作业对象，增加了装载机的使用场合。

（1）木材夹　木材不像一般的散装物料那样容易装在铲斗内对其操作。木材粗细不均，长短不定，且单体的重量很尴尬，往往一根木材达不到装载机的额定载重量，要几根木材才能与装载机的额定载重量相匹配。木材夹是从木材的中间夹取木材的，可以忽略木材长度的影响，可以同时夹取多根木材，既提高了装载机的作业效率，又充分利用了装载机的额定载重量（图 2-7）。木材夹采用液压控制，使工作效率大幅提高，可极大提高木料采伐和运输的工作效率。相似的应用还有管夹等。

图 2-7　装载机属具-木材夹

（2）石材叉　石材可用于建筑装饰，其整体性往往就是价值的体现，所以石材通常要求整体搬运。装载机具有单斗额定载重量大的天然优势，是石材的理想搬运装备，但是装载机的铲斗难以适配形状各异的石材。石材叉是专为装载机搬运石材设计的，不仅能充分贴合石材的各种形状，而且可以举升相应的高度，完成各种石材的搬运任务（图 2-8）。石材叉不仅能够搬运石料，还能搬运各类货箱甚至集装箱等，为了在搬运过程中保持货物不倾斜，还可以选配叉车门架型石材叉。

（3）干草叉　随着农牧业机械化和无人化作业进程的加速，装载机的作业对象也逐渐延伸向牧草、青贮饲料甚至干牧草等低密度的作业对象。这类物料密度较低，且较蓬松，容易散落，曾经是装载机的作业禁区。干草叉利用装载机的备用液压回路驱动，在开始装载之前先将干草叉张开一定的角度，再利用装载机巨大的牵引力尽力插入草垛，尽量多地“吃入”物料，然后，再操纵液压系统将干草叉闭合，最后，装载机倒退行驶，将干草从堆垛上“撕”下一“抱”，完成物料的铲装，并将物料运送到指定位置（图 2-9）。干草叉广泛应用于农牧业及其他相关产业。

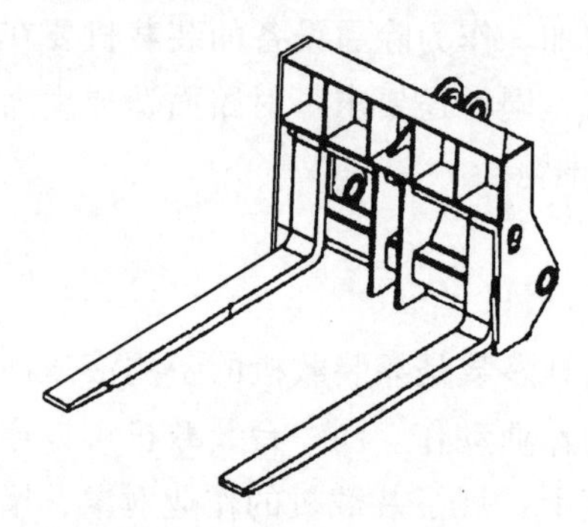
图 2-8　装载机属具-石材叉

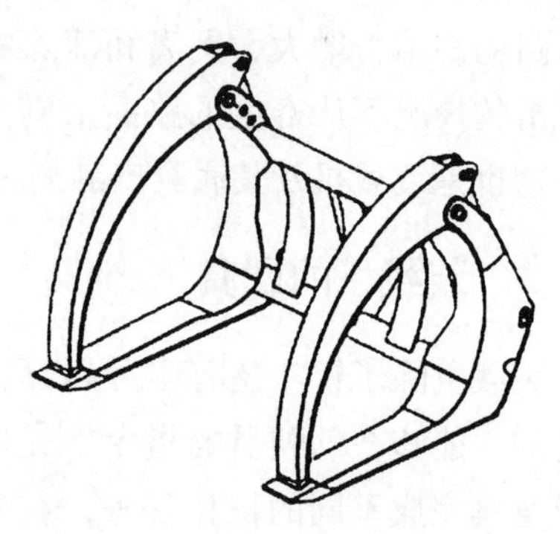
图 2-9　装载机属具-干草叉

2.1.4　装载机的卸货对象

装载机不仅要将铲装的物料运送到指定地点，还要把物料卸载到货物承接对象上，由于货物承接对象的属性不同，对装载机运输和卸货过程的要求也存在着较大的差异。

（1）卡车　卡车是装载机最常见的卸货对象，一般分为矿用卡车（图 2-10）和货运卡车（图 2-11）两种。卡车由厢板围成承装散装货物的空间——车厢，为了使卡车承装货物的斗方数尽量增大，往往厢板都要加高，给装载机卸载货物带来了挑战。为了尽量覆盖这种使用场景，装载机可以选用加长动臂，增加卸货高度。但在一些特殊的场合还要在加高厢板的基础上将物料堆积成小山形状，面对这些用户的诉求，装载机只能通过在卡车侧面垫起斜坡，以提升装载机的举升高度，跨越厢板为卡车装填货物。装载机要在举升物料的前提下，爬上垫起的陡坡且保持停驶状态不动，对装载机的传动系统和制动系统都提出了新

图 2-10　装载机为矿用卡车装货

图 2-11　装载机为货运卡车装货

的挑战，装载机变速器的动力中断及其升级版本的智能动力中断技术就是为这种场景量身定制的。

（2）火车 为火车提供装卸服务是铁路货场装载机的典型作业类型，要求装载机将堆放在火车车厢两侧的散装货物在很短的运距内，以极快的速度装满车厢。这种装载机的操作灵活性和作业效率是关键的指标，往往给装载机留下的作业空间很小，要求装载机能在火车车厢与料堆之间自由穿梭，作业周期往往很短，以满足快速给火车装货的要求。

（3）填装料斗 在搅拌站或选矿场经常需要将物料装填到料斗，使物料进入其他机械完成进一步的操作。在这种场景下，装载机负责将堆放在料斗附近的物料收集，并运送至料斗前，再通过举升、卸料等一系列动作完成物料的装填。为了最大限度地发挥设备产能的优势，可以为一个料斗配置几台装载机，依次向料斗装填物料，以使物料供应连续，设备作业效率得以充分的发挥。有时为了提高作业效率，减少装填作业的能量输出，可以将料斗布置在装载机作业平面的下方，这样装载机在装填物料的时候可以免去举升物料的时间和能量输出，可提高整个料场的工作效率并减少燃油消耗。

2.2 装载机的作业循环

装载机是一种用途广泛的作业设备，不但能够进行物料的采装，而且还能够将物料运输一定的距离。此外，还能与其他采装运设备配合使用，共同完成更复杂的作业任务。仅针对装载机的采、装、运功能而言，为了满足多种物料的要求，适应各种场地的特性，匹配各种接纳物料的形式，装载机演化出了多种多样的作业循环。各种作业循环虽然具有明显的差异，但都具有极强的规律性和周期性，本节主要从作业模式和铲掘方法两方面介绍。

2.2.1 装载机的作业模式

装载机的作业模式是指其与运输车辆配合，共同完成物料的采、装、运环节，其中装载机仅负责在物料场的采装和短距离运送，运输车辆负责长距离的运输。本节总结并整理了 8 种较为典型的装载机作业模式，以供研究装载机作业规律时参考。

（1）“V”形作业模式 “V”形作业模式适用于地势平坦、开阔的场地，是装载机常用的一种与运输车辆相配合，并高效完成散装物料装载的作业模式。

这种作业模式要求运输车辆与装载机的铲掘面呈30°~45°布置，装载机在远离铲掘面进退和向运输车辆进退时都要转动一定的角度，如图2-12所示。整个作业过程分为5个步骤：第1步，装载机空载前进，变速器一般以前进Ⅱ档起步，当铲斗接触到物料时，铲掘阻力迅速上升，装载机本身蕴藏的动能转化为克服铲掘阻力插入料堆的功，随着车速的降低，变速器降为前进Ⅰ档，车身的动能逐渐被转化为铲斗切入物料的功。第2步，装载机铲掘物料，此时，装载机继续插入料堆需要依靠装载机的牵引力，并需要行驶系统与液压系统密切配合，针对不同物料这一过程差异较大，有的耗时较短、耗能较少，有的则耗时较长、耗能较多，是装载机针对不同物料的作业效率和能耗率的分水岭。铲斗满载后，装载机在驾驶员的操纵下，完成回收铲斗和提升动臂的动作，以便完成下一步的满载后退工况。第3步，装载机满载后退，要求装载机全速倒退，一般变速器以倒Ⅱ档起步，到达指定地点装载机需要利用制动系统停车。第4步，装载机满载举升前进工况，装载机全速前进，一般变速器以前进Ⅱ档起步，由于运输距离较近，往往还没有达到换入Ⅲ档的车速就已经接近运输车辆了，接近运输车辆时装载机需要利用制动系统减速，以安全车速接近运输车辆，同时举升动臂，使铲斗“越过”运输车辆的厢板，此过程往往需要部分的动力中断，将传动系统的能量分配给液压执行装置一部分，提升液压系统的功率，使其迅速完成动臂举升和卸载物料的作业任务。第5步，装载机空载后退，空载的装载机边后退、边收回铲斗、同时动臂也随之下降，当工作装置恢复运输状态后，变速器以倒Ⅱ档后退至作业循环起点，到达预定地点前，要对装载机实施制动，直至停车，然后，准备开始下一工作循环。

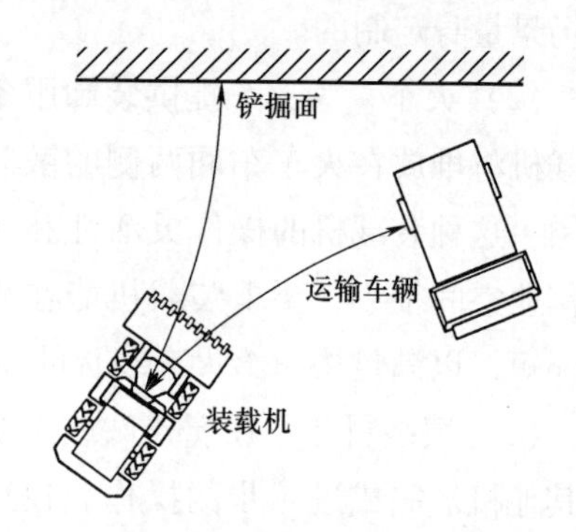

图2-12　装载机的“V”形作业模式

“V”形作业模式中装载机共有4次换向操作，其中有3次需要使用制动系统减速直至停车，另一次需要将装载机蕴藏于车身的动能转化为插入料堆的功，以减少插入料堆过程对发动机功率的依赖。因此，装载机需要一套强有力的制动系统，要求在极短的距离内把装载机车身蕴藏的动能消耗殆尽，达到稳定停车的要求。为了提高装载机的作业效率，装载机在换向过程中未必等到车辆完全停稳后才换向，经常出现装载机仍沿原行驶方向行驶，却已经换上相反方向的档位了，这就要求装载机变速器具有极强的容错能力和化解不当操作的能力，即要求制动系统与变速传动系统配合工作。

（2）“I”形作业模式　当装载机转向不方便时，如：整体式车架的装载机或履带式装载机；或当装卸作业场地较为狭窄时，装载机与运输车辆可以采用“I”形作业模式。运输车辆往复地平行于铲掘面前进和后退，装载机则垂直于铲掘面不断地往复铲掘和装卸散装物料。装载机与运输车辆的行进轨迹垂直相交，要求它们都按照一定的规律和节拍，密切配合完成装载任务。装载机铲装后，后退行驶的直线距离一般在 6~10m 之间，该距离刚好能满足装载机铲掘物料和运输车辆安全行驶的要求。在装载机前进的同时，把铲斗提升到运输车辆的货厢位置处，运输车辆后退至与装载机垂直的位置，装载机向运输车辆卸货，在铲斗卸货后，运输车辆向前行驶一段距离，以保证装载机可以自由地驶向铲掘面，同时装载机将工作装置恢复到铲掘状态，进行下一次铲装作业。装载机完成铲掘后，倒车回到卸载位置，运输车辆后退，如此循环重复，直到运输车辆满载为止，如图 2-13 所示。这种作业模式的循环时间取决于装载机和运输车辆驾驶员的熟练程度，当经过一段时间的磨合和训练后，装卸作业效率会明显提升。

此模式还可用于侧卸式装载机，运输车辆也垂直于装载机的铲掘面，装载机与运输车辆平行，铲掘物料后退至与运输车辆车厢平行位置，通过侧卸的方式向运输车辆卸载。装载机的作业距离可以缩短至 3~4m，且不需要运输车辆的配合，作业效率会明显提高。

（3）“L”形作业模式　当矿场修有运输干线道路时，运输车辆沿干线停车等待装载货物，装载机先从与干线相垂直的铲掘面上铲掘物料，然后后退至与运输车辆相平行的位置再转过 90°，驶向运输车辆。卸载物料后，再原路退回上一工况始点原位，后退过程中完成转向动作，此时，装载机铲斗正对着铲掘面，便于开始下一循环作业（图 2-14）。

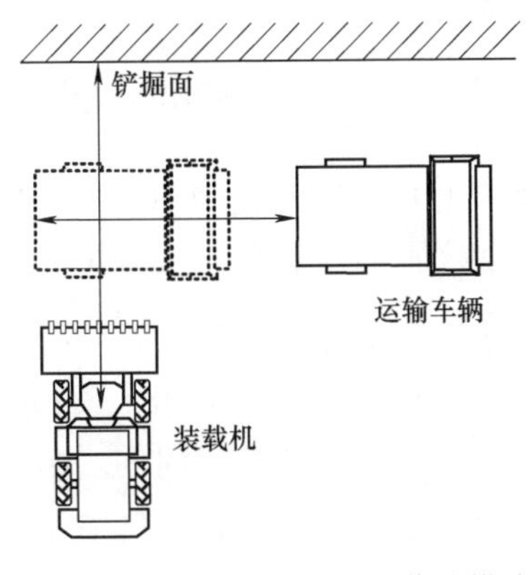

图 2-13　装载机的“I”形作业模式

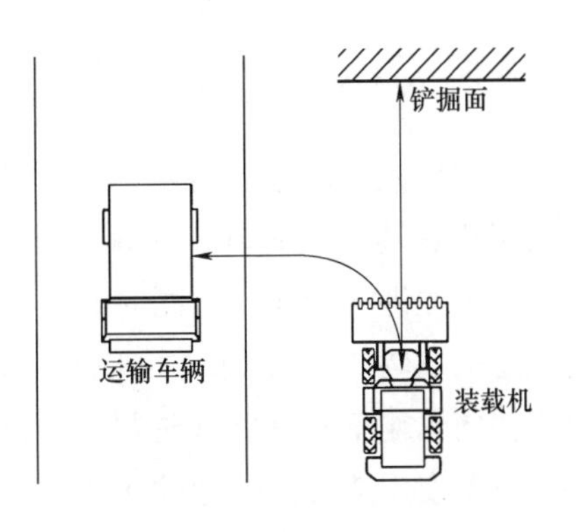

图 2-14　装载机的“L”形作业模式

这种作业模式增加了装载机的运行距离，但由于使运输车辆不必在无路或坏路上行驶，从而减少了运输车辆轮胎的磨损，也改善了运输车辆的工作性能指标，同时可以单趟运送更多的货物。因此，该模式在铲掘带道路不好且附近修有运输主干道路的场景采用。另外，为火车装卸物料时经常采用这种作业模式。

（4）“T”形作业模式　这种作业模式适合于工作场地宽敞、平坦的矿区，要求运输车辆与铲掘面相平行，装载机位于物料与运输车辆之间。装载机先从作业循环初始位置出发，转90°驶向料堆，从铲掘面上铲掘散装物料，倒退行驶到初始位置，倒退过程装载机需要转90°，然后再向前行驶并转向90°，驶向运输车辆，卸载后再倒退行驶至初始位置，倒退过程中装载机也需要转90°，至此装载机完成了一次铲装工作循环（图2-15）。周而复始地铲装，直到运输车辆被装满，换下一辆运输车重新开始。

（5）同侧平行布置两辆运输车的作业模式　这种作业模式是“V”形作业模式的延伸，在料堆前与铲掘面呈30°~45°并排停放运输车辆A和运输车辆B，如图2-16所示。

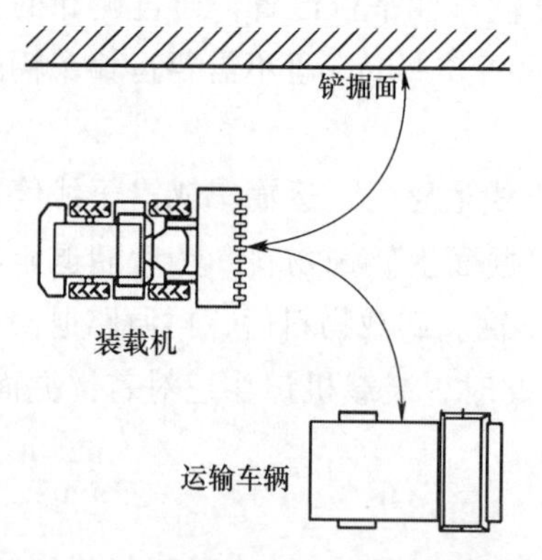

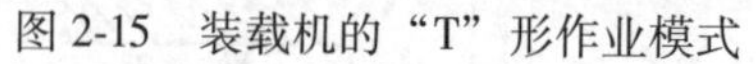
图2-15　装载机的“T”形作业模式

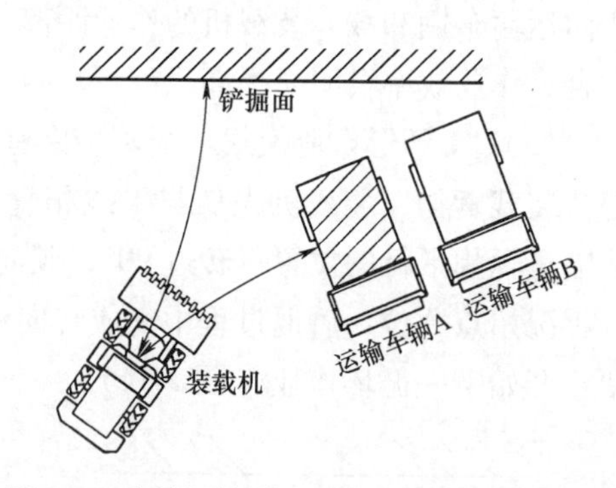

图2-16　同侧平行布置两辆运输车的作业模式

装载机先为运输车辆A装车，此时，运输车辆B可以不在当前位置，待到运输车辆A将要装满时，运输车辆B再平行于运输车辆A停下。当运输车辆A满载后，立即开始运输；同时装载机继续采装物料，当装载机运行至卸料阶段时，运输车辆A已经驶离了当前位置，装载机直接面对运输车辆B，装载机可以直接向运输车辆B卸载物料，中间省去了等待运输车辆的调度时间。装载机的完整调度周期由一辆运输车为单位增加至两辆运输车辆为单位，压缩了中间等待运输车辆的时间，使大规模运营的厂矿可提高装载机的使用效率。这种作业模式适用于装载机较少而运输车辆较多的场合。这种作业模式的缺点是使得运输车辆的调度难度增加，并且在装载机为运输车辆 B 装载第一斗物料时，装载机的运行距离略有增加。

（6）两侧平行布置两辆运输车的作业模式　在铲掘面较宽或在堆积矿场作业时采用这种模式。在工作量不大，且运输距离较短时，一个驾驶员可以轮流驾驶两辆运输车辆。当装载机给运输车辆 A 装载货物时，驾驶员可以把已经装满货物的运输车辆 B 开向卸载场，然后，将空载的运输车辆 B 开回装载场，此时，运输车辆 A 刚好要装满货物，驾驶员再转移到运输车辆 A 上，将其开往卸料场，卸料后再返回（图 2-17）。这种作业模式充分利用了时间，提高了整个矿场的运行效率。

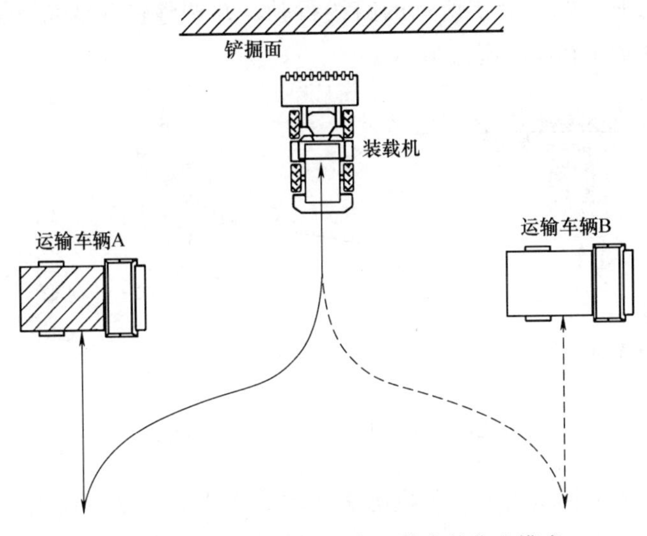

图 2-17　两侧平行布置两辆运输车的作业模式

（7）贴近作业模式　运输车辆垂直于铲掘面布置，装载机铲掘物料后，平行于运输车辆倒车行驶，然后转向 90° 驶向运输车辆，往运输车辆货厢卸载物料，卸载后，空载的装载机倒退行驶，并转向 90° 驶离运输车辆，如图 2-18 所示。

此时，装载机面向铲掘面，进入下一个铲装循环工况。该模式生产效率较低，但可在周边环境复杂的条件下采用。

（8）长距离运输作业模式　上述 7 种作业模式均为短距离运输作业模式，主要发挥了装载机强大采装功能的优势，装载机运输的距离普遍较短，统称为短距离运输作业模式。装载机既然有行驶功能，完全可以进行长距离的运输，即装载机可以胜任采、装、运联合作业。

图 2-19 所示为装载机的长距离运输作业模式的示意图。装载机从料堆采装物料后，回收铲斗并提升动臂至合适运输的位置，沿①所示的路线边后退、边转向，至图示的位置停下，换向为前进档，沿②所示的路线行驶，行驶距离可以超过 50m，行驶过程中可能换上比Ⅱ档更高的档位。到达运输车辆附近，将物料卸载到运输车辆的货厢后，沿③所示的路线边后退、边转向，至虚线位置停下，换向为前进档，沿④所示的路线行驶，并调整铲斗的角度和车辆方向，开始下一循环铲掘物料工况。

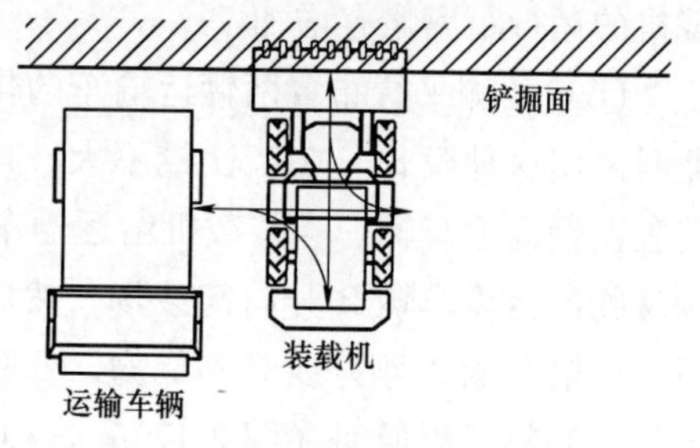

图 2-18 装载机贴近作业模式

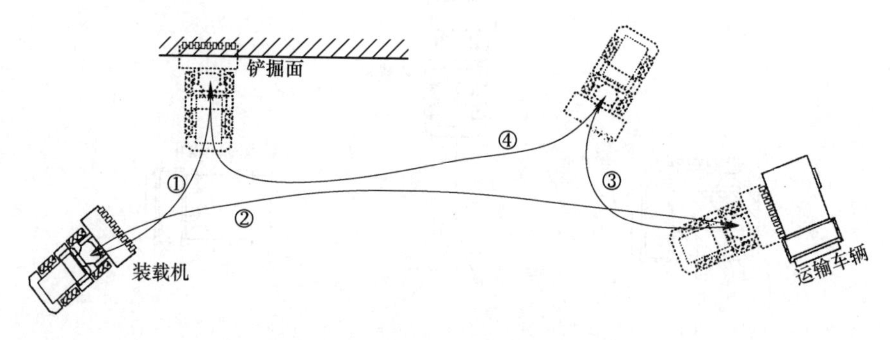

图 2-19 装载机长距离运输作业模式

长距离运输作业模式对装载机的满斗率要求很高，既不能太满，致使物料散落在行驶的道路上；又不能太空，造成装载机运力的浪费。长距离运输途中装载机的铲斗保持收斗状态，动臂提升至距离地面 300~400mm 的位置，变速器有可能在高档位运行，运距一般要超过 50m。长距离运输作业模式可用于运输车辆不便于到达的陡峭崎岖的矿区或矿坑内部，装载机优越的爬坡能力，可助力其跨越运输车辆难以逾越的障碍。这种工作模式还可以利用装载机为处于较远位置的料斗填料。

当然，装载机还有很多种其他的工作模式，如：作为矿区的辅助设备，用于平整场地、松散岩石、二次破碎等；也可以与挖掘机配合工作，各自发挥彼此擅长的功能，将整个矿区的开采效率提升到最优；还可以利用装载机进行堑沟的掘进，使掘进与残土的收集和装载变得一气呵成，加快了工期进度。总之，装载机是一种功能多样化的自行走作业装备。

2.2.2 装载机的铲掘方法

装载机的生产力在很大程度上取决于铲掘时铲斗的满斗率。操作熟练的驾驶员可以确保每一斗都获得较高的满斗率，充分利用装载机的额定载荷，因此作业效率较高。本节将详细分析各种铲掘方法的工作原理和操作步骤及提升满斗率的有效措施。装载机的铲掘过程是靠插入力和回收铲斗及提升动臂等动作共同实现的，装载机的铲掘方法大致可分为：单独铲掘法、配合铲掘法和分层铲掘法。

（1）单独铲掘法　单独铲掘法是装载机较为初级的铲掘方法，其特点是回收铲斗和提升动臂的过程中装载机不行走，仅靠转斗液压缸和动臂液压缸的压力驱动完成土方的铲掘操作。单独铲掘法又可分为一次铲掘和分段铲掘两类。

一次铲掘法一般用于铲掘密度较低的碎料，如煤炭、焦炭和烧结矿等，要求装载机沿直线前进，使铲斗切削刃插入料堆里，直到铲斗后壁与料堆接触为止，如图 2-20a 所示。铲斗切削刃插入料堆时，装载机的行驶速度在 2.5～4.0km/h 之间，变速器处于Ⅰ档或Ⅱ档。然后，铲斗在转斗液压缸的作用下使铲斗从水平位置反转至竖直位置，完成回收铲斗动作，如图 2-20b 所示。在回收铲斗过程中，装载机不行走。最后，铲斗提升至工作位置（距地面 300～400mm 的高度），后退行驶离开铲掘面，如图 2-20c 所示。使用这种铲掘方法时，不能高速、急行地把铲斗插入料堆，因为这样会导致装载机产生较大的附加冲击载荷，造成装载机传动系统零部件的损坏。另外，铲斗如果插入料堆的深度过深，会导致铲斗不能反转、动臂不能提升等问题。为了继续铲装，需要将铲斗从料堆里拔出一段距离，无形当中增加了循环工况的时间，降低了装载机的工作效率。

一次铲掘法是最简单的，也是工程实践中使用最广泛的铲掘方法，但是这种铲掘方法对物料的破碎粒度要求较高，要求粒度较均匀且颗粒较小。其缺点是必须把铲斗很深地插入料堆，因此，要求装载机能提供较大的牵引力，同时，需要很大的液压系统功率来克服铲斗在翻转时使大量物料摆脱料堆的聚集力。

分段铲掘法的特点是分段插入铲斗和提升动臂，这种方法适用于聚集力和密度较大的物料。针对聚集力和密度较大的物料，装载机往往不能一次性插入料堆很深，以满足满斗率的要求。应用分段铲掘法作业时在第一阶段已经插入料堆一段距离后，动臂应立即提升一段高度，使物料得到局部的松动，紧接着再操纵装载机插入第二段，以免松动的大量物料从铲斗切削刃上滑落下去，如

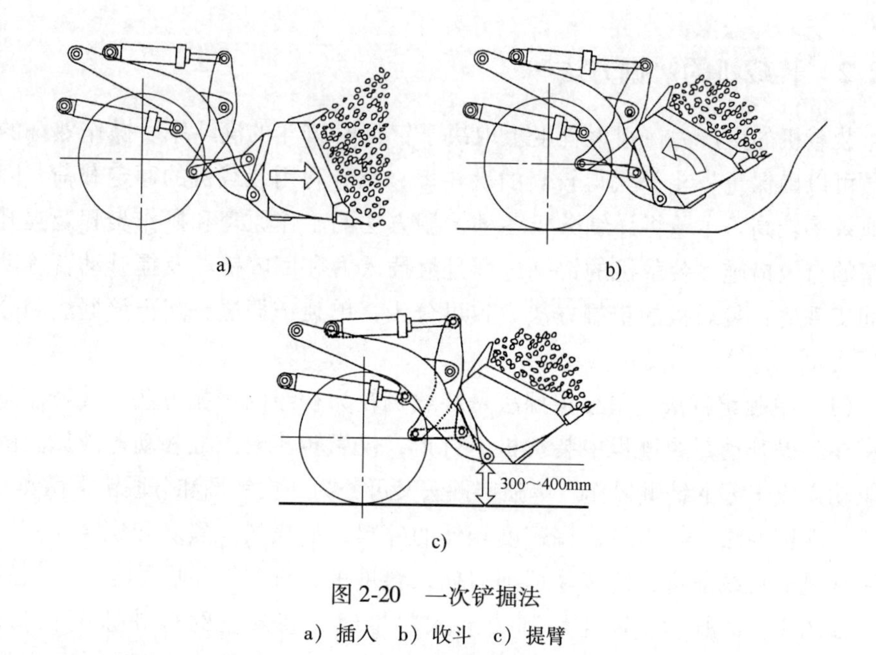

图 2-20　一次铲掘法

a）插入　b）收斗　c）提臂

此交替进行 2~3 次操作即可收斗，完成物料的铲装，如图 2-21 所示。在这种情况下，应用这种铲掘方法，铲斗比较容易插入料堆，并获得较满意的满斗率。但使用此法要尽量使铲斗的底部保持水平或稍向下倾斜，否则，料堆在斗底将产生很大的反作用力，增加铲掘阻力。

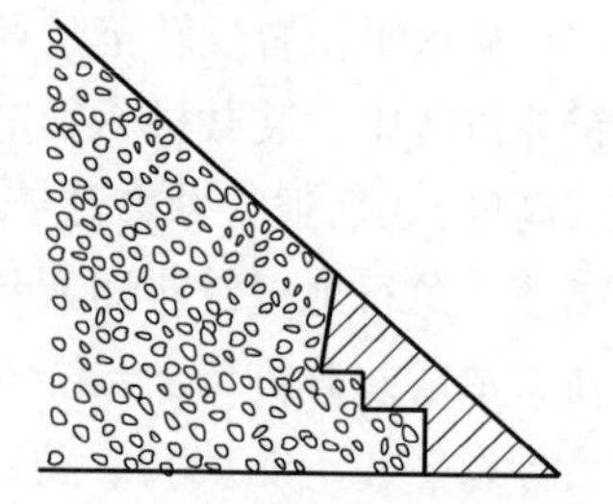

图 2-21　分段铲掘法

该方法的缺点是必须交替操作装载机的转斗和提升动臂机构，降低了铲掘速度，因此，需要驾驶员的熟练程度较高。另外，相关零件交替承受冲击载荷，加速了零件的磨损和早期失效。

（2）配合铲掘法　在装载机前进过程中，将铲斗向前对准料堆插入斗底 0.2~0.5 倍的铲斗长度，此后，装载机继续前进，同时，还要回收铲斗和提升动臂，如图 2-22a 所示，或仅提升动臂，如图 2-22b 所示，在铲斗切削刃离开料堆后，再回收铲斗，然后驶离铲装工作点。此时，装载机变速器处于Ⅰ档或Ⅱ档，行驶车速应与铲斗切削刃提升速度相配合，以使铲斗切削刃的提升轨迹与料堆自然堆积角线相平行。

由于插入运动与提升运动相配合，这种铲掘方法的铲掘阻力比单独铲掘法减小了很多。这主要是因为铲掘区散碎的物料有很大的流动性，在铲斗的斗底

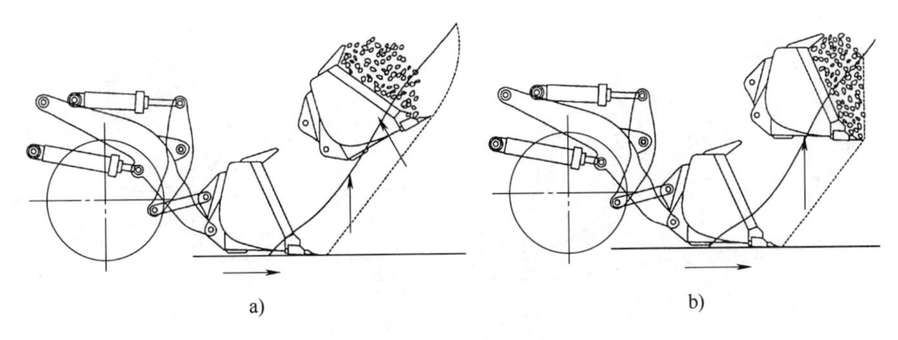

图 2-22　配合铲掘法
a）收斗同时提升动臂　b）仅提升动臂

几乎没有摩擦力。在铲掘坚硬的物料时，铲斗上下摆动的同时，装载机以 Ⅰ 档或 Ⅱ 档向料堆推进，这样能够很好地松动大块岩石，克服其巨大的铲掘阻力，大大降低了装载机铲斗的铲掘阻力，提高了装载机的满斗率。采用该铲掘方法不需要铲斗开始插入料堆很深，同样能保证在很大的铲掘范围达到较高的满斗率。该方法回收铲斗和提升动臂所需的液压驱动力并不大，轻松平稳，铲掘阻力一般是一次铲掘法的 30%～50%。

采用配合铲掘法的条件是铲斗切削刃的合成运动方向与装载机插入运动方向之间的夹角 α 必须大于料堆的自然堆积角 φ，如图 2-23 所示。否则，铲斗将过于深入地被掩埋在料堆里，为了保证上述条件，驾驶员要具有一定的操作经验。

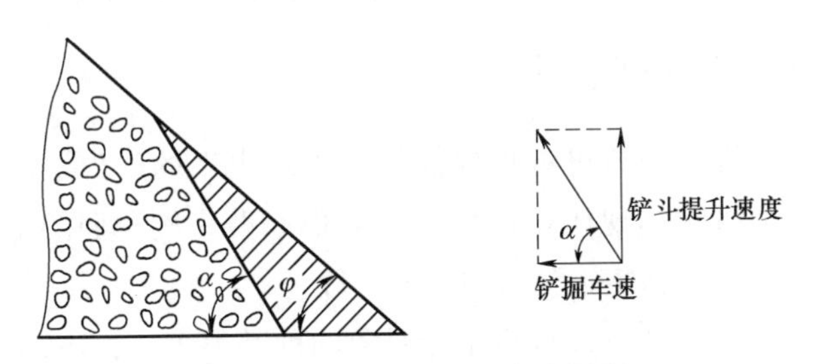

图 2-23　配合铲掘法的角度限制

（3）分层铲掘法　分层铲掘法主要是针对原生物料的一种铲掘方法，用于掘沟、在软岩里挖掘凹地、平土等作业。该铲掘法要求先将铲斗转到与地面呈一定角度，然后，装载机以 Ⅰ 档或 Ⅱ 档低速前进，连续地剥下一层物料，如图 2-24a 所示。每个分层的切入深度一般在 150～200mm 之间，铲斗装满后，回收铲斗，提升动臂，使斗底距地面约 500mm 左右，如图 2-24b 所示，然后退回到卸载位置。

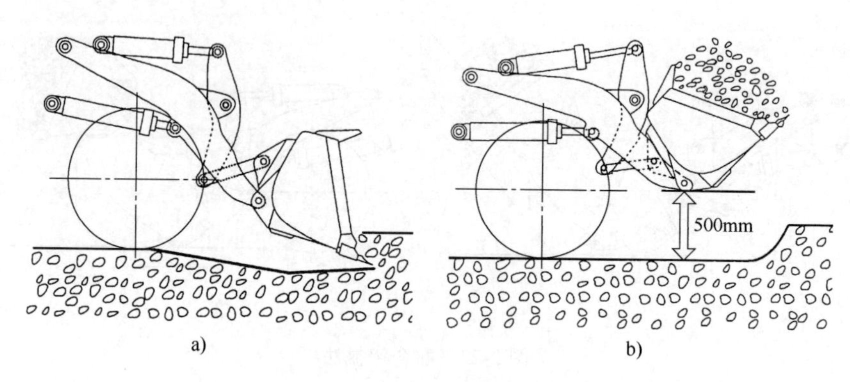

图 2-24　分层铲掘法

a）采集　b）收斗

2.3　装载机的工况调查

为了更加深入地掌握装载机的作业规律，需要展开细致的工况调查。首先，要明确最能表现装载机作业规律的性能指标，确定这些性能指标的测试测量方法；然后，根据装载机作业物料的分配比例及作业模式占比，确定工况调查试验样本构成，采集数量足够且能体现装载机作业规律的工况调查试验数据；最后，对所采集的试验数据进行清洗、预处理和数据挖掘，形成可以进一步研究的基础数据，以便从中发掘装载机作业过程中隐藏着的规律。

2.3.1　装载机工况的性能指标

装载机的作业规律是通过各种性能指标表现出来的，为了研究装载机的作业规律，首先必须将能体现作业规律的性能指标做一次全面的梳理，并明确这些性能指标的测试方法和实施测试的技术手段。

（1）物料和作业模式　装载机工作对象的种类很多，在不同的应用背景下，作业模式也是多种多样的，它们对装载机的作业规律影响也较大。在工况研究过程中最有效的方法当然是针对每一种物料、每一种作业模式都进行详细充分的研究，并针对具体的物料和作业模式制定详细的循环工况数据模型、能量分布规律和功率分配规律。试验表明：针对不同的物料和作业模式，装载机的作业规律存在较明显的差距。但是，如果针对每一种物料都做一次旷日持久的工况调查试验、数据分析和规律总结显然是不现实的。即便是在人力、物力和场地充足的条件下，实施了该项伟大的工程，在实际应用时也会因为各项影响因素的偏差，造成在一个场地总结的作业规律在另一个场地并不能完全适用的现象，因此能做到运行规律在一定的概率下保持一致就认为具有实用价值。

事实上，循环工况并不要求像操作指令一样精确，与操作要求完全吻合，关键在于能够体现其运行的关键数据的统计特征。按照这个要求，只要寻找最具代表性的两种典型物料和最能体现装载机作业规律的循环工况，就能够较为全面地展现装载机在作业过程的规律性特征，并在装载机的设计、研究和性能评价时有一个合理、统一的标准可供参考。

纵观装载机的作业对象，大致可以分为两类：松散物料和原生物料。松散物料与原生物料的差异主要体现在铲掘时间上，松散物料较容易铲掘，铲掘时间较短，大牵引力持续的时间较短，作业效率较高；原生物料铲掘阻力较大，铲掘较费时间，大牵引力持续时间较长，作业效率稍低，除此之外，二者基本相同。松散物料种类虽然较多，但主要集中体现在物料的聚集性和物料的密度两方面，装载机铲掘阻力主要克服的就是物料的聚集性。试验表明：装载机在铲掘时一般都要达到牵引力的最大值，因此，无论物料的聚集性如何，装载机都要发挥到最大牵引力；装载机的额定装载量与物料的密度息息相关，装载机的属具设计时一般都要考虑充分利用其额定载重量的问题，所以，无论装卸何种物料，其载重量都能达到额定装载量。因此，装载机针对松散物料作业时，其负荷情况基本上都很相近，可以通过研究一种典型的散装物料推而广之，将研究结果推广到其他散装物料。对于原生物料也可以采用相同的应对策略。

作业模式对装载机的作业规律影响是比较大的，但是超过 80%的装载机都采用“V”形作业模式及其变形模式，因此，“V”形作业模式具有绝对的代表性。本节选取“V”形作业模式作为装载机的典型作业模式进行研究。应用时，如遇到有特殊要求，可对存在差异的数据进行适当的修正。

装载机的吨位不仅关系到额定装载量，还对装载机的牵引力有一定的影响，本节主要选用 5t 装载机作为典型机型，一方面，销售计数据表明：5t 机型在市场上的占有率超过 50%，是当之无愧的代表机型；另一方面，如果针对其他吨位装载机使用 5t 装载机的作业规律时，可以按需修正额定装载量和牵引力等数据，达到与研究对象相匹配的目的。

（2）作业周期　装载机的作业周期是指完成一个工作循环所需的时间，一般以秒为单位来计量。由于装载机的作业任务比较固定，所以，作业存在着明显的周期性，周期的时长与装卸距离、物料种类和单位工作量的燃油消耗量存在着密切关系，周期的时长还与作业效率存在强相关关系。试验表明：装载机在作业距离一定时，针对特定物料和熟练程度相近的驾驶员的条件下，其循环工况呈现明显的周期性。

装载机除了循环工况呈现明显的周期性外，在循环工况内的每个工况环节也具有一定的周期性，如图 2-25 所示。除了铲掘物料工况时间与物料种类直接相关外，空载前进、满载后退、满载举升前进和空载后退等 4 个运输工况的周期也与装卸距离直接相关。同样的装卸距离，如果装载机的作业周期出现明显的差异，则说明物料的铲装时间不同，一般原生物料铲掘阻力较大，需要的铲掘时间较长。

由于装卸距离和物料铲掘阻力的差异可能使装载机 5 个工况的周期存在差异，进而使整个循环工况的周期也有所不同。在对具体工况进行分析时，要根据实际情况对周期进行缩放处理，直至与实际情况相吻合为止。

（3）车速　装载机循环工况的行驶车速往往较低，变速器一般不会超过Ⅱ档，原因是装载机的装卸作业距离较短，车速还没有达到更高档位的换档阈时就已经达到预定位置要求停车了；或者对于长距离作业模式，作业场地的山路崎岖，不允许加速至更高车速。装载机循环工况中用车速-时间曲线表示行驶车速随时间的变化关系，车速-时间曲线中蕴含的信息包括最高车速、次高车速、平均车速、最大加速度、最小加速度、平均加速度、最大减速度和稳定车速等。装载机的车速分为前进车速和倒档车速，前进行驶距离和倒档行驶距离相当，且前进车速和倒档车速-时间曲线形状也相似，如图 2-25a 所示。

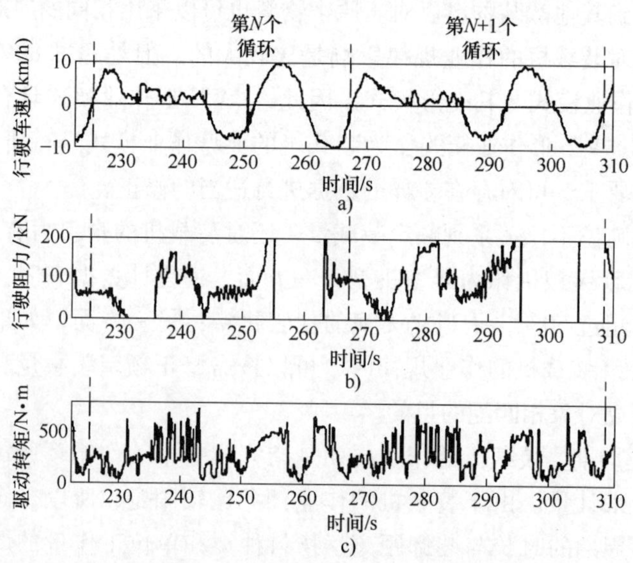

图 2-25　装载机铲装原生土试验数据片段

a）行驶车速　b）行驶阻力　c）驱动转矩

在装载机的行驶循环工况中，车速-时间曲线还具有划分不同工况和作业循环的作用。在进行循环工况分析时，需要将周而复始的循环工况数据分割开来，以便分析在不同作业工况、不同循环周期的液压驱动力、载重量和行驶阻力随车速的变化规律，划分的依据就是循环工况的车速-时间曲线。

（4）液压驱动力　装载机除了要驱动行走系统，还要驱动液压系统，进而驱动各种工作装置和设备运行，并与行走系统相配合完成一系列作业过程。装载机的液压系统很复杂，本节仅从动力供应角度描述。液压系统以液压泵作为其能量来源，而液压泵又由发动机驱动，因此，仅从发动机提供的驱动各种液压泵的动力描述。描述动力需求要从转速和转矩两方面表达，装载机的液压系统往往由不同的液压泵供给液压能量，它们由发动机串联驱动，其转速均与发动机的转速呈固定的速比关系，这个速比由装载机的结构参数决定，因此，记录下发动机转速随时间的变化规律就可以得到液压泵的转速。在装载机工作的不同工况下，各液压泵需求的转矩是不同的，液压系统的压力和流量与泵的驱动转矩满足式（2-1）的关系。

$$T_P = \frac{pq}{2\pi\eta} \tag{2-1}$$

式中　T_P——液压泵驱动转矩，单位为 N · m；

p——泵的出口压力，单位为 Pa；

q——泵的排量，单位为 L/r；

η——泵的工作效率（%）。

而液压泵的驱动转矩具有可叠加特性，装载机驱动所有液压泵所需的液压驱动转矩可用式（2-2）表示。

$$\sum T_P = T_W + T_T + T_B + T_F \tag{2-2}$$

式中　$\sum T_P$——总的液压驱动转矩，单位为 N · m；

T_W——工作泵驱动转矩，单位为 N · m；

T_T——转向泵驱动转矩，单位为 N · m；

T_B——制动泵驱动转矩，单位为 N · m；

T_F——散热泵驱动转矩，单位为 N · m。

最终合成的液压泵驱动转矩如图 2-25c 所示。

（5）载重量　由于要装载、运输和卸载物料，装载机在整个工作循环中，整车重量是周期性变化的，且变化量较大（幅度为装载机的额定载重量），足以引起装载机较大的牵引力变化，甚至还会影响装载机前、后轴载荷分配比例，影响装载机的地面附着系数利用率和装载机牵引性能的充分发挥。因此，在装载机的循环工况中有必要引入装载机的载重量这一变量，且载重量随工况变化情况要十分精确，以便日后利用循环工况展开各种研究，如装载机动力性和经济性的性能仿真研究等。

（6）行驶阻力　装载机最突出的特色就是前车架上装有一个可以铲掘物料的铲斗，为了让这个铲斗装满散装物料，装载机的液压系统需要与行走系统相互配合工作。液压系统需要将铲斗以适当的角度和姿态对准料堆，行走系统需要将牵引力发挥到最大，将铲斗插入料堆，尽量多地铲掘物料，后续还需要行走系统与液压系统密切配合，使铲斗装满后离开料堆。上述铲掘过程中行走系统的牵引力就是为了克服铲掘物料的阻力，该阻力也可以纳入行驶阻力加以考虑，因为它们都由装载机的行走系统克服。

除此之外，行走系统还要克服滚动阻力来完成运输任务。因此，在装载机循环工况中需要根据时间-车速曲线，在适当的时机加入装载机的铲掘阻力（渐变地达到装载机的最大牵引力，并且因物料的不同，持续的时间也不同），该铲掘阻力与装载机的滚动阻力施加部位不同，但方向和效果是相同的，且要体现出装载机载荷的变化对滚动阻力的影响，滚动阻力与铲掘阻力合成为装载机的行驶阻力。

2.3.2　装载机工况调查试验组织

明确了建立装载机循环工况所需的性能指标及其构成要素后，接下来就需要在最具代表性的工作场合展开工况调查试验，将能够表达这些性能指标的数据采集回来，获取建立装载机循环工况的第一手数据资料。

（1）试验场地和试验对象的选取　装载机的循环工况虽然大同小异，但是在不同的作业场地仍有较明显的差异，选择合适的场地进行工况调查试验，使采集的数据具有广泛的代表性，对于创建装载机循环工况和普适性非常重要。最合适的方法是选取比较有代表性的使用场景，按照装载机应用比例分配样本量的占比，然后，运用数据挖掘的方法将这些数据进行主成分分析和聚类分析，合成更具代表性的综合数据，综合数据能够在一定程度上反映各种装载机使用场景的负载变化情况，更具有普适性。但是分散各地的采样点的装载机给数据调查造成了很大困难。

装载机作业的物料也是影响其作业载荷的重要因素之一，但是前面已经分析过，由于装载机的牵引力和额定载重量限制，物料的种类差别不会导致作业载荷发生根本性的变化，反倒是物料的聚集特性可能引发的铲掘时间上的差异比较能体现物料的区别。因此，装载机工作循环针对两种在铲掘时间上有明显差别的物料分别进行研究，即原生物料和松散物料。

通过前面的介绍可知，装载机的作业模式是多种多样的，但是应用最广泛的还是“V”形作业模式。因此，选用最能代表装载机作业特点的“V”形作业模式作为合成装载机循环工况的数据来源，合成的循环工况自然较多地体现了“V”形作业模式特征，对于与“V”形作业模式存在明显差异的作业模式，可以对与“V”形作业模式有出入之处做细微的调整。

在实践中，装载机的种类五花八门，单就吨位这一项就有十几种之多，各种吨位的装载机由于额定载重量的差异，其载荷分配完全不同，致使不同吨位装载机的工况调查数据由于相关性较差而不能放在一起处理。选用在役主流吨位的装载机作为研究对象，建立针对主流吨位装载机的循环工况，在使用循环工况进行设计、研究和性能评价时，可以根据具体情况对合成的循环工况进行适当的调整，使其与目标装载机的实际应用情况相符。

（2）试验数据的采集　前文全面分析了体现装载机作业规律性的性能指标，需要利用各种传感器将体现相关性能指标的原始数据采集回来。装载机的工况调查除了要确定最具代表性的工况、场地和物料等因素外，最关键的是通过装载机工况试验采集表现工作循环规律的原始数据。通过数据分析，可揭示装载机的各种作业规律，为将来研发、设计新型装载机和装载机的性能对比提供基础数据。

性能指标中包括了车速信息，众所周知，车速与轮速在数值上是不相等的。感知车速最好的仪器是五轮仪，现在可以利用各种设备测得准确的车速信息，在要求不十分精确的场合也可以借助 GPS 定位系统测速。但是上述的车速感知方法均未在防抱死制动系统（ABS）中得到应用，原因很简单，通过轮速信息再施以相应的算法就可以获得足够精确的车速信息，本节采用的就是这种方法。在装载机的传动系统中，在每一个便于安装传感器的有效部位都安装上转速传感器，见表 2-1。其中，传动系统的冗余采集系统用于后续的功率流分布规律和功率流分配规律的研究。

表 2-1　传感器的安装部位

测试变量	单位	测试部位	信号来源
发动机转速	r/min	发动机控制器	CAN
发动机负荷率	—	发动机控制器	CAN
变矩器泵轮转矩	N・m	变矩器输入轴	传感器
变矩器涡轮转矩	N・m	变速器输入轴	传感器

（续）

测试变量	单位	测试部位	信号来源
工作泵泵口压力	MPa	工作泵出口	传感器
转向泵泵口压力	MPa	转向泵出口	传感器
工作泵流量	L/min	工作泵出口	传感器
转向泵流量	L/min	转向泵出口	传感器
变速器输出转速	r/min	变速器输出轴（前后）	传感器
半轴转速	r/min	半轴（4根）	传感器
半轴转矩	N·m	半轴（4根）	应变片
动臂液压缸大腔压力（左右）	MPa	动臂液压缸大腔（左右）	传感器
动臂液压缸小腔压力（左右）	MPa	动臂液压缸小腔（左右）	传感器
动臂液压缸伸长量	mm	动臂液压缸	传感器
动臂液压缸夹角	″	动臂与液压缸	传感器
动臂车架夹角	″	车架与动臂	传感器
摇臂液压缸大腔压力	MPa	摇臂液压缸大腔	传感器
摇臂液压缸小腔压力	MPa	摇臂液压缸小腔	传感器
摇臂液压缸伸长量	mm	摇臂液压缸	传感器
转向液压缸大腔压力（左右）	MPa	转向液压缸大腔（左右）	传感器
转向液压缸小腔压力（左右）	MPa	转向液压缸小腔（左右）	传感器
转向液压缸伸长量（左右）	mm	转向液压缸（左右）	传感器

行驶系统载荷的感知较为困难，一方面可以通过工作装置的压力变化反推铲掘阻力（方法在后面详细介绍），另一方面可以通过整车重量的变化规律和装载机工作场地的地面阻力系数计算其作业过程的行驶阻力。装载机液压系统载荷的感知可通过在液压系统的关键部位安装压力和流量传感器（流量也可以借助液压泵的转速和液压泵的排量计算得到）实现。

装载机传动系统的转矩测量也是有一定难度的，本节只选择了一部分有条件安装、调试并维护其优先运行的场景进行安装，直接采集的数据相对较少。目前，有的变速器可以利用液力变矩器的原始特性，根据泵轮和涡轮转速估算装载机液力变矩器涡轮输出转矩，这无疑为装载机传动系统的载荷感知提供了一种便捷的途径，不过前提是装载机要装备这款昂贵的自动换档变速器。

工作液压缸的伸出长度可以由相对位置传感器感知，将传感器的两个端子分别安装在液压缸的缸筒和执行机构上，活塞伸长或缩短时就会使二者的相对距离发生变化，传感器就会把伸长或缩短的物理量转化为电信号记录下来，如动臂液压缸伸长量、摇臂液压缸伸长量和转向液压缸伸长量等。感知位置关系的还有角度传感器，也是安装在最能体现两个相对运动的部件上，通过感知相对位置的变化感知角度，如动臂液压缸夹角和动臂前车架夹角等。

在进行工况调查试验时，尽量选择风力小于 3 级的晴朗天气。为了消除驾驶员操作不熟练对调查数据造成的影响，尽量选择长期从事装载机装卸作业的熟练驾驶员，工作场地尽量选择在一线的矿山、货场及码头等装载机典型的工作场景中。每次记录数据之前要让装载机工作半小时以上，使参与试验的设备都充分预热后再采集记录数据。

（3）试验数据的传送　工况调查试验数据的采集和传输系统如图 2-26 所示，主要借助装载机生产企业的装载机智能管家云服务平台。选取最具代表性的装载机作业场景，选择用户使用率最高吨位的典型装载机，在目标装载机上安装各类传感器，采集工况运行实测的数据。通过安装于装载机的 GPS 系统将工况调查数据传送回智能管家系统。

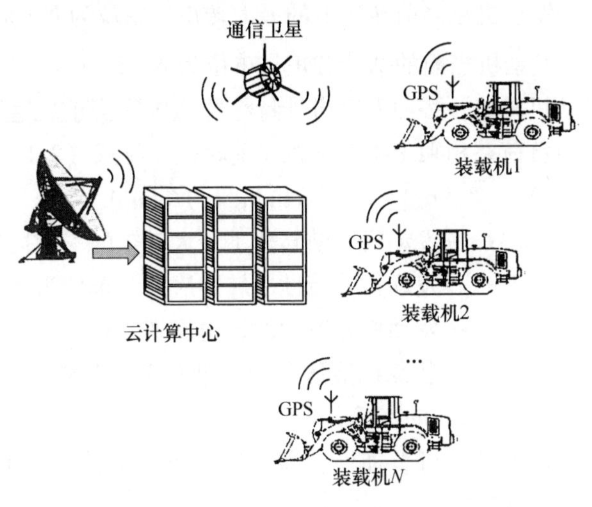

图 2-26　装载机工况调查试验数据的采集和传输系统

2.3.3　装载机工况调查数据整理

从工况调查试验中获得的数据是传感器感知的数据，其中含有很多噪声和干扰信息，必须对数据进行必要的“清洗”和“降噪”才能形成可利用的纯净数据。这些纯净数据还要经过必要的转化，再经过单位转换和可视化处理后才能够被查看和理解，如图 2-25 所示。

（1）数据“清洗” 由于装载机作业环境恶劣，测试系统因受到环境因素的影响而产生干扰，为便于数据的分析和处理，且不丢失主要信息，要对采样信号进行“滤波”和“降噪”等数据预处理。本章采用幅值阈值法和梯度门限法相结合的方法剔除试验数据中的奇异点。此外，对于试验数据中不能代表普遍工作循环特征的特殊循环数据还要进行程序甄别和剔除，然后再用主成分分析法筛选出最能反映循环工况真实信息的参数，为后续的数据分析提供纯净的数据。

（2）发动机转矩的换算 发动机 CAN 总线上输出了发动机转速和负荷率两个变量，见表 2-1。负荷率就是当前发动机转矩与该转速下最大转矩的百分比，见式（2-3）。

$$L_{e}(n_{e})=\frac{\widetilde{T}_{E}(n_{e})}{T_{e\max}(n_{e})} \tag{2-3}$$

式中 $L_{e}(n_{e})$——当前转速下的发动机负荷率；

n_{e}——当前发动机转速，单位为 r/min；

$T_{e\max}(n_{e})$——发动机在当前转速下的最大转矩，单位为 N·m；

$\widetilde{T}_{E}(n_{e})$——发动机当前的估计转矩，单位为 N·m。

可以根据发动机转速，按照发动机外特性插值求得当前转速下的最大转矩，然后，用该转矩与负荷率相乘求得发动机当前转矩，见式（2-4）。

$$\widetilde{T}_{E}(n_{e})=T_{e\max}(T_{E},N_{E},n_{e})L_{e}(n_{e}) \tag{2-4}$$

式中 $T_{e\max}(T_{E},N_{E},n_{e})$——发动机当前转速下最大转矩的三元插值函数；

T_{E}——发动机外特性的转矩序列，单位为 N·m；

N_{E}——发动机外特性的转速序列，单位为 r/min。

（3）液压阻力的换算 装载机液压负载用液压驱动转矩表示，每个液压系统的驱动转矩可以用式（2-1）表示。

装载机的液压负载具有可叠加性，即总的液压驱动转矩等于所有分泵驱动转矩的代数和，见式（2-2）。

（4）装载机行驶车速的换算 装载机的行驶车速可以利用变速器输出轴转速和驱动桥速比等结构参数进行换算得到，出现不合理的数值时再通过算法对其进行修正，见式（2-5）。

$$\boldsymbol{v}=0.377\frac{\min(n_{f\_out},n_{r\_out})r_{T}}{i_{o}i_{w}} \tag{2-5}$$

式中 $\boldsymbol{v}$——行驶车速，单位为 km/h；

n_{f_out}——变速器前输出轴转速，单位为 r/min；

n_{r_out}——变速器后输出轴转速，单位为 r/min；

r_T——轮胎半径，单位为 m；

i_w——轮边减速比；

i_o——主减速器速比。

以时间轴为参考坐标，将试验数据划分成装载机各作业循环，在一个作业循环中划分出各工况都要以车速信息为索引，如图 2-25a 所示。

（5）行驶阻力的换算　装载机的行驶阻力可以分为两部分：滚动阻力和铲掘阻力。其中滚动阻力可以利用地面滚动阻力系数和整机重量计算得到，对于特定场地，滚动阻力系数变化范围较小，整机重量会随装载机的荷载状态呈周期性变化，可以通过装载机载重量的周期性变化加以表示。

铲掘阻力是比较难测量的变量。可以采用动臂力矩平衡的方法近似表达装载机在插入料堆工况下的铲掘阻力。装载机插入料堆工况的力矩平衡关系如图 2-27 所示。

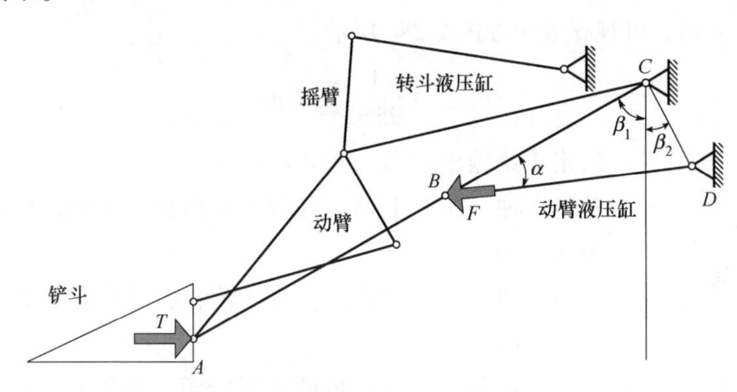

图 2-27　装载机动臂力矩平衡关系

铲掘阻力 T 作用在 A 点，对动臂与车架的铰点 C 取力矩，与动臂液压缸作用力 F 在 B 点对 C 点取矩满足力矩平衡条件，见式（2-6）。

$$TL_{AC}\cos\beta_1 = FL_{BC}\sin\alpha \tag{2-6}$$

式中　T——装载机的铲掘阻力，单位为 N；

L_{AC}——动臂的铲斗铰接点 A 到前车架支点 C 的距离，单位为 m；

β_1——动臂的前车架支点到铲斗铰接点连线与铅垂方向的夹角，单位为（″）；

F——动臂液压缸作用力，单位为 N；

L_{BC}——动臂的动臂液压缸铰接点 B 到前车架支点 C 的距离，单位为 m；

α——动臂液压缸与动臂的夹角，单位为（″）。

式（2-6）中，除 T 为未知量外，其余量均可由试验数据计算得到，因此，铲掘阻力 T 可以通过计算得到。但是该计算值仅在插入料堆阶段有意义，其余时刻不再表示铲掘阻力，如图 2-25b 所示。

（6）行走系统输入功率的换算　行走系统输入功率从液力变矩器开始，液力变矩器的输入功率可以由泵轮转速与转矩共同确定，泵轮转速一般与发动机转速相同，因此行走系统的输入功率可以用式（2-7）表示，可视化效果如图 2-28c 所示。

$$P_{\mathrm{D\_in}} = \frac{T_{\mathrm{P}} n_{\mathrm{e}}}{9550} \tag{2-7}$$

式中　$P_{\mathrm{D\_in}}$——行走系统输入功率，单位为 kW；

T_{P}——液力变矩器泵轮转矩，单位为 N · m。

（7）行走系统输出功率的换算　行走系统输出功率为车轮输出的功率，每个车轮的输出功率采用半轴的转速和转矩计算，行走系统的输出功率可以用式（2-8）表示，可视化效果如图 2-28c 所示。

$$P_{\mathrm{D\_out}} = \frac{1}{9550} \sum_{i=1}^{4} T_i n_i \tag{2-8}$$

式中　$P_{\mathrm{D\_out}}$——行走系统输出功率，单位为 kW；

$T_i(i=1,2,3,4)$——左前半轴、左后半轴、右前半轴和右后半轴的转矩，单位为 N · m；

$n_i(i=1,2,3,4)$——左前半轴、左后半轴、右前半轴和右后半轴的转速，单位为 r/min。

（8）液压系统输入功率的换算　装载机的液压能源于液压泵，主要包括工作泵、转向泵等，其余液压泵的负载可以累加到装载机的附件系统中，液压系统分得的功率可以用式（2-9）表示，可视化效果如图 2-28d 所示。

$$P_{\mathrm{H\_in}} = \frac{p_{\mathrm{W}} Q_{\mathrm{W}}}{60\eta_{\mathrm{W}}} + \frac{p_{\mathrm{S}} Q_{\mathrm{S}}}{60\eta_{\mathrm{S}}} \tag{2-9}$$

式中　$P_{\mathrm{H\_in}}$——液压系统输入功率，单位为 kW；

p_{W}——工作泵压力，单位为 MPa；

Q_{W}——工作泵流量，单位为 L/min；

η_{W}——工作泵的机械效率；

p_{S}——转向泵压力，单位为 MPa；

Q_{S}——转向泵流量，单位为 L/min；

η_{S}——转向泵的机械效率。

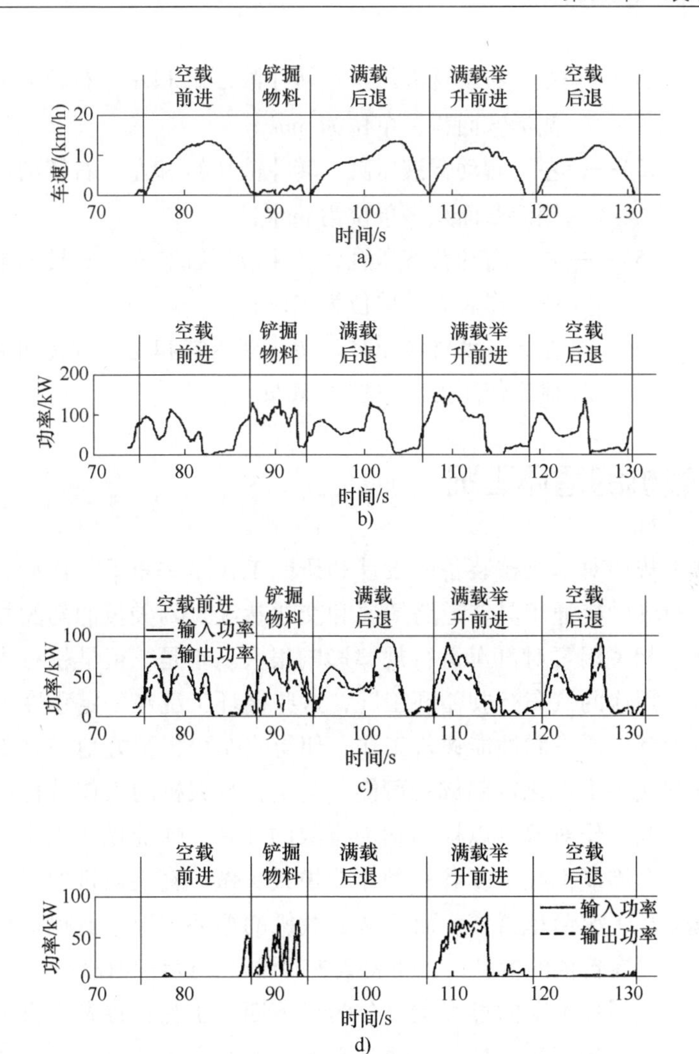

图 2-28　装载机循环工况试验数据片段

a）行驶车速（倒车车速转化为正值）　b）发动机输出功率

c）行走系统功率消耗　d）液压系统功率消耗

（9）液压系统的输出功率　液压系统的输出功率可以由液压缸的流量和压力计算，可以用式（2-10）表示，可视化效果如图 2-28d 所示。

$$P_{\mathrm{H\_out}}=\frac{\sum L_i S_{\mathrm{H}\_i} p_{\mathrm{H}\_i}-\sum L_i S_{\mathrm{L}\_i} p_{\mathrm{L}\_i}}{10^6} \tag{2-10}$$

式中　$P_{\mathrm{H\_out}}$——液压系统输出的功率，单位为 kW；

$L_i(i=1,2,\cdots,5)$——左、右动臂液压缸行程，转斗液压缸行程和左、右转向液压缸行程，单位为 mm；

$S_{H\_i}(i=1,2,\cdots,5)$——左、右动臂液压缸，转斗液压缸和左、右转向液压缸高压侧活塞面积，单位为 mm^2；

$S_{L\_i}(i=1,2,\cdots,5)$——左、右动臂液压缸，转斗液压缸和左、右转向液压缸低压侧活塞面积，单位为 mm^2；

$p_{H\_i}(i=1,2,\cdots,5)$——左、右动臂液压缸，转斗液压缸和左、右转向液压缸高压侧工作压力，单位为 MPa；

$p_{L\_i}(i=1,2,\cdots,5)$——左、右动臂液压缸，转斗液压缸和左、右转向液压缸低压侧工作压力，单位为 MPa。

2.4 装载机的循环工况

掌握作业规律对于机械装备的设计和研究工作至关重要。比如，汽车是一种在道路上行驶的交通工具，道路情况和交通状况及驾驶员的驾驶技术左右了其运行规律，相关因素对汽车运行规律影响很大。于是，很早就有人总结了各种情形、各种用途的汽车行驶循环工况，这些循环工况在一定程度上促进了汽车规范化的设计、研发和性能评价工作，使得汽车可以更好地满足不同的使用需求，也使得实现个性化定制成为可能。其实，装载机的工作过程体现了更明显的规律性，其工作对象可以被归纳为有限的几种，作业模式也十分有限，有些装载机全生命周期都在重复着一种作业模式。做一套装载机的循环工况远比创建汽车的循环工况简单得多，而且从装载机的循环工况中能提取出比汽车循环工况更多、更有价值的信息，方便装载机的研发、设计和评价。

创建装载机循环工况的过程主要分为以下四个步骤：首先要将工作循环试验数据分离成独立的工况片段，并建立工况片段数据库；再从工况片段数据库中运用数理统计的方法提取特征数据；然后，以特征数据为依据创建反映装载机能耗规律的数值文件；最后，验证建立的循环工况能否反映装载机的实际工作循环。

2.4.1 循环工况的拆分与各工况的分离

装载机的循环工况首尾相连，在时间上构成了一个连续的序列，如图 2-25所示。这种表达方式不利于比较和提取不同循环中相同工况的特征数据。为了便于提取装载机的工况信息，需要将连续的装载机循环工况序列数据以循环周期为单位，拆分成相对独立的循环工况。

每个装载机循环工况都由若干个工况组成，这些工况中蕴含着更详细的特征数据。为了便于针对每个工作循环提取完整的特征数据，还需要将行驶车速、档位、液压缸压力和工作装置姿态等信息作为参考，将每个独立的循环工况进一步细分为空载前进、铲掘物料、满载后退、满载举升前进和空载后退 5 个连续的工况序列，如图 2-29 所示。

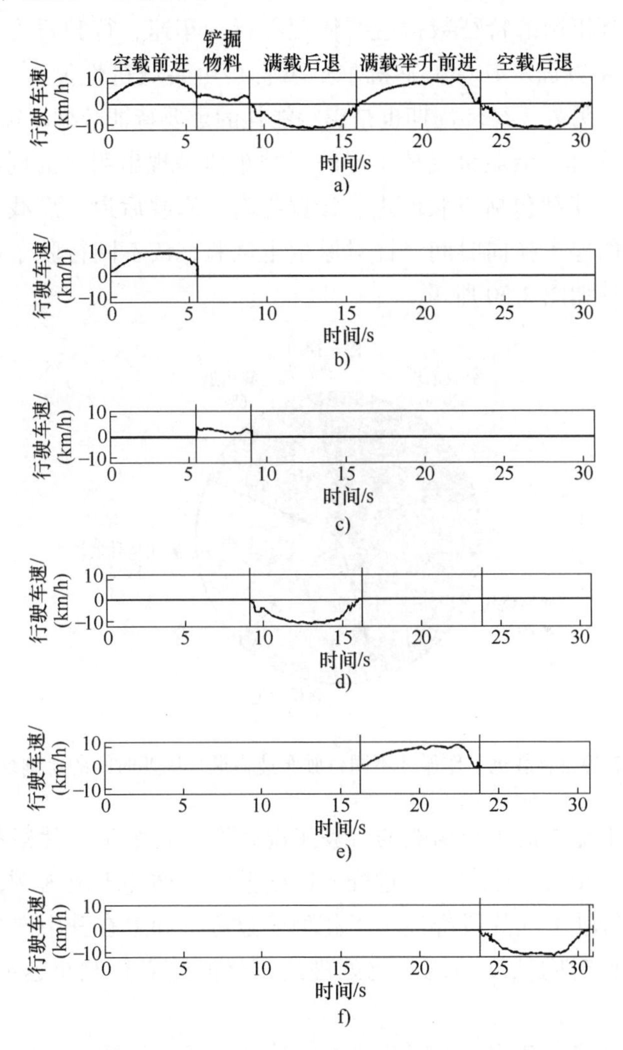

图 2-29　装载机循环工况车速及其工况片段的分解

a）装载机循环工况车速　b）空载前进工况　c）铲掘物料工况
d）满载后退工况　e）满载举升前进工况　f）空载后退工况

首先，随机抽取 90%的工作循环试验数据，将这些试验数据分离成相互独立的工况片段，建立工况片段数据库；然后，提取特征数据并创建循环工况；

最后，将剩下10%的试验数据用于交叉验证试验，检验所创建的循环工况的有效性。

2.4.2 装载机作业规律的提取

装载机循环工况的特征数据主要体现在行驶车速、行驶阻力、整机重量和液压驱动转矩4方面。其中，整机重量可直接由装载机性能参数获得，因此，不用特意提取。另外，循环周期也是影响能耗的重要特征数据，需要一同提取。

（1）行驶车速　装载机循环工况的行驶车速呈现出明显的周期性，每个循环工况的行驶车速都包括空载前进、铲掘物料、满载后退、满载举升前进、空载后退和一定的停车换向时间，针对原生土试验，按不同行驶车速占循环周期时间的比例统计如图2-30所示。

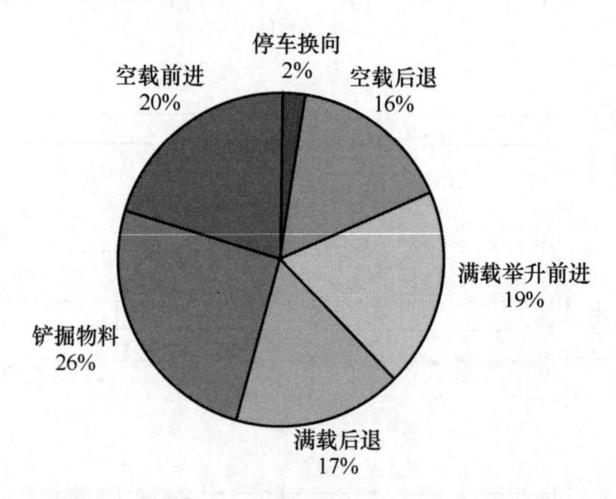

图2-30　装载机工作循环不同行驶车速占循环周期时间的比例统计

一个循环工况包括4个相似的行驶工况片段，每个工况片段都包括：全力加速、保持车速和减速停车3个过程。以松散物料循环工况为例，装载机循环工况中的4个行驶工况片段都经历了相似的过程，如果在其中选择一个工况片段，并对其进行时间长度的统一化处理后，就能建立行驶车速-时间记录数据曲线。

其中，将满载举升前进工况片段的车速数据叠加在同一坐标系下，将作业周期统一化处理，最高车速点和次高车速点基本重合，如图2-31所示，显示了较强的一致性。要想全面地描述该片段，需要最高车速、次高车速、最大加速度、最大减速度和持续时间等特征数据。

对该工况最高车速数据进行统计分析，结果显示该数据服从均值为10.271，方差为0.112的正态分布，其频次分布直方图和概率密度函数图如图2-32所示。

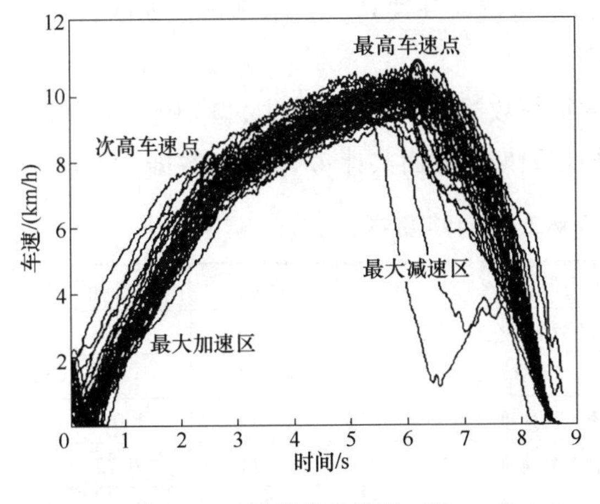

图 2-31　满载举升前进工况片段的车速数据叠加

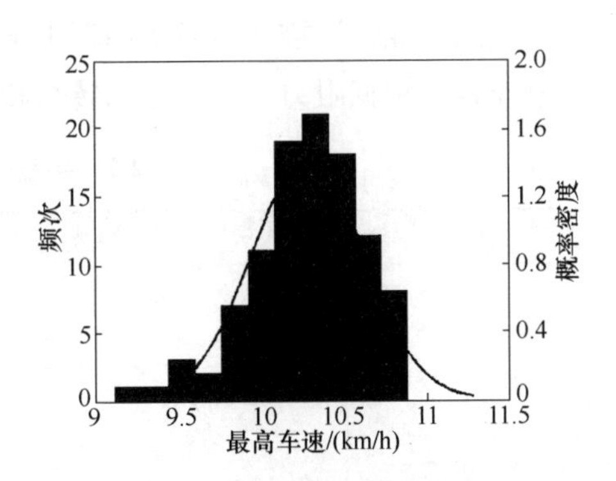

图 2-32　最高车速的频次分布直方图和概率密度函数图

行驶车速的特征数据包括：空载前进、满载后退、满载举升前进和空载后退至循环工况始点等 4 个行驶阶段和 1 个铲掘物料阶段。4 个行驶阶段数据均包括最高车速、次高车速、最大加速度、最大减速度和持续时间 5 个特征数据，铲掘物料阶段包括平均车速和持续时间 2 个特征数据。

（2）行驶阻力　行驶阻力包括滚动阻力和铲掘阻力两部分。滚动阻力与地面滚动阻力系数和整机重量有关，其特征数据包括装载机的空载重量和额定载重量。铲掘阻力可以通过式（2-6）换算得到，描述铲掘阻力的特征数据包括：最大铲掘阻力、持续时间及铲掘阻力的上升速率等。

（3）液压驱动转矩　液压驱动转矩是按照式（2-1）计算的，还可以将所有液压驱动转矩按式（2-2）进行合并表示。装载机液压系统要按照一定的时间顺序完成一系列动作，严格的时序成为辨识各种液压驱动转矩的依据。

载荷的波动性决定了液压驱动转矩也呈现出剧烈波动的特性，当液压驱动转矩频繁波动时，装载机的动力输出需维持在较高压力状态，因此，本节采用较高压力阶段液压驱动转矩的保持值表示液压驱动转矩。描述液压驱动转矩的特征数据包括：各液压驱动转矩的起始液压驱动转矩值、终止液压驱动转矩值和持续时间等。

（4）循环周期　装载机的循环工况具有较强的周期性，在作业过程中物料性质和作业距离的差异对周期的影响较为明显，这也是导致能耗差异的重要原因。即便是同一种物料，在同样的作业场地，不同的作业循环也会存在一定的差异。另外，一个循环周期包括若干个工况片段，各工况片段首尾衔接构成循环工况，因此，循环周期由各工况片段的持续时间决定，表示循环周期的特征数据为循环时间和各工况片段持续时间。

从作业终端描述装载机循环工况的特征数据均列于表2-2中，其中包括：行驶车速、铲掘阻力、液压驱动转矩和循环周期4方面共计42项特征数据。

表2-2 装载机循环工况的特征数据

特征参数			松散物料	原生土
行驶车速	空载前进	最高车速/(km/h)	9.396	9.176
		次高车速/(km/h)	9.132	9.130
		最大加速度/(m/s^2)	1.014	1.053
		最大减速度/(m/s^2)	-0.705	-0.723
		持续时间/s	7.339	9.120
	铲掘物料	平均车速/(km/h)	2.198	1.756
		持续时间/s	3.110	11.998
	满载后退	最高车速/(km/h)	-10.532	-10.101
		次高车速/(km/h)	-9.810	-9.639
		最大加速度/(m/s^2)	1.693	1.510
		最大减速度/(m/s^2)	-2.636	-2.505
		持续时间/s	7.319	7.425
	满载举升前进	最高车速/(km/h)	10.271	10.032
		次高车速/(km/h)	6.731	6.637
		最大加速度/(m/s^2)	0.890	0.882
		最大减速度/(m/s^2)	-1.297	-1.230
		持续时间/s	8.148	8.786
	空载后退	最高车速/(km/h)	-10.231	-10.095
		次高车速/(km/h)	-10.110	-9.780
		最大加速度/(m/s^2)	0.975	0.998
		最大减速度/(m/s^2)	-2.613	-2.674
		持续时间/s	7.191	7.559
铲掘阻力	最大铲掘阻力/kN		162	170
	铲掘阻力增长率/(kN/s)		108	112
	持续时间/s		3.5	8.3
液压驱动转矩	第1转向	起始液压驱动转矩/N·m	320	320
		终止液压驱动转矩/N·m	320	320
		持续时间/s	1.2	1.2

（续）

特征参数			松散物料	原生土
液压驱动转矩	掘起铲斗	起始液压驱动转矩/N · m	316.8	331.5
		终止液压驱动转矩/N · m	316.8	331.5
		持续时间/s	3.69	10.32
	第 2 转向	起始液压驱动转矩/N · m	320	320
		终止液压驱动转矩/N · m	320	320
		持续时间/s	1.2	1.2
	举升转向	起始液压驱动转矩/N · m	351	343
		终止液压驱动转矩/N · m	524	518
		持续时间/s	7.8	7.7
	第 4 转向	起始液压驱动转矩/N · m	320	320
		终止液压驱动转矩/N · m	320	320
		持续时间/s	1.2	1.2
	散热泵+制动泵驱动转矩/N · m		132	132
循环周期	循环周期/s		34.077	42.888

2.4.3　装载机循环工况的创建

表 2-2 列出了表征装载机循环工况的特征数据，这些特征数据源自装载机工况调查试验，客观地反映了其作业终端的动力需求特性，但仍不能表达装载机连续作业时的动力需求规律，更不能为计算机仿真和动态模拟提供数据加载文件。还需要将这些特征数据还原成随时间变化的循环工况才更具实用价值。

循环工况有两种表现形式：一种是采用典型工况片段直接组合而成；另一种是运用概率相似理论构建体现循环工况特征数据的解析式，简洁地再现循环工况。前一种形式更接近真实的工作循环，但难以在仿真系统和试验环境中重现，特征数据也未能得到明显的体现，为了容纳更多循环工况信息往往需要包含更多的典型工况片段，造成循环周期较长，实用性较差。后一种形式比较简洁，循环工况的特征数据得到了更明显的体现，循环周期较短，便于在仿真系统和试验环境中再现装载机能耗特征，虽然与实际工况存在差异，但能更充分地体现实际工况的关键信息，具有较强的实用性，本节将建立解析式循环工况。

基于装载机作业终端动力需求的变化规律和循环工况特征数据，创建解析式循环工况的步骤如下：

1）在行驶车速坐标轴上，按工况先后顺序，依次按持续时间长度将整个循环工况划分为5个首尾相接的具体工况。

2）在行驶车速坐标轴上，按照每个工况的持续时间、最高车速、次高车速、最大加速度和最大减速度等信息，建立各工况的车速基础信息“梯形折线”。

3）在行驶车速坐标轴上，将铲掘物料工况的行驶车速并入空载前进工况，将二者在行驶车速这个维度合并成为一个工况。

4）在行驶车速坐标轴上，采用4阶曲线拟合的方法，经过上述所有的特征点，拟合成各工况的车速-时间动态曲线。

5）在行驶车速坐标轴上，以车速对时间的积分即为行驶距离的定律，利用装载机前进距离与后退距离相等的约束条件，对拟合的车速-时间曲线进行修正。

6）在行驶阻力坐标上，加入铲掘阻力信息，其中，铲掘阻力作用时间与铲掘物料工况相对应，最大铲掘阻力、铲掘阻力增长率和持续时间均按表2-2的数据设置；行驶阻力按照整机重量与地面滚动阻力系数相乘计算，该数据还要与整机重量和周期变化规律相对应。

7）在整机重量坐标上，加入载重量信息，其起点与铲掘物料工况的终点对应，终点对应着满载举升前进工况的终点，该量的变化是行驶阻力的整机重量计量法的重要参考依据。

8）在液压驱动转矩坐标下，加入3个液压转向片段，分别处于空载前进、满载后退和空载后退工况的中间位置。

9）在液压驱动转矩坐标下，位于铲掘物料工况后0.5s的时间相位处，再加入掘起铲斗的液压驱动转矩。

10）在液压驱动转矩坐标下，在满载举升前进工况的起点加入举升和转向的液压驱动转矩。最终，合成针对松散物料的循环工况如图2-33所示。

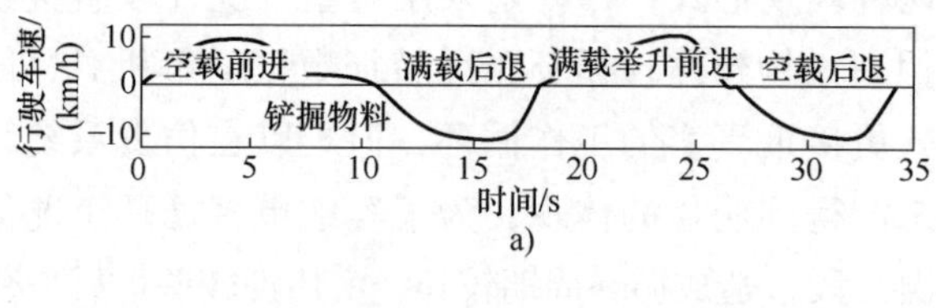

a)

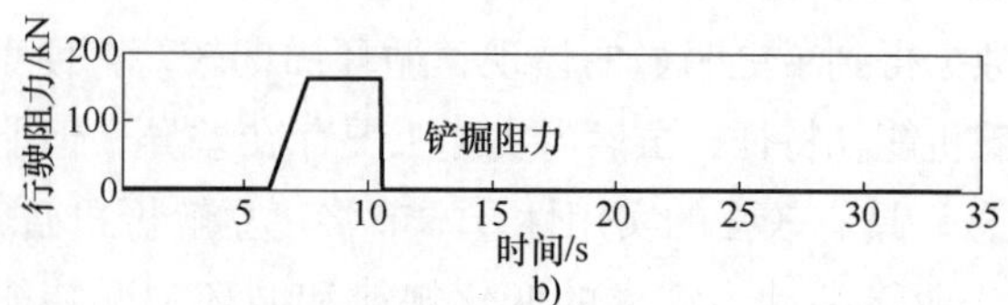

b)

图2-33　松散物料循环工况

a）行驶车速　b）行驶阻力

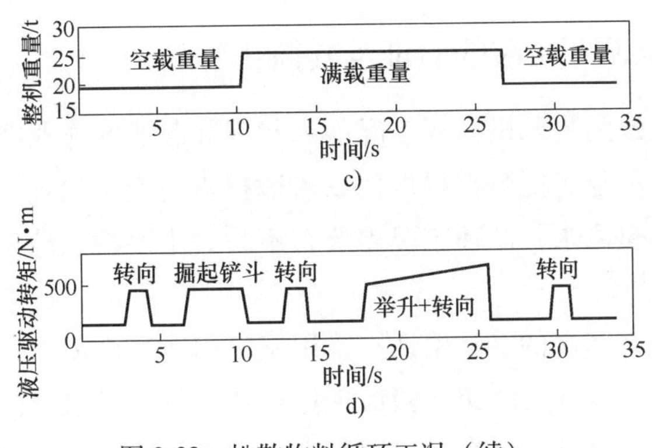

图 2-33　松散物料循环工况（续）

c）整机重量　d）液压驱动转矩

相似地，可获得针对原生土的循环工况如图 2-34 所示。

比较图 2-33 和图 2-34 可以发现，物料对工作循环的影响主要体现在铲掘物料和掘起铲斗等几个特殊工况上，针对原生物料工况明显比针对松散物料工况的持续时间更长，铲掘阻力和掘起阻力数值对比的差异并不明显。受其影响，针对原生物料的循环工况周期比针对松散物料的循环工况周期要长，这也是造成原生物料循环工况能耗率偏高的主要原因。

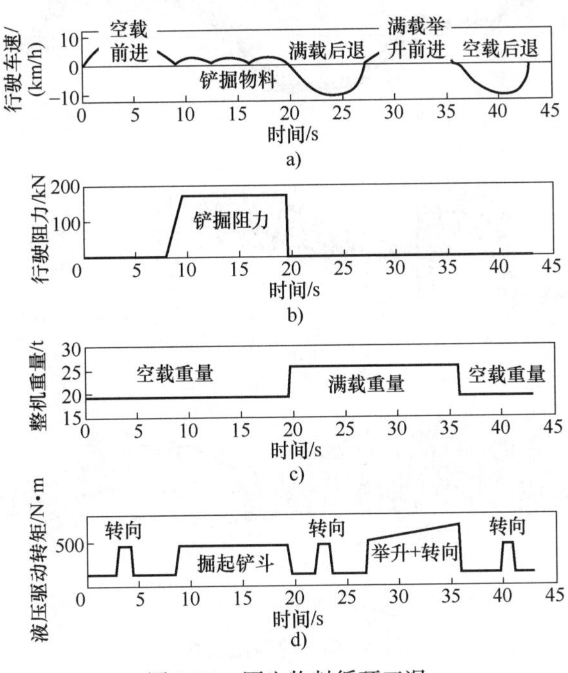

图 2-34　原生物料循环工况

a）行驶车速　b）行驶阻力　c）整机重量　d）液压驱动转矩

2.4.4 装载机循环工况的验证及其简化

要确定所创建的装载机循环工况能否代表装载机的作业特点，需要对创建的循环工况与未参与特征数据提取的试验数据进行交叉验证。为了更好地适应装载机的仿真建模需求，循环工况需要在不丢失主要信息的条件下，对其进行必要的简化。

（1）合成循环工况的交叉验证　采用概率相似理论创建并最终合成的循环工况需要验证其有效性。由交叉验证理论可知，用于提取特征数据的试验样本反映了特征数据的信息，也在一定程度上决定了循环工况的特性，所以，前面所有提取特征数据的试验样本均不能用于循环工况有效性的验证，应采用未参与特征数据提取的剩余10%的试验数据对所创建的循环工况进行验证，将合成的循环工况与试验样本放在同一坐标系进行比较，对比观察二者之间的差异，从而验证循环工况的有效性。验证选取行驶车速、铲掘阻力和液压驱动转矩等3个指标作为考察的依据，选取松散物料的试验样本与合成的循环工况在同一坐标体系中对比，如图2-35所示。

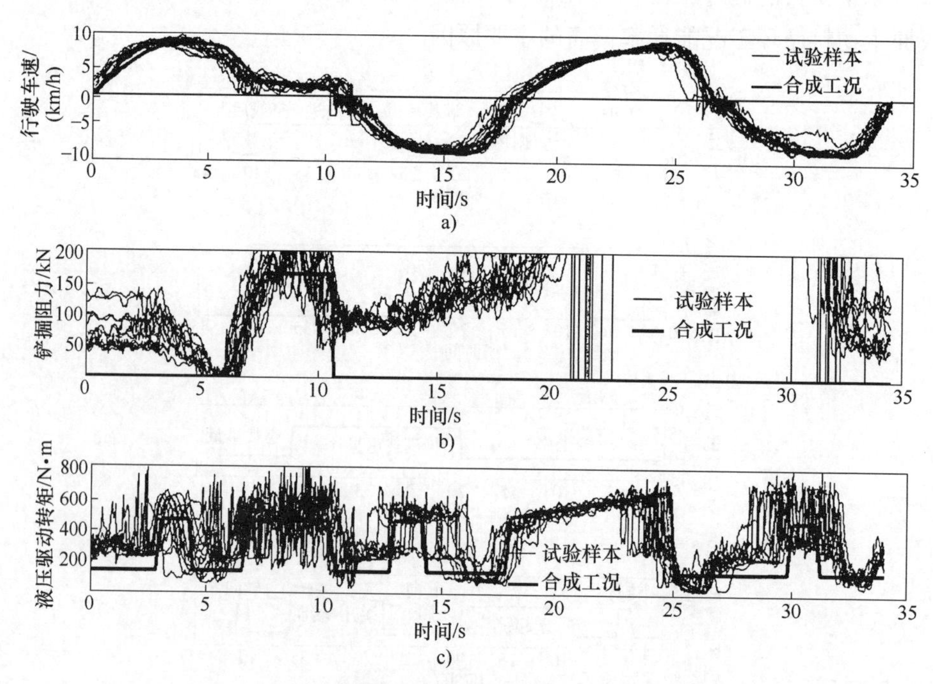

图2-35　装载机循环工况与试验数据的对比检验

a）行驶车速　b）铲掘阻力　c）液压驱动转矩

合成的装载机循环工况（粗实线）较真实地反映了试验样本（细实线）的变化趋势，在幅值上行驶车速偏差最小，小于5%，铲掘阻力偏差最大，在非铲装段试验样本曲线严重偏离合成工况曲线，这是由于试验样本铲掘阻力的曲线是由式（2-6）计算得到的，所以当且仅当装载机处于铲掘物料工况时铲掘阻力才满足图2-27所示的平衡关系，该偏差是由于计算铲掘阻力公式在非铲装段的无效值产生的，因此，不影响合成工况对装载机工作过程的描述。合成工况的液压驱动转矩与试验样本的均值虽然吻合较好，但方差较大，这是由装载机工作过程中系统压力不稳造成的，对于描述装载机的能耗规律不会产生影响。在工况片段持续时间和周期相位上，铲掘阻力偏差最小，小于2%，液压驱动转矩偏差最大，最大处不超过10%，这主要受操作者作业周期之间操作的差异影响，对于描述装载机终端作业动力需求规律的影响较小。

（2）循环工况的简化　以上合成的装载机循环工况虽然能够较全面地反映装载机的工作状态，对于装载机的设计、研发和性能评价很实用。但是，这种表示方法对于计算机仿真还是过于复杂和烦琐。尤其是对装载机的行驶车速的表达，既不利于形成数据加载文件植入仿真软件，也对软件的迭代和仿真计算提出了更高的要求，因此，有必要对图2-33和图2-34所示的装载机循环工况进行适当的简化，以减小植入仿真软件时循环工况加载数据文件占据的存储空间。

简化的装载机循环工况应仍保留多个维度来表达装载机在作业过程中相互关联的载荷输出特性，以便于在仿真模型中对不同的模块施加相互关联的载荷。因此，简化循环工况的重点是保留行驶车速的主要数据特征，体现装载机作业过程中最重要的行驶车速变化规律。图2-33和图2-34所示的循环工况行驶车速均有正负之分，对应着装载机的前进和后退。在虚拟环境中利用软件仿真时，往往难以仿真倒退行驶工况，一般采用前进行驶工况代替即可。因此，装载机循环工况的行驶车速可以改成仅有前进车速，并且满足前进行驶里程与后退行驶里程相等的约束条件，反映了装载机作业过程中一直在原地的现实情况。采用全正的装载机行驶车速仿真还可以方便统计装载机在循环工况中累积的行驶里程。

仿真分析中使用的行驶车速曲线形状还可以更接近于规则的几何图形，以利于装载机循环工况的简化表达和向仿真环境加载，并可以根据实际情况对循环周期进行放缩，简化后的针对松散物料的装载机循环工况如图2-36所示。

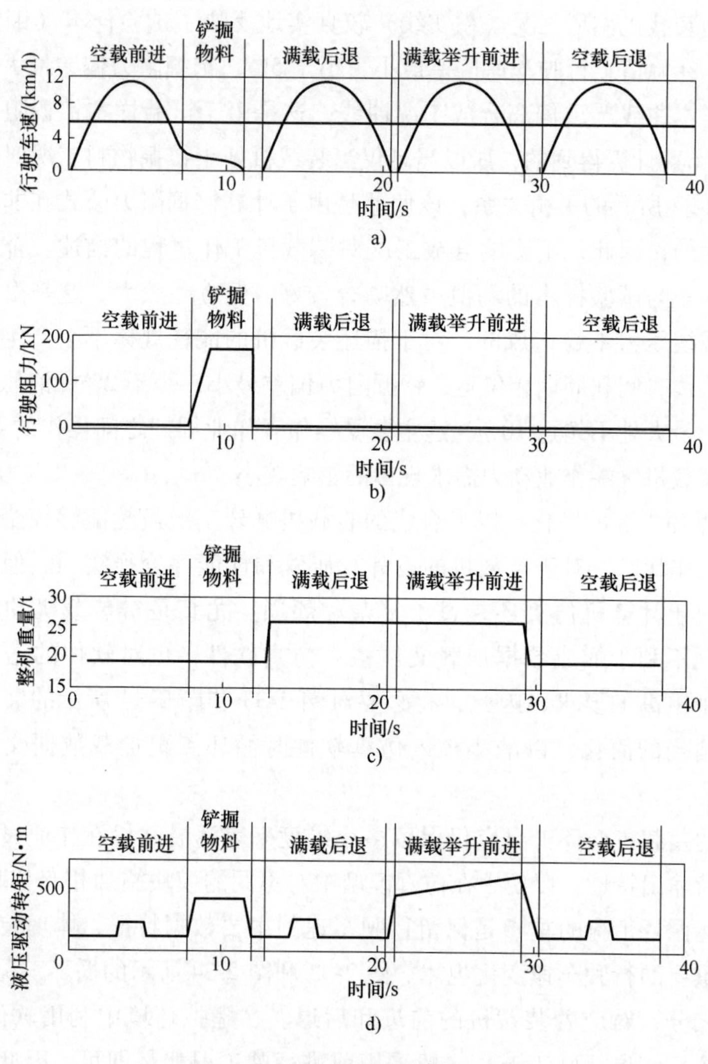

图 2-36　松散物料简化循环工况

a）行驶车速　b）行驶阻力　c）整机重量　d）液压驱动转矩

2.5　装载机功率需求规律

装载机的铲装作业呈现明显的周期性规律，一个作业循环称为循环工况。循环工况又可细分为完成具体任务的若干工况，装载机的输出功率随具体的工况周期性变化，呈现了较强的规律性分布，这个规律性有两层含义：首先，各种工况的时间占比符合一定的统计规律；其次，发动机输出功率也具有一定的统计规律。

2.5.1　各种工况的时间占比规律

装载机的作业周期及周期内各工况的时长受物料种类、作业距离、操作人员熟练程度等诸多因素影响。为了消除上述偏差导致的装载机循环工况分析不具有代表性，现从装载机循环工况数据库中以原生土、松散土、半湿土、小方石和大方石的顺序，按照 600 : 255 : 120 : 150 : 375 的比例，以循环工况为单位构成试验数据总样本，对数据统计进行分析。按照标准的循环工况将其划分为：空载前进、铲掘物料、满载后退、满载举升前进和空载后退 5 个工况，按照工况的耗时长度（以 s 为单位）统计其加权平均值，然后，再分别计算各工况的时长在循环工况的占比，统计结果见表 2-3。

表 2-3　装载机循环工况内各工况的时间分配及其占比

工况	时间分配/s	占比（%）
空载前进	10.88	20.72
铲掘物料	6.91	13.16
满载后退	11.23	21.38
满载举升前进	12.37	23.56
空载后退	11.12	21.18
循环周期	52.51	100

表 2-3 反映了装载机循环工况中各种工况的时间占比的分配规律。因为行驶距离相同，所以 4 个行驶工况用时大致相同。其中，空载前进工况耗时较少，因为此工况驾驶员全负荷加速，驶向料堆，可以尽量多地利用惯性使物料装入铲斗，以减少铲装过程中的能量消耗，因而行驶车速稍快，耗时较短；满载后退工况为了慢慢收起铲斗并尽力避免物料散落，因而行驶车速较慢，耗时较长；满载举升前进工况需要完成的动作较多，行走系统需要满载驱动装载机行驶到运输车前，液压系统驱动液压缸在装载机行驶过程中将铲斗举升到车厢的高度，最后，还要将物料卸到车厢，该工况的时长为行走系统与液压系统所需时间的较长值，如果装载机的行走系统与液压系统配合不当，将直接导致满载举升前进工况耗时过长，进而影响整机的作业效率；空载后退工况装载机快速退回初始点，用时长短取决于作业距离。铲掘物料工况是装载机的核心作业工况，其耗时主要取决于物料的聚集性和铲掘阻力，其时间长短决定了装载机的能量消耗率。显然，铲掘物料的时间短，则每个循环（单斗）的燃油消耗量较少；反

之，则每循环燃油消耗量较多。

2.5.2 发动机输出功率分布规律

发动机输出功率由采用式（2-4）计算出来的发动机估计转矩与发动机转速计算得到，在装载机循环工况中随着工况的变化，要求发动机输出的功率也随之产生剧烈的波动，以适应装载机载荷的剧烈变化，如图 2-28b 所示。采用 0.02s 定步长积分均值的方法统计发动机平均输出功率。对发动机在各种工况下的平均输出功率、最高输出功率和最低输出功率进行了统计。为了消除参与数据采集的个体装载机的动力系统参数的差异，采用各功率值与发动机额定功率的比值来计量。最后，对各数值的方差进行了统计，以展示上述数值的波动剧烈程度。装载机循环工况中各工况输出功率的分布规律见表 2-4。

表 2-4 装载机循环工况中各工况输出功率的分布规律

工况	平均输出功率/额定功率（%）	最高输出功率/额定功率（%）	最低输出功率/额定功率（%）	输出功率的均方差
空载前进	38.22	89.45	1.79	4.40
铲掘物料	60.62	92.06	13.36	9.28
满载后退	33.35	90.54	4.92	3.80
满载举升前进	49.92	100	3.67	5.37
空载后退	39.84	85.33	1.83	4.16

由表 2-4 可知，装载机在各种工况下输出功率的均方差均较大，说明各工况的功率需求在循环之间存在较剧烈的波动。其中，铲掘物料工况方差最大，反映装载机在铲掘物料工况的发动机输出功率波动最剧烈，达到了 9.28，明显高出其他 4 个工况；从平均输出功率来看，铲掘物料工况发动机输出功率均值最高，也验证了铲掘物料工况是装载机燃油消耗率最高工况的假设；满载举升前进工况次之，其余工况的平均功率均相近；从最高输出功率来看，前进举升卸料工况最大，能达到发动机功率的 100%，说明该工况功率需求波动也较剧烈。因此，传统装载机动力系统功率匹配应按照满载举升前进工况的动力需求进行匹配。其余工况的最高输出功率均相近；从最低输出功率来看，铲掘物料工况最高，进一步验证了铲掘物料工况平均功率需求最大，燃油消耗率最高的假设，其余工况均相近。

2.5.3 装载机需求功率变化规律

从对装载机各工况输出功率的分布规律研究发现：装载机发动机输出功率

在循环工况内随各种工况在剧烈变化。其中，铲掘物料工况平均输出功率最高，约占发动机额定功率的 60. 62%，其次是满载举升前进工况，约占发动机额定功率的 49. 92%，同时满载举升前进工况的最高输出功率是所有工况中最高的，为发动机额定功率的 100%；其余 3 个行驶工况的平均输出功率均较低：空载前进行驶工况约占发动机额定功率的 38. 22%、满载后退工况约占发动机额定功率的 33. 35%、空载后退工况约占发动机额定功率的 39. 84%，都仅占发动机额定功率的 33%~40%，发动机的功率利用率较低。

2. 6　装载机功率分配规律

装载机是一种典型的动力分配机械，发动机输出的功率要分配给各子系统，且分配的比例随工况而变化，而附件系统的驱动功率随工况波动不明显，功率需求也较小。装载机功率分配规律主要探索行走系统和液压系统的功率分配随工况变化的规律及其耗散规律。

2. 6. 1　空载前进工况

空载前进工况液压系统几乎没有功率输出，功率主要消耗于行走系统，其余功率用于维持附件系统工作。仍按照装载机的在役情况构成的数据结构进行分析，空载前进工况装载机输出功率在行走系统、液压系统和附件系统之间的分配情况见表 2-5。

表 2-5　空载前进工况功率分配及其耗散规律

子系统	平均功率/kW	占比（%）	输出功率/kW	平均传动效率（%）
发动机	62. 84	100	—	—
行走系统	39. 86	63. 43	27. 49	68. 97
液压系统	1. 94	3. 09	1. 13	58. 25
附件系统	21. 04	33. 48	—	—

由表 2-5 的数据可以看出：在空载前进工况，功率主要分配给行走系统，占发动机输出功率的 63. 43%，液压系统只占很小的一部分，约为发动机输出功率的 3. 09%，而附件系统此时消耗的功率值为 21. 04kW。另外，由于行走系统的负载较低，平均传动效率较高，达到 68. 97%；由于液压系统没有输出，因此其传动效率没有什么意义。

2.6.2 铲掘物料工况

铲掘物料工况要求行走系统与液压系统配合工作，要求行走系统与液压系统交替发挥较大的功率，如图 2-28 所示，同时附件系统也需要一定的驱动功率，因此，铲掘物料工况是装载机功率消耗较高的工况之一。装载机在铲掘物料工况下，发动机输出的功率在行走系统、液压系统和附件系统之间的分配情况见表 2-6。

表 2-6 铲掘物料工况功率分配及其耗散规律

子系统	平均功率/kW	占比（%）	输出功率/kW	平均传动效率（%）
发动机	99.41	100	—	—
行走系统	66.45	66.84	28.03	42.18
液压系统	19.52	19.64	11.82	60.55
附件系统	13.44	13.52	—	—

由表 2-6 的数据可以看出，铲掘物料工况发动机的平均功率较高，是整个循环工况中最高的，说明铲掘物料工况功率消耗较大。行走系统的功率占比仍较大，约占发动机输出功率的 66.84%，但行走系统大部分功率转变为液力变矩器的液力损失，平均传动效率仅为 42.18%。液压系统消耗的功率占比相对较少，仅占发动机输出功率的 19.64%，主要用于配合行走系统将物料装入铲斗，属于短时的间歇工作。液压系统的平均传动效率比行走系统的效率高，达到了 60.55%。附件系统的驱动功率此时有所降低，仅为 13.44kW。

2.6.3 满载后退工况

满载后退工况铲斗基本不动，转向液压缸会微调产生转向动作，发动机功率主要分配给行走系统，满载后退工况发动机输出功率在行走系统、液压系统和附件系统之间的分配情况见表 2-7。

表 2-7 满载后退工况功率分配及其耗散规律

子系统	平均功率/kW	占比（%）	输出功率/kW	平均传动效率（%）
发动机	54.83	100	—	—
行走系统	36.77	67.06	25.58	69.57
液压系统	0.07	0.13	0.03	42.86
附件系统	17.99	32.81	—	—

由表2-7的数据可以看出，由于满载后退工况液压系统几乎没有消耗功率，数据显示仅为0.07kW，实则是由于系统泄漏所致，平均传动效率较低，没有什么意义；行走系统消耗的功率约占发动机输出功率的67.06%，因为满载后退工况的行驶阻力较小，传动系统的平均传动效率较高，约为69.57%；附件系统的驱动功率为17.99kW，因此，满载后退工况的发动机平均输出功率较低。

2.6.4　满载举升前进工况

在满载举升前进工况中，装载机行走系统和液压系统均需要输出较大的功率，且两系统均需持续运行。因此，发动机平均功率较高，仅次于铲掘物料工况，但最高输出功率却是各种工况中最高的，见表2-4，液压和行走系统的平均功率相差不明显，随着运输距离的增加，行走系统的平均功率会有所增加。行走系统和液压系统平均传动效率均较高，满载举升前进工况的发动机输出功率分配关系见表2-8。

表2-8　满载举升前进工况功率分配及其耗散规律

子系统	平均功率/kW	占比（%）	输出功率/kW	平均传动效率（%）
发动机	82.06	100	—	—
行走系统	33.77	41.15	23.55	69.74
液压系统	33.89	41.30	20.01	59.04
附件系统	14.40	17.55	—	—

由表2-8的数据可以看出，满载举升前进工况发动机的平均功率较高，是整个循环工况中次高的，说明满载举升前进工况的功率需求也很大。行走系统与液压系统的功率占比基本持平，均为41%稍高一点；且行走系统与液压系统的平均传动效率也相差不大，行走系统的平均传动效率为69.74%，而液压系统的平均传动效率为59.04%，略逊一筹，行走系统的平均传动效率较高，因为此工况行走系统的负载并不大；附件系统的驱动功率较低，仅为14.40kW。

2.6.5　空载后退工况

空载后退工况液压系统仅将空铲斗位置复原，因此对发动机输出功率要求较少，且平均传动效率较高。发动机输出功率几乎全部分配给了行走系统和附件系统，行走系统和液压系统的平均传动效率均较高。空载后退工况发动机输出功率在行走系统、液压系统和附件系统之间的分配情况见表2-9。

表 2-9　空载后退工况功率分配及其耗散规律

子系统	平均功率/kW	占比（%）	输出功率/kW	平均传动效率（%）
发动机	65.50	100	—	—
行走系统	45.84	69.98	31.82	69.42
液压系统	1.34	2.05	0.89	66.42
附件系统	18.32	27.97	—	—

由表 2-9 的数据可以看出，由于空载后退工况液压系统消耗功率很小，仅占发动机输出功率的 2.05%，平均传动效率较高；行走系统消耗的功率约占发动机输出功率的 69.98%，占比较高，因为空载后退工况的行驶阻力较小，行走系统的平均传动效率较高，约为 69.42%；附件系统的驱动功率为 18.32kW。

装载机作业循环工况内的 5 个工况中，附件系统的平均功率需求很接近，说明附件系统的驱动功率随工况的变化没有明显的波动。

2.6.6　装载机功率分配关系

通过对构成装载机循环工况的 5 个典型工况逐一进行子系统之间功率的分配关系研究可以发现以下规律：

1）装载机功率分配具有较强的周期性规律。装载机铲掘物料工况行走系统供给功率占比较大，约为 66.84%；液压系统供给功率占比较小，约为 19.64%；满载举升前进工况行走系统供给功率与液压系统供给功率占比相差不大，均为 41%左右；空载前进、满载后退和空载后退 3 个行驶工况液压系统供给功率较少，均小于 4%，行走系统供给大部分功率，均高于 63%。

2）装载机行走系统与液压系统供给功率呈互补关系。装载机附件系统驱动功率需求随工况变化不大，因此，行走系统与液压系统供给功率在发动机输出功率约束下呈互补关系。

3）装载机行走系统供给功率占比较大，且传动效率随行驶负载增加而减小。装载机的驱动功率主要分配给了行走系统，铲掘物料工况行走系统的供给平均功率最大，但行走系统的传动效率普遍较低，铲掘物料工况行走系统平均传动效率最低，为 42.18%，该工况经常出现发动机在最高转速运行且负荷率很高，但是装载机停驶，行走系统输出功率为 0，传动效率也为 0 的现象；其余工况传动效率均明显优于该工况，但传动效率仍低于 80%，表现出行驶负载越大，传动效率越低的规律。

4）装载机液压系统供给功率占比较小，且系统传动效率随液压负载增加而增加。装载机液压系统分得的供给功率往往低于行走系统的份额，满载举升前进工况液压系统供给平均功率最大，也仅占装载机总功率的 41.30%，与装载机行驶系统供给功率占比相当。当液压系统负载较高时，其平均传动效率较高，当液压系统负载较低时，其平均传动效率较低，表现出液压负载越大，平均传动效率越高的规律。

2.7　装载机的功率互补规律

前面对装载机循环工况中的 5 种工况的功率在各子系统之间的分配情况已经进行了深入的研究，并得到了它们之间的占比关系。进一步的研究需要利用数据挖掘的方法，总结发动机输出功率在各自系统之间的相关关系，并阐明这种功率供给关系在装载机能耗特性分析方面起到的作用及其潜在价值。

2.7.1　功率的互补关系

对装载机循环工况调查数据进行相关性分析，发现在同一循环工况中各工况的发动机输出功率与行走系统供给功率，及发动机输出功率与液压系统供给功率的相关系数均在 0.75 以下，表明其相关性并不明显。而对发动机输出功率与行走系统供给功率和液压系统供给功率之和进行相关性分析，得到的相关系数为 0.99 以上，呈强相关关系。用同样的方法对发动机输出功率与附件系统的驱动功率进行相关性计算，结果显示相关系数在 0.85 以下，说明相关性也不明显。

附件系统主要是为装载机提供维持运行条件的，与工况变化关联性不强；发动机输出功率主要随行走系统和液压系统的功率需求变化，而这两个子系统各自的功率随工况变化也具有剧烈波动特性，两个子系统单独的供给功率与发动机输出功率相关性较弱。因此，装载机的功率需求要根据行走系统和液压系统功率的代数和来确定，这也是解决装载机功率平衡匹配和动力分配的关键理论基础。

综上，可以得出装载机行走系统与液压系统的供给功率是在发动机输出功率的约束下呈互补关系的规律。这一规律不仅适用于传统的液力机械传动装载机，同样也适用于第 4 章将要介绍的无级变速装载机。

2.7.2　速比调节功率分配的原理

传统装载机恰恰是由于行走系统与液压系统供给功率的互补关系，且液力机械传动装载机的牵引力与发动机转速平方成正比，而装载机车速与发动机转速成正比，才造成装载机行走系统与液压系统供给功率均与发动机转速相耦合的现象。在铲掘物料工况和满载举升前进工况等需要行走系统与液压系统相互配合工作的工况，出现抢夺功率的现象，也是传统装载机功率利用率偏低、油耗偏高和作业效率不易提升的根本原因。

无级变速装载机可以通过调整速比的方法，实现无论装载机行走系统的负载如何变化，都能依靠速比调节作用来满足装载机行走系统的车速和牵引力要求，使发动机工作点稳定在能够提供行走功率的区域内，从而能够解耦发动机动力供应特性场与装载机动力需求特性场之间的矛盾。在满足装载机行走系统动力要求的基础上，发动机的转速还可以再满足液压系统功率输出的要求，这样就可以通过速比调节控制发动机输出功率在行走系统与液压系统之间的分配比例了。关于利用无级变速系统速比调节行走系统与液压系统功率分配比例的细节将在第 4 章详细介绍。

第3章 传统装载机的传动技术

装载机是一种能自行的作业车辆，既要求其驱动工作装置完成一定的作业任务，又要求其能够独立行驶，且装载机作业过程还要求工作装置与行走系统相互配合完成作业任务。因此，装载机对其传动系统相对普通车辆具有一些特殊的要求，为了满足这些特殊要求，在漫长的进化与选择过程中，逐渐形成了以低转速、大转矩、载荷突变适应能力强为特征的一种特殊的变速传动系统，成为车辆传动系统族谱中独具特色的一个亚类，也是学术界和制造业面临的一项严苛的考验焦点。

本章将从装载机变速传动系统的性能要求、结构功能特点和实现的方法及其途径等方面展开详细阐述，并介绍典型的装载机变速传动系统结构特点与工作原理，以及传统装载机传动系统存在的缺陷。

3.1 装载机对传动系统的性能要求

当今，轮式装载机已经占有绝对的统治地位。与履带式装载机相似，轮式装载机的动力需要经过传动系统传递到车轮上，车轮与地面相互作用才能驱动装载机前进乃至产生作业所需的各种力和力矩。其中，对于装载机最关键的指标是牵引力，牵引力是衡量装载机工作能力的重要分水岭。另外，装载机车速也是影响作业过程和转场、运输过程的重要指标，既要有稳定的低速以配合作业要求，又要达到一定的高速以满足作业效率和行驶车速的要求。因此，装载机对变速传动系统有着具体而独特的性能要求。

3.1.1 装载机的驱动要求

装载机既要有足够大的牵引力，又要有足够宽的变速范围，以满足不同工况的驱动要求。从车辆系统动力学的角度来讲，当驱动功率一定时，牵引力与车速是呈反比关系的，二者的乘积为常数，该常数反映了传动系统的功率，如图 3-1 所示。

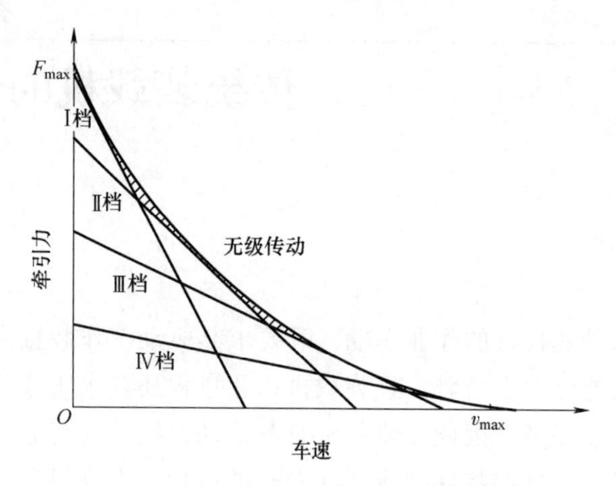

图 3-1　装载机车速-牵引力特性曲线

但在实际的车辆上，由于牵引力受到地面附着条件的限制，往往不能无限增大。同时，受速比的限制，车轮的驱动转矩也不能无限增加，所以牵引力最大只能达到地面附着力的极限，变速传动系统只要能在驱动轮上产生地面附着力极限所对应的转矩就好。为了充分利用地面附着条件，装载机普遍采用 4 轮驱动，增设配重，前、后轴的轴荷分配均匀等有效利用地面附着条件的策略，使装载机的地面附着系数达到最佳值。另外，为了增加车轮的驱动转矩，装载机普遍采用大转矩、低转速的柴油发动机，在变速传动系统中充分利用每个传动环节增加速比，使整个装载机传动系统的速比足够大（装载机最大的总速比超过 100）。

当速比不变时，在发动机额定功率一定的条件下，如果牵引力足够大，则行驶车速就势必要降低。为了使同一台装载机同时具有低速工况的大牵引力特性和高速工况的行驶车速特性，需要增加档位，通过不同速比的切换以满足装载机不同工况的驱动要求。随着行驶车速的升高，装载机的牵引性能逐渐降低，不同档位的车速-牵引力特性曲线包络成一条近似的等功率曲线，如图 3-1 所示。

变速传动系统可以通过档位的切换实现从动力源到驱动轮之间的不同速比，使发动机动力供应特性场覆盖范围得以拓展，甚至可以优化其工作区间。同时，利用不同速比可以满足各种工况、各种车速范围的驱动要求。如：在铲掘物料工况，装载机需要较低的车速和较大的牵引力稳步克服铲掘阻力；在运输转场工况，装载机需要较高的车速和较小的牵引力满足高速运输的要求，这些都能通过切换不同速比满足相应的驱动要求。

3.1.2　装载机载荷的变化特点

装载机载荷的变化主要体现在铲装阶段。装载机铲掘物料时，铲斗要插入固定的料堆，该过程主要依靠装载机的牵引力从后方推动铲斗，使铲斗能够克服铲掘阻力，在与工作装置的相互配合下完成物料向铲斗的装填。但随着装载机物料种类变化和作业过程中各种突发情况的发生，要求装载机具有一定的适应载荷突变的能力，概括起来装载机行驶系统的载荷具有如下特点。

（1）装载机载荷大　装载机工况调查试验研究表明，装载机作业时铲掘物料工况和满载举升前进工况发动机负荷最大，而满载举升前进工况的液压系统分配了较多的功率，因此传动系统分配的功率相对较小，且行驶车速较高，所以载荷较低；铲掘物料工况液压系统占据的功率相对较低，发动机功率主要消耗在传动系统中，而此时装载机的行驶车速较低，有时甚至达到零速，传动系统的功率消耗主要体现为牵引力，即载荷。

试验数据表明，装载机在铲掘物料工况下的牵引力均能达到最大牵引力，即装载机的失速工况，而牵引力的最大值与物料种类的相关度不大。当铲掘比较坚硬的物料时，装载机在最大牵引力状态下持续的时间较长；当铲掘比较松软的物料时，装载机在最大牵引力状态下持续的时间较短。因此，装载机传动系统应该能够承受最大牵引力所引发的动载荷，且该动载荷的频次很高。

（2）装载机载荷突变性强　装载机在工作过程中，尤其是在铲掘物料阶段，经常承受突变的载荷。比如装载机在铲掘过程中，由于松软的物料中夹杂着阻力接近无穷大的障碍物，迫使装载机从较低的牵引力骤增为最大牵引力；或作业对象本来是较难铲掘的物料，当装载机在最大牵引力状态下持续一段时间后，障碍物逐渐松动，在某一时刻作业阻力突然减小了，装载机的牵引力骤减。类似的工况还有很多，装载机的这种载荷特点需要载荷突变适应性较强的传动系统，一方面能够协调突然增加的载荷，不至于破坏传动系统中的零部件，另一方面当载荷骤降的时候，车速不至于突然增加。这两种情况都要求传动系统具有柔性传动特点，当载荷增加的时候能够吸收冲击，当载荷减小的时候能够将驱动力缓慢地作用于装载机的行走系统，装载机载荷的突变性要求其转动系统具有足够的适应能力。

（3）装载机要求带载起步　一般车辆的动力与传动系统都采取相对刚性较强的连接形式。起步时，要求传动系统的载荷很小，当车速提高到一定程度时，再逐步增加载荷，否则将会因为载荷增加过快而导致发动机熄火。装载机要求起步就能够承受最大牵引力的考验，由于载荷较大，装载机可能不动，但要求发动机不能熄火，所以传动系统应该具有释放动力的出口，且在装载机停驶阶段随着发动机负荷率的增加，牵引力逐渐增加，以达到最终克服行驶阻力的目的。

（4）装载机要求停驶不减载荷　在装载机作业过程中，经常因为铲掘阻力骤增而停驶，但是即便装载机停驶了，传动系统的载荷也不能因此而减小，反而因为车速减小甚至停驶应该激发出更强劲的驱动载荷，以克服铲掘阻力继续作业。这也要求传动系统中有一个柔性传动环节，将发动机源源不断的动力聚集成为更大的牵引力，同时将过剩的发动机动力释放掉。

综上，装载机作为一种特种作业车辆，工况要求其传动系统具有速比大、速比变化率快、柔性传动和能够释放掉过剩动力的特性。

3.1.3 装载机的档位分布

装载机要求加、减速响应快，这除了要求发动机有强劲的后备功率作为支撑条件外，还需要各档位的速比分布合理，各档位的速比值要满足一定的分布规律。

首先，按照最大牵引力要求和最高车速要求计算Ⅰ档和最高档速比。

$$i_{gI} \geqslant \frac{F_{D\max} r_D}{T_{tq\max} i_0 k_0 \eta_T} \tag{3-1}$$

式中　i_{gI}——变速器Ⅰ档速比；

$F_{D\max}$——装载机最大牵引力，单位为N；

r_D——装载机驱动轮半径，单位为m；

$T_{tq\max}$——发动机最大转矩，单位为N·m；

i_0——装载机传动系统中所有固定传动比的速比乘积，一般包括：主减速器传动比和轮边减速器传动比等；

k_0——液力变矩器变矩比，一般为最大变矩比，即变矩器失速时的变矩比；

η_T——传动系统的总传动效率。

$$i_{g\min} \leqslant 0.377 \frac{n_{e\max} r_D}{u_{\max} i_0 i_{TC}} \tag{3-2}$$

式中　$i_{g\min}$——变速器最高档速比；

$n_{e\max}$——发动机最高转速，单位为r/min；

u_{max}——装载机最高车速，单位为 km/h；

i_{TC}——液力变矩器速比。

然后，再将Ⅰ档速比除以最高档速比，得到装载机变速器速比变化范围。

$$R=\frac{i_{gI}}{i_{g\,min}} \tag{3-3}$$

式中　R——变速器速比变换范围。

再根据装载机变速器拟设计的档位数进行开方运算。

$$q=\sqrt[k-1]{R} \tag{3-4}$$

式中　q——装载机变速器各档位之间速比的公比；

k——装载机变速器档位数。

当 $q<1.8$ 时，装载机换档容易；当 $q>1.8$ 时，装载机换档较困难，说明 q 值取过大时，应当缩小变速器速比范围或增加档位数。

确定 q 值后，按照式（3-5）确定每个档位的理论速比。

$$i_{gk}=\frac{i_{gI}}{q^{k-1}} \tag{3-5}$$

式中　i_{gk}——k 档的理论速比。

理论速比分配完毕后，还要用相互啮合齿轮的齿数比进行核算，最终以核算的速比为准。

要求最后的速比满足式（3-6）的关系。

$$\frac{i_{gI}}{i_{gII}}\geqslant\frac{i_{gII}}{i_{gIII}}\geqslant\cdots\geqslant\frac{i_{g\,min-1}}{i_{g\,min}} \tag{3-6}$$

式中　i_{gII}——Ⅱ档速比；

i_{gIII}——Ⅲ档速比；

$i_{g\,min-1}$——次高档速比。

速比之间的理论公比要符合一定要求，同时，速比之间的公比要随着档位的升高逐渐减小，这是换档顺畅的另一个条件。

3.1.4　装载机对倒档的要求

装载机在作业过程中，前进行驶与倒退行驶的时间和距离都相当，为了提高倒退行驶时的动力性和经济性，装载机传动系统的倒档数量往往较多，其数量一般比前进档只少一个档位，前进档的最高档是专门用于转场和运输的。有些装载机倒档的数量与前进档数量相同，这种装载机一般没有专门的转场和运输需求，专门用于铲装的特大型装载机往往采用这种设计。

装载机作业时，经常需要换向行驶。而为了提高传动系统的牵引力，无论是前进Ⅰ档还是倒退Ⅰ档的速比都较大，相应Ⅰ档的车速比较低。为了提高装载机的作业效率，装载机往往采用Ⅱ档起步，遇到较大的行驶阻力再降至Ⅰ档。为了进一步提升作业效率，现代装载机甚至允许从前进Ⅱ档直接换向为倒Ⅱ档，当然这只是操作上允许这样而已，换向的执行过程仍需满足一系列严格而复杂的执行程序：Ⅱ档换向首先要将变速器从当前行驶方向的Ⅱ档脱离，成为空档，再快速制动使车速为零（或当拟挂入档位齿轮转速基本同步时），然后才能挂入相反方向的Ⅱ档，最后，起步行驶完成换向操作。

3.1.5 装载机对作业效率的要求

提高作业效率是装载机传动系统除了提升牵引力外，需要考虑的另一个重要的性能指标。装载机变速传动系统在提高作业效率中占据着重要的地位，提高作业效率的主要举措有以下几方面。

（1）Ⅱ档起步　如前所述，为了提高作业效率，装载机普遍采用Ⅱ档起步，当铲掘阻力增加到一定程度时，变速器再降至Ⅰ档。由于装载机的后备功率很大，Ⅱ档的牵引力足以克服装载机起步时的载荷，所以没有必要一定使用Ⅰ档。采用Ⅱ档直接起步可以免去从Ⅰ档换至Ⅱ档的过程，是缩短作业时间，提高装载机作业效率的一项重要措施。因此，对于装载机多档变速器来说，Ⅰ档的使用频率并不如Ⅱ档高。

（2）动力不中断换档　动力不中断换档是在动力换档的变速器上，拟退出档位离合器的压力下降过程与拟接合档位离合器的压力上升过程可以重叠的现象，这样可以使变速器的动力基本不变，但换档时间可以大幅度缩短，增加了装载机的动力性和经济性，使作业效率得以提高。

动力不中断换档依赖于离合器压力控制阀的精准控制。目前，只有电磁比例控制阀在脉宽调制控制下能够满足这一要求，其前一代产品——电磁开关阀，尚不能实现动力不中断换档的功能。

（3）档位切换顺畅　为了提高装载机的作业效率，其变速传动系统应该能够以较高的速比变化率及时地响应传动系统的速比变化。这要求，一方面，传动系统需要有强劲的动力供应，另一方面，变速传动系统的换档需要顺畅、迅速。

装载机普遍装配动力足够强劲的柴油发动机，不仅能满足行走系统的功率要求，还能满足液压系统和附件系统的功率要求，并存在较大的后备功率，足以支撑变速传动系统速比变化率的要求。

为保证变速器在换档时能够顺畅、迅速地切换档位，各档位速比之间的公比应小于 1.8，且各档位速比之间的关系应满足式（3-6）所示的关系。

3.1.6　装载机对传动效率的要求

最初装载机的传动系统采用离合器+多档机械传动方案，铲斗由变速器动力输出机构驱动绞盘，再由绞盘带动钢丝绳牵动执行机构。直到 20 世纪 50 年代，液力机械传动系统才开始应用于装载机。因为液力变矩器的使用，装载机的铲装作业变得更加平顺，作业效率也因此得到了提升，所以液力+机械传动方案得到广泛认可，这种传动方案一直延续到今天。

目前，装载机普遍采用液力机械传动系统传递动力，即：液力变矩器与多档变速器串联，共同构成装载机的变速传动系统，因此，提高传动效率就要从液力传动和机械传动两个方面考虑。

（1）液力传动系统效率　为了适应装载机载荷突变性的要求，一直以来装载机的液力变矩器是不闭锁的，这也是装载机传动效率较低的主要原因。经过半个多世纪的发展，逐渐形成了适用于装载机工况特点的专属液力变矩器。典型装载机的液力变矩器外特性曲线如图 3-2 所示。

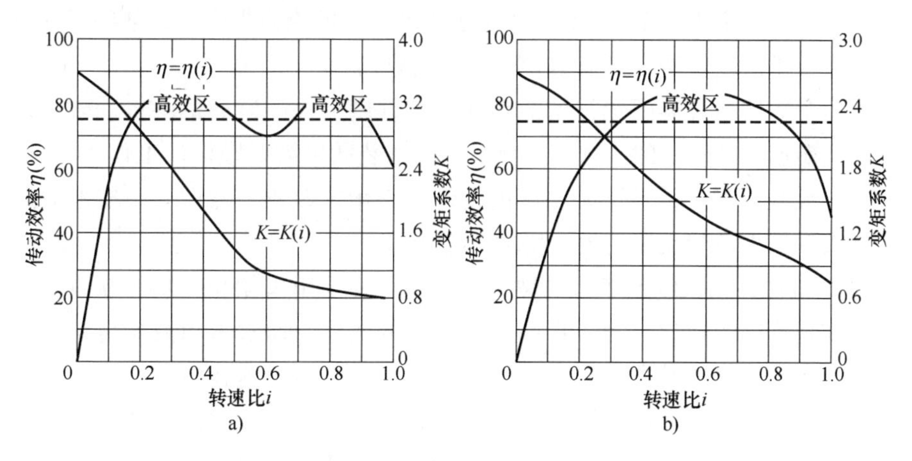

图 3-2　典型装载机的液力变矩器外特性曲线

a）双涡轮液力变矩器　b）单涡轮液力变矩器

双涡轮液力变矩器是一种四元件的液力变矩器，特点是可以随着载荷的变化，改变输出动力的涡轮数量，液力变矩器因而也具有一定的调速功能，与之配合的变速器的档位数可以增加 1 倍，且档位的切换过程是纯机械、全自动的，工作稳定且可靠。双涡轮液力变矩器的传动效率曲线有两个波峰，分别对应着单涡轮工况和双涡轮工况，其传动的高效率区域更宽广，但最高传动效率的数值相对较低。变矩系数在单、双涡轮工况切换前后呈现明显的曲率变化，双涡轮工况变矩系数更大，最大变矩比较大。泵轮吸收特性在单、双涡轮切换前后也有一定的变化，如图 3-2a 所示。

单涡轮液力变矩器结构相对简单，只有涡轮、泵轮和导轮三个元件。液力变矩器也具备“调速”功能，其传动效率曲线只有一个峰值，且最高效率数值可以达到较高的水平，但变矩系数的曲率没有明显的变化，最大变矩比相对较小，泵轮吸收特性平缓，如图 3-2b 所示。

装载机专用的液力变矩器是没有闭锁功能的，其传动效率高于 75%即认为是高效区，双涡轮变矩器比单涡轮变矩器的高效区间更宽，但最高效率稍低。

近年来，随着载荷感知技术和现代控制技术的进步，同时，也伴随着对装载机液力机械传动技术理解的深入，逐渐出现了很多旨在提高装载机液力变矩器传动效率的新技术，其中最引人瞩目的就是液力变矩器的离合器闭锁技术。其主旨思想是当装载机处于较大载荷时，液力变矩器的闭锁离合器分离，发挥其降速增扭的变矩功能；当装载机处于较小载荷时，闭锁离合器接合，使液力变矩器的传动效率提升至 1，完全避免了传动系统的液力损失，在某些工况下闭锁离合器技术可以使装载机节约 20%左右的燃油。

液力变矩器离合器闭锁技术能够在一定程度上提高装载机的传动效率，尤其是在高转速、低转矩的小载荷工况下，但是装载机需要频繁地工作在低转速、高转矩的大载荷工况，且这种工况的传动效率亟须改善，然而，该技术对此工况传动效率的提高却无能为力，略微有些遗憾。

（2）机械传动系统效率　机械传动部分主要采用齿轮相互啮合来改变传动路线，实现不同的速比。为了提高机械传动的效率，通常采用减少齿轮啮合次数，即缩短传动路线的方法提高传动效率。由于装载机速比均较大，一个档位往往需要啮合多次，才能达到要求的速比，而且同一行驶方向的各档位齿轮相互啮合的奇偶次数必须相同。所以在设计时，装载机多档变速器使用频率较高的档位，其齿轮相互啮合的次数要少一些，以提高高频使用档位的传动效率；对于使用频率较低的档位，其齿轮相互啮合次数可以多一些，因为使用频率较低，所以传动效率低一点也无妨。比如对于平行轴式四前三后档的装载机变速器来讲，前进和后退Ⅱ档和Ⅲ档是经常使用的档位，可以将较短传动路线的档位优先分配给Ⅱ档和Ⅲ档，而Ⅰ档和Ⅳ档（倒档没有Ⅳ档）可以设计成传动路线较长，这样对于提高装载机整体的传动效率影响较小。

3.2 装载机传动系统的特点、构成和分类

由于装载机对传动系统有一些特殊的要求，因此，装载机传动系统的特点、结构及其分类都有别于普通车辆的传动系统。半个多世纪以来，人们总结了装载机对传动系统的要求，认识到了传动系统的传动规律，从而逐渐形成了理论体系，使装载机的传动系统独树一帜，并成为一种低转速、大载荷、作业条件苛刻的传动系统的代表，引领着特种传动技术的发展。

3.2.1 装载机传动系统的特点

装载机的传动系统具有传递转矩大、速比变化率高和承受冲击载荷能力强等特点，在传动系统大家族中独树一帜。虽然这类传动部件的市场份额较少，但由于其功能的特殊性，与其他车辆难以共用等特殊要求，使其成为传动系统大家族中的一个亚类，总结一下装载机总的传动系统大致有以下 7 个特点：

（1）速比大　装载机从发动机到车轮的总传动比约在 40~120 之间变化，为了达到如此高的总速比，装载机整个传动系统必须要经过几个传动部件减速。其中，有可变速比的：液力变矩器和变速器；也有不可变速比的：分动器、主减速器和轮边减速器等变速环节。

可变速比部分可以根据工况适当地调整速比，以适应车速和牵引力的要求，其中又分为：速比可控环节，如变速器；速比不可控环节，如液力变矩器。而速比不可变部分又可分为：改变动力传动方向的，如主减速器；单纯降速增扭的，如轮边减速；还有具有分配动力功能的，如分动器和差速器。为了简化传动系统，装载机经常将分动器与变速器做成一体，主减速器与差速器做成一体，轮边减速器以行星轮系的方式集成于驱动桥内，如图 3-3 所示。

经过这一系列传动环节的减速作用，发动机上千转的转速就被降为十几转甚至更低的车轮稳定转速，以适应装载机工作车速和牵引力的需求。

（2）速比响应速度快　装载机的作业效率要求很高，对速比响应速度提出了苛刻的要求，既要求速比变化率高，又要求急加速时车速不下降，还要求动力响应跟得上。对于传动系统，主要要求其速比切换速度快、耐受冲击能力强和耐受得住速比变化率引起的附加加速度；对于动力系统，主要要求其能够提供足够的后备功率，克服由于附加加速度导致的加速度下降现象。

变速传动系统的速比切换速度快，除了速比的分布要满足式（3-5）和式（3-6）的要求外，要求能迅速及时地挂上目标档位，还要求档位的退出要及

时、干脆，档位的接合要迅速、果断，现代装载机一般采用动力换档的方法缩短换档时间，这势必会引发换档冲击问题。因此，液力传动在此时起到了关键作用，它能够吸收换档引起的冲击，尤其是迅速换档引起的剧烈冲击，这不但改善了装载机的换档平顺性，还使传动系统的其余部件免于受到换档冲击而损坏。装载机传动系统之所以对传动效率较低的液力机械传动方案不离不弃，是存在其难以割舍的内在原因的。

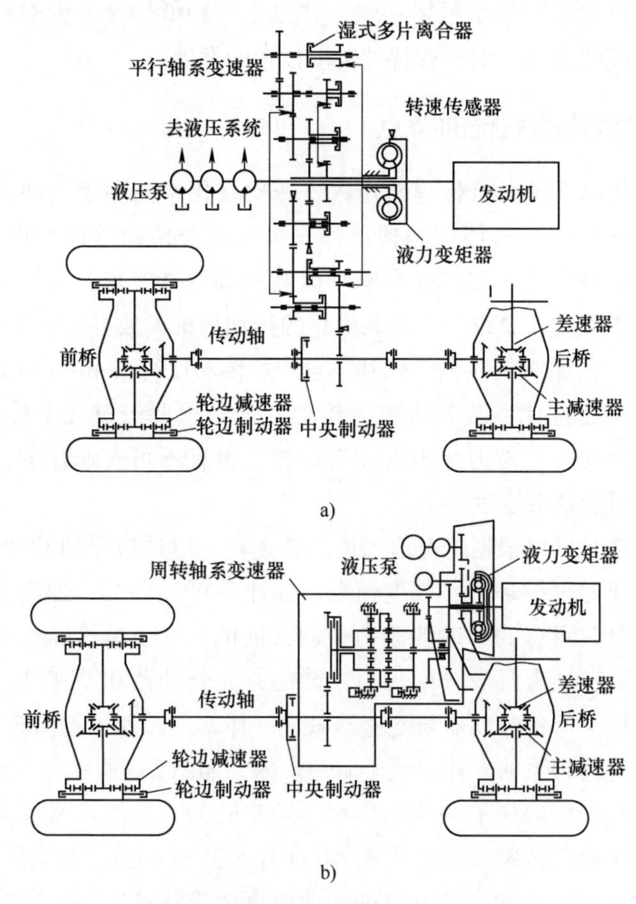

图 3-3　典型装载机传动系统的构成
a）平行轴系变速器　b）周转轴系变速器

（3）传动转矩大　装载机需要发挥与车身重量相当的牵引力。装载机的牵引力具有明显的突变性，这就要求传动系统能够传递的转矩足够大，而且随着动力逐渐走向末端，传动部件的转速在不断下降，转矩却在逐渐上升。而为了适应装载机传动系统传递转矩大的特点，其转矩容量往往是相同功率等级的传动设备中强度最大的，因而也就形成了装载机传动部件粗犷、笨重的基本特点。以齿轮传动部件为例，因为传递的额定转矩很大，所以其模数往往要求很大，为了进一步增加抗弯强度和接触强度，又要增加齿厚，最终，致使变速器和驱动桥等关键传动部件的体积、重量和转动惯量都很大，尤其在传动系统的末端，这个特点更加突出。

（4）转矩变化剧烈　装载机在工作过程中经常遇到驱动转矩骤增或骤减的工况，这除了要求传动系统具有足够的强度，能够耐受得住转矩突变引起的冲击载荷外，还要求传动系统具有在极短的时间内吸收掉发动机供应的盈余能量，并激发出足够高的转矩，以克服突然增大的作业阻力的能力；或者相反，在作业阻力突然下降之时，能够控制住装载机的车速，免于发生装载机“飞车”的现象，这些都得益于装载机的液力传动装置。

（5）载荷自适应性　装载机传动系统的典型结构是液力机械传动结构，该结构最突出的特性就是载荷的自适应性。载荷自适应性源自液力变矩器根据载荷变化自动调节动力输出端的转速和转矩的功能，变矩器输出的转矩与载荷的转矩平衡是调节的目标和方向，通过自适应调节变矩器泵轮与涡轮的速比，涡轮输出的转矩可以朝着转矩平衡的方向变化，最终，实现驱动转矩的平衡和稳定。因此，变矩器的速比是个因变量，随着转矩的平衡而改变，是载荷自适应性功能调节和转矩平衡的副产物，具有不可控的性质。

（6）全时四轮驱动　为了充分利用地面附着力，增加装载机的牵引力，装载机普遍采用全时四轮驱动结构，如图3-3所示。发动机输出的动力经过变矩器和变速器调速、增扭，由变速器向前、后传动轴输出动力，分别驱动前、后桥。为了降低成本和满足装载机传动转矩大的特点，装载机传动轴上的万向节一般采用十字轴式万向节。为了使传动轴输出的转速与输入转速达到瞬时同步，装载机前、后传动轴均采用三段式结构，同时为了适应装载机折腰转向的结构特点，在结构上要确保在同一平面相对的两个转向节的输入轴与输出轴夹角相同。

（7）具有动力输出功能　装载机的传动系统与其他车辆相比还有一个显著的特点，就是装载机变速器有动力输出端口。该动力输出端往往采用法兰盘的形式，主要用于驱动液压泵，是装载机液压系统的动力源头。目前，装载机的动力源仍主要采用柴油发动机，该发动机的动力输入“双变”系统（液力变矩器和变速器），使动力分流成两条分支：一条经过液力变矩器（泵轮-导轮-涡轮）变矩传递至变速器，经过变速后，再驱动装载机的行走系统；另一条由发动机直接驱动各种液压泵，为装载机提供源源不断的液压能，如图3-3所示。装载机液压系统与行走系统的能量均源于发动机，随着工况的变化，此消彼长，如第2章所述，液压系统功率与行走系统的供给功率在发动机输出功率的约束下呈互补关系。

3.2.2 装载机传动系统的构成

装载机不同于普通的车辆，其传动系统要同时具有上述7个特点。很显然，难以通过一个传动部件或传动环节实现上述所有的功能，所以，通常装载机通过以下3个传动部件相互配合，共同满足装载机的传动要求。

（1）液力变矩器　液力变矩器处于装载机传动系统的最前端，主要起变矩传动作用。液力变矩器用于协调发动机对传动系统输出的转矩与变速器驱动所需求的转矩，转矩的调节要遵循液力变矩器的特性，通过调节泵轮与涡轮的速比实现自适应调节。

一般，发动机飞轮与液力变矩器的泵轮直接相连，即发动机的输出转速等于液力变矩器泵轮的转速，由于发动机飞轮尺寸和液力变矩器泵轮外部连接尺寸的不同，可以采取不同的连接方式。弹性板是一种采用弹簧钢加工而成的薄板，呈一个同心圆环结构，弹性板的外圆与发动机飞轮通过螺栓连接，内圆与液力变矩器的泵轮输入端通过螺栓连接。弹性板轴向上的尺寸可以忽略，对于缩短轴向尺寸较大的变速器可以优先采用这一方式。弹性板重量轻，转动惯量小，不需要做动平衡，本身又具有一定的弹性特性，可以吸收一定的扭振。但是当发动机与液力变矩器之间的扭振超过一定界限时，就会发生撕裂弹性板的事故。另一种连接方式是采用套筒法兰连接，俗称“喇叭口”，法兰的一端通过螺栓与发动机飞轮连接，另一端通过螺栓与液力变矩器的泵轮输入端连接，通过套筒法兰传递动力。这种方法采用刚性连接，几乎没有减振效果，连接可靠，转动惯量和重量都较大，需要做动平衡。当变速器轴向尺寸较小，需要调节变速器的安装位置时，优先选择此连接方式。

液力变矩器由泵轮、涡轮和导轮构成，液力变矩器的组成构件可能超过3个，但无论液力变矩器由几个构件组成，各构件都要构成一个封闭的圆环，圆环内部的叶轮构成循环圆，循环圆中充满液力变矩器油，如图3-4所示，液力变矩器油一般与变速器可以共用液压油，因此也可称为“双变”系统液压油。

发动机动力传递给液力变矩器的泵轮后，在泵轮的旋转动能作用下，使液力变矩器内部的液力变矩器油在循环圆内相对于叶轮呈螺线形流动，将机械能转换为循环圆内的液力能，液流在循环圆内部按照一定的方向流动过程中，由于液流方向与叶轮方向存在差异，在相互作用时将会产生液流方向、流速和对外的转速、转矩的变化，对外表现为输出的转速和转矩按照一定的规律变化。

液力变矩器就是利用液力传动的这种规律适时地发挥减速增扭传动特性的。

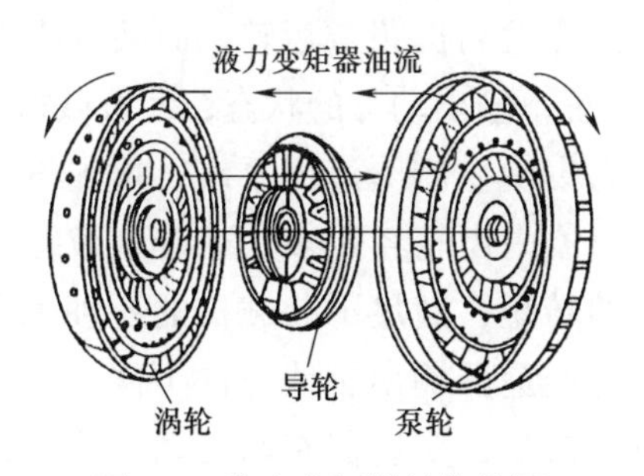

图 3-4　液力变矩器结构简图

液力变矩器在装载机传动系统中的作用是自适应地调节传动转矩，它还是装载机传动系统中的柔性传动环节。当装载机的载荷较小时，涡轮输出的转矩也较小，此时液力变矩器涡轮与泵轮的速比较大（接近于 1）；当装载机的载荷较大时，涡轮输出的转矩也较大，此时液力变矩器涡轮与泵轮的速比较小（接近于 0）；当速比为 0 时，泵轮输出的转矩达到最大值，而发动机的功率全部转化为液力变矩器的液力能和热能。在动力传递过程中不需要任何控制，完全依靠液力变矩器的载荷自适应功能来平衡发动机驱动转矩与装载机牵引载荷。

（2）多档变速器　液力变矩器仅适用于在短时间内，按照液力传动的基本特性，通过自适应调节速比使驱动转矩与外部载荷达到平衡，其速比具有范围窄、不可控等特点。显然，单独依靠液力变矩器调节装载机的速比和牵引力是远远不够的，在液力变矩器自适应调节转矩的基础上，装载机还需要有更大范围，且可精确控制速比、调节输出转速的机构。

多档变速器就是这种机构，它处于传动系统的前端，主要起变速作用。变速器由一系列齿轮相互啮合传递动力，靠改变参与动力传动的齿轮来改变速比，进而实现变速的功能。根据参与传动的主要齿轮的类型又可分为：外啮合齿轮系和行星轮系变速器；按照支撑齿轮的轴系状态还可以分为：平行轴系和周转轴系变速器。按照装载机工况的需求，多档变速器一般具有 4~5 个前进档，2~3 个倒档，前进档和倒档最大速比相当，大约为 4 左右，倒档的最小速比大约为 2 左右，前进档最小速比要满足转场运输的要求，所以较小，一般在 0.8 左右。

首先，多个档位之间能够实现更宽广范围速比的快速切换，实现装载机车速与牵引力在等功率条件下的传动，通过多个档位的行驶车速与牵引力特性曲线可以近似地包络出行驶系统的等功率曲线，如图 3-1 所示，满足了装载机在多种工况下的驱动要求。其次，通过改变齿轮相互啮合次数，可以实现装载机的倒档行驶，缩短了装载机每个作业周期的时间，提升了作业效率。再次，多档变速器能够提供空档，允许发动机照常运转，而装载机的行驶车速和牵引力均为0，即在装载机行走系统不输出动力的状态，使装载机临时停止对行走系统的动力供应，将发动机动力集中供应给液压系统，增加液压系统的功率，提高作业效率。此外，多档变速器内齿轮经过多次啮合，最终达到动力输出口，一方面，增加了速比和输出的转矩，满足了装载机的各种工况要求；另一方面，也使发动机输出动力轴线向变速器输出轴线方向下降，使变速器输出轴线与装载机驱动桥所在平面相近。最后，变速器有两个动力输出口，分别驱动前桥和后桥，兼起分动器的作用，是装载机传动系统集成化设计的一个体现。

（3）驱动桥　从变速器输出的动力经过传动轴的传递，动力就到达了驱动桥。驱动桥处于装载机传动系统的最末端，主要作用是减速增扭和改变动力传动方向。

装载机的驱动桥一般不具备变速的功能，往往只有一个速比，除非一些特殊装载机对车速有较高的要求，也可以在驱动桥上设置一个变速环节。可变速的驱动桥也只不过有两个速比，如图3-5所示，速比之间的差异往往很大，大到足以覆盖变速器速比变化范围，以便在新的驱动桥速比下的车速范围与原驱动桥速比下的车速范围构成连续的速比变化区间。

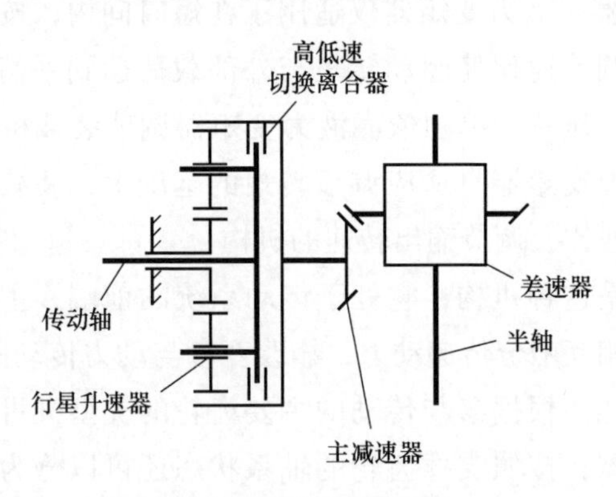

图3-5　可变速驱动桥

一般驱动桥主要由3个传动环节和1个制动环节构成，如图3-3所示。3个传动环节分别是主减速器、差速器和轮边减速器。主减速器要将沿着车身纵向传递的动力经过锥齿轮变为沿半轴传递的方向，并在传动中进一步降低转速、提升转矩。差速器要将动力由主减速器的从动齿轮分配给左右侧车轮，并根据左右车轮的转速需求重新分配两侧的转速，实现差速不差力的基本要求。现代装载机为了增强对恶劣工况的适应能力，采用了各种形式的限滑差速器，但采用限滑差速器就不具备差速不差力的特点。轮边减速器是传动系统的最后一道减速环节，为了进一步增强传动系统减速增扭的功能，现代装载机普遍采用行星减速机构实现大速比的同心减速传动。

按照驱动桥轮边制动器是否浸在液压油中来分，装载机的驱动桥可分为干式驱动桥和湿式驱动桥。干式驱动桥一般采用盘式制动器，制动盘裸露在大气中，制动钳在液压缸的驱动下与制动盘摩擦产生制动力矩，这种驱动桥的制动器散热较好，缺点是制动器容易被污染。湿式驱动桥的轮边制动器一般采用湿式多片制动器实施制动，由于制动部件长期浸泡在液压油中，所以制动片采用了一种在液压油中具有稳定摩擦特性的特殊材料，液压油能够带走制动过程中产生的热量，确保了装载机制动的可靠性和稳定性。

驱动桥处于装载机传动系统的最末端，因此，其传递的动力具有转速较低和转矩较大的基本特点。受传动载荷特点的影响，驱动桥的齿轮模数较大，部件重量和转动惯量均较大。

3.2.3　装载机传动系统的分类

如前所述，装载机传动系统有如此苛刻的性能要求，自从装载机诞生之日起，人们就从未停止过对装载机传动结构和传动方案的探索。总结起来，迄今为止大致有5种典型的传动系统，分别以各自的优势和特点在不同类型的装载机上得到广泛的应用。

（1）纯机械传动系统　最初的装载机传动系统与拖拉机相似，都采用纯机械传动系统，由主离合器、挂接式变速器、分动箱、传动轴、主减速器、差速器和轮边减速器构成。这种传动系统的优点是结构简单、工作可靠、传动效率高，可以与汽车、拖拉机共用零部件，因此，制造成本低、易于维修。但是，这种传动系统难以适应装载机载荷骤变的特性，当遇到突然增加的铲掘阻力时，发动机容易过载熄火，还易于引起传动系统其他部件的损坏。另外，装载机作业时经常起步、换档和换向，且冲击载荷较大，加重了主离合器的磨损，经常需要对离合器进行维护和保养。为了满足装载机的作业需求，充分利用发动机的功率，加大牵引力的同时降低车速，需要在拖拉机变速器的基础上增加档位。

目前，吨位较大的装载机一般不采用纯机械传动系统了，仅在一些小吨位的简易装载机上，且对牵引力没有太多要求时，采用纯机械传动系统。另外，平地机的载荷变化没有装载机那样剧烈，所以可以采用更多档位的纯机械传动系统。

（2）液力机械传动系统　液力机械传动系统自从20世纪50年代应用于装

载机后，经过不断的适应性改良和功能上的改进，已经成为装载机传动系统的代名词，直到今天其在装载机传动领域的地位仍不可撼动。

液力机械传动系统是指以液力变矩器与多档变速器串联构成的“双变”结构为主体，辅以主减速器、差速器和轮边减速器形成的传动系统。液力变矩器主要用于协调发动机输出转矩与装载机作业阻力之间的平衡，变速器主要通过改变速比，从而调节车速与牵引力，以满足装载机工况的驱动要求。

在长达七十余年的“进化”过程中，装载机专用的液力变矩器与机械变速器相互适应，在功能上逐渐形成了独具特色的液力机械传动系统。其中，最具代表性的当属双涡轮液力变矩器与周转轮系变速器相匹配的 BS305 变速传动系统。该系统能够根据装载机的载荷变化，通过超越离合器自动切换液力变矩器参与传动的涡轮数量，进而调节变速器输出的转速和转矩。实际上，相当于变速器切换一次档位，而行星轮系变速器只有 2 个机械前进档位，运行效果上却相当于有 4 个前进档位。更关键的是，装载机在作业工况下基本不用操作机械档位，仅由液力变矩器通过超越离合器自动改变参与传动的涡轮数量即可实现“档位”的自动切换，不需要任何干预和控制，使得整个作业过程自如顺畅、浑然天成。直到今天，此液力机械传动方案仍在广泛使用，为了拓展其在不同应用场合的适应性，还对其进行了多次升级和改进。其中，最具代表性的升级当属利用电磁阀控制取替了超越离合器，使 BS305 变速传动系统真正实现了电控化。

除此之外，随着电气化和自动化技术的发展，装载机液力机械传动系统也进行过很多有益的尝试，如泵轮离合器技术和涡轮闭锁技术等。

针对装载机在发动机高速工况下，行走功率过剩以致液压系统动力不足，工作装置响应较慢的问题，液力机械传动装载机采用泵轮离合器技术限制行走系统吸收的功率，以提升液压系统的功率占比，使装载机的工作装置迅速响应操作指令。泵轮离合器一般安装在发动机飞轮与液力变矩器泵轮之间，当发动机转速提升时，泵轮离合器通过滑差控制使液力变矩器泵轮的输入转速适当降低，以减少其吸收的转矩，降低行走系统吸收的功率，同时使液压系统获得更多的功率，加快工作装置的响应速度，该技术能有效地提高作业效率和燃油经济性。泵轮离合器技术的工作原理如图 3-6 所示。

在 2013 年德国慕尼黑 Bauma 展上，卡特彼勒公司展出的 CAT988K 装载机上应用了泵轮离合器技术，可比传统机型提高作业效率 10%左右，节约燃油 20%左右。小松公司的 WA600-6 装载机上也应用了泵轮离合器技术，同样也显著提高了作业效率和燃油经济性。

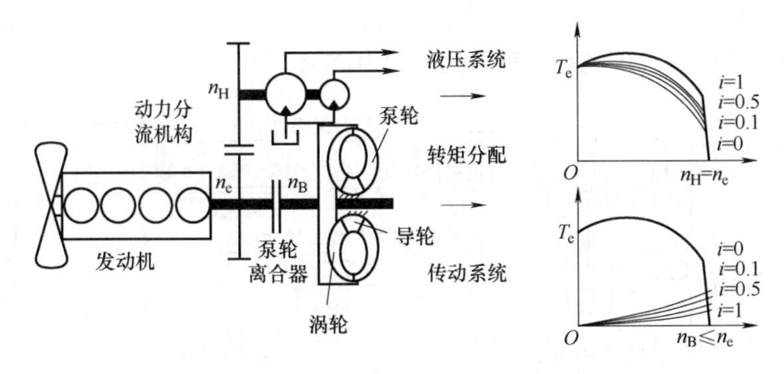

图 3-6　泵轮离合器技术的工作原理

针对装载机变矩器传动效率低的问题，德国采埃孚公司开发了带闭锁离合器的液力机械变速传动系统，在低转速、大负载工况下发挥变矩器的降速增扭液力传动功能；在高转速、小负载工况下采用闭锁离合器直接将发动机动力传递到变速器。

近年来，随着节能技术的发展，液力变矩器闭锁技术在轮式装载机等工程机械领域逐渐开始应用，如：卡特彼勒、沃尔沃和小松等公司的装载机都采用了液力变矩器闭锁技术。该技术通过一个液控湿式多片离合器来控制液力变矩器的闭锁与解锁。在结构上，液力变矩器的泵轮与发动机飞轮是刚性连接的，涡轮与变速器输入轴也是刚性连接。当装载机的车速达到一定值时，闭锁离合器闭锁，液力变矩器泵轮与涡轮通过闭锁离合器接合为一体，发动机的动力直接传递到变速器，此时液力变矩器变成一个刚体，该方案在一定程度上克服了液力变矩器传动效率低的缺点，提高了装载机的燃油经济性和动力性；当装载机处于低转速、大载荷工况时，闭锁离合器解锁，液力变矩器继续发挥液力传动的降速增扭功能，保证了装载机在低转速、大转矩工况下具有足够高的动力性。液力变矩器闭锁技术在汽车上的应用较早，在工程机械上的应用起步较晚，目前公开的研究资料仅对闭锁点的选取等内容进行了探讨。

（3）电力传动系统　电力传动系统是一项较为古老的传动方案，早在 19 世纪末，为了取代第一代汽车复杂的传动系统，保时捷公司设计并制造出了电力传动汽车 Lohner-Porsche。

20 世纪 60 年代开始出现电动轮装载机，它主要由发动机、发电机、控制机构、辅助电机、轮毂电机及其减速装置构成，如图 3-7 所示。

发动机同轴驱动发电机发电，产生的电能通过电缆输送到各轮毂电机和辅助电机驱动装载机工作，中间经过控制机构，通过改变电机的线路和加入附加电阻，可以使电机的输出功率与装载机的作业工况相适应，且通过电机的调速和变矩使其转速和转矩满足各种工况的动力需求。

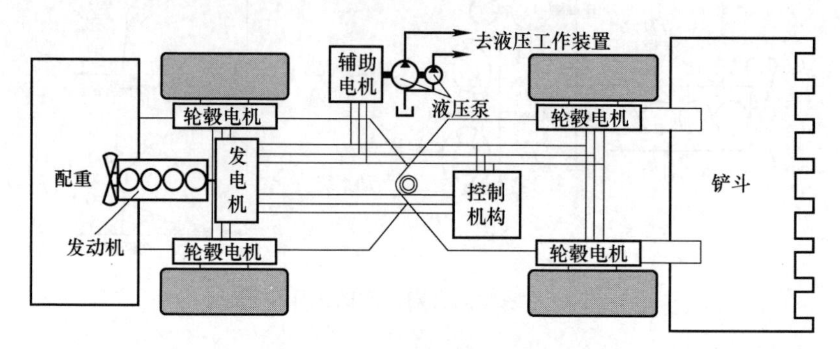

图 3-7　电动轮装载机结构方案

轮毂电机是电力传动装载机的核心技术之一，它由牵引电机、行星减速器、制动器和轮胎等部件组成，轮毂电机虽然结构功能相似，但与外围设备的结构构成关系和形式存在较大差异。其中，行星减速器一般为三级减速装置，且根据牵引电机变速（变矩）能力的不同可能还会设置调速功能。

目前，大型或特大型装载机有时会难以找到合适的机械传动零部件，但电力传动系统的零部件在特大型装载机上布置空间相对宽绰，对成本也没有那么敏感，所以普遍采用电力传动方案。

随着全世界对节能、环保的呼声一浪高过一浪，混合动力技术逐渐向工程机械领域渗透。在电力传动系统结构基础上增加车载储能设备，用于回收发电机盈余的电能，并在发电机功率不足时释放储存的电能，既可实现串联混合动力系统“削峰填谷”的能量调节功能，还可以增加制动能量回收功能，尤其适合于装载机这种在短周期内存在剧烈能量波动的系统。近些年，出现了在电力传动技术基础上衍生出来的串联混合动力装载机，如在 2011 年美国拉斯维加斯国际工程机械博览会上，John Deere 展出的 644K 装载机和 944K 装载机均为该方案的代表。其中，644K 装载机采用发动机驱动发电机发电，通过电缆传输电能，驱动 1 台中央电机和 1 台辅助电机，中央电机再通过机械传动系统驱动 4 个轮胎行走，辅助电机为液压系统提供动力，可节能 10%左右。944K 装载机采用发动机驱动发电机发电，通过电缆传输电能并驱动 4 台轮边电机和 1 台辅助电机，4 台轮边电机通过相互独立的减速机构分别驱动 4 个轮胎行走，辅助电机为液压系统提供动力完成作业任务。944K 装载机还配有车载储能设备，具有能量回收和调节装载机功率分布的能力，发动机仅需工作在经济区域，为发电机提供稳定的功率，利用车载电源参与二次能量调配，在发电机提供的平均功率基础上，按照装载机作业工况的需求重构能量供应特性，使整机可比同等吨位的传统装载机节能 20%左右。

相比于纯机械传动系统，电力传动系统具有下列优势：

1）关键零部件的通用性好。电力传动装载机的动力系统之间仅通过电缆连接，彼此之间的安装位置相对独立，基本不受传动系统结构的限制，结构布置更灵活，安装方便。关键零部件之间的互换和匹配的通用性更好，装载机的备品备件种类和数量均可以大幅减少。

2）具有无级变速功能。电力传动系统可以方便地利用各种控制技术调节驱动电机的转速和转矩，实现更宽范围的无级变速。在整个运行范围内，发动机的功率都可以得到充分利用，因此牵引性能发挥得更充分，且不会出现驱动轮滑转等牵引力过剩的现象，车速响应也更快，装载机作业效率也得到了提高。

3）发动机可以工作在高效经济区。采用电力传动系统的装载机可以将发动机的供应特性与装载机的需求特性解耦，尤其是采用串联混合动力技术，发动机不需要按照最高转矩和最高转速等指标匹配，仅需满足平均功率要求即可，且发动机仅需工作在高效运转区域，可以匹配高效区域燃油经济性特别突出的发动机。

4）传动系统维护简单方便。采用电力传动系统的装载机摒弃了传统装载机的液力变矩器、多档变速器、传动轴和驱动桥等容易损坏的传动部件，所以维修成本降低、检修方便。

5）可以实现电力制动。按照有无车载储能设备分类，电力传动装载机的电力制动可分为再生制动和生热制动两种。对于可以储存电能的电力传动装载机，制动时驱动电机用作发电机，此时，制动装载机所产生的制动力矩成为驱动电机发电的动力矩，通过这种方法将装载机车身蕴藏的动能转化为电能储存起来，以备装载机驱动时使用。对于不具备储存电能能力的电力传动装载机，其电力制动系统往往装备一个制动电阻，将上述过程产生的电能转化为电阻的热量消耗掉。电力制动减轻了车轮机械制动的负荷，延长了制动器的寿命。

6）动力传递平滑。由于电机的过载能力和动力响应能力均比发动机强，且电机的转矩和转速可控性远远超过了发动机，这样就可以避免装载机的启动和制动等瞬态工况对传动部件的动载荷冲击，提高了电力传动装载机的完好率。

电力传动装载机主要的缺点是整机重量大和制造成本高。因此，电力传动系统仅用于大型或特大型装载机等对整机重量和装机成本不是十分敏感的机型。

（4）静液传动系统和静液-机械复合传动系统　从广义上说能够实现装载机

无级变速传动的方案有很多种，如：静液传动和静液-机械复合传动，都能实现无级变速传动，且都能满足装载机转矩大、载荷突变性强、速比变化率高等特性要求。

静液传动装载机也称为全液压装载机，原因在于这种装载机的行走系统采用的是液压系统的容积调速原理实现速比的变换，与装载机的工作装置一样采用液压系统驱动，行走系统与工作装置采用相同的工作原理，在相互协调和联合控制方面更便捷。这种传动方式也是装载机基本的传动方式之一，具有较久远的历史，不过当时仅用于功率等级较低，且变速范围较窄的装载机。近些年，随着传动液压元件生产技术的进步和控制技术的长足发展，这种局面得以改观。利勃海尔公司的装载机以静液传动系统闻名于全世界，目前，其静液传动装载机已经达到9t级。在其带动下，越来越多的装载机主机厂商感受到了静液传动装载机强有力的市场竞争优势，纷纷研制静液传动装载机，关于静液传动装载机的原理和进一步的探索将在第4章全面论述。

无级变速传动不止于静液传动系统一种形式，随着静液传动系统应用于装载机，该传动系统的不足也逐渐表现出来，如在低速和高速工况时传动效率严重下降、传递功率受液压元件功率等级限制以及变速范围达不到装载机作业要求等。于是人们在静液传动路线的基础上又增设了一条机械传动路线，构成静液-机械复合传动系统，为了增加传动系统的速比变化范围，在复合传动系统基础上再串联一个可以阶跃切换速比的环节，使得无级变速系统的速比在较宽的范围内实现了分段和连贯的无级变速性能的统一。目前，关于该传动系统的研究才刚刚开始，关于静液-机械复合传动装载机的原理和进一步的探索将在第4章全面论述。

（5）纯电动装载机传动系统　全世界都在稳步推进“碳达峰”和“碳中和”日程，很多国家均已相继公布了“燃油汽车退市时间表”，这就意味着工程机械行业在不久的将来会失去分担发动机研发和生产成本的绝对主流群体和伙伴，届时工程机械行业将不得不独自面对为其“特制”天价发动机的尴尬局面。为了应对即将到来的能源革命，工程机械行业要提前布局，紧跟汽车行业能源革命的步伐，提前摆脱对化石能源的依赖，积极、主动地进行电气化改造。

电动装载机所面临的挑战是多方面的，其中自然也包括对传动系统的改造。如前所述，装载机要求具有与车身重量相当的牵引力、能够承受突变的冲击载荷、车速响应时间短以及车速变化范围宽等，都是电动装载机将要面临的挑战。纯电动装载机可以有多种结构方案，典型方案包括：1台主电机为装载机提供全部动力；1 台主电机驱动行走系统、1 台辅助电机驱动液压附件系统；2 台驱动电机分别驱动前桥和后桥行走系统、1 台辅助电机驱动液压附件系统；4 台轮毂电机分别驱动 4 个车轮行走、1 台辅助电机驱动液压附件系统等几种动力系统结构方案。动力系统结构方案不同，对传动系统的要求自然也不同，需要针对动力系统的特点并结合装载机的性能要求设计合适的传动系统结构。

目前，装载机的常用吨位为 5t 级，统计数据也表明：5t 装载机的保有量最大，因此纯电动装载机首先要瞄准 5t 装载机。根据 5t 装载机的基本性能要求：最大牵引力 170kN，最高车速 40km/h，选择 1 台主电机驱动行走系统，1 台辅助电机驱动液压、附件系统的动力系统方案。经过匹配计算，最终确定行走电机额定功率 160kW，峰值转矩 2800N · m，最高转速 3500r/min；辅助电机额定功率 105kW，峰值转矩 2200N · m，最高转速 2100r/min；电池容量 282kW · h，驱动电机的效率 MAP 图如图 3-8 所示。

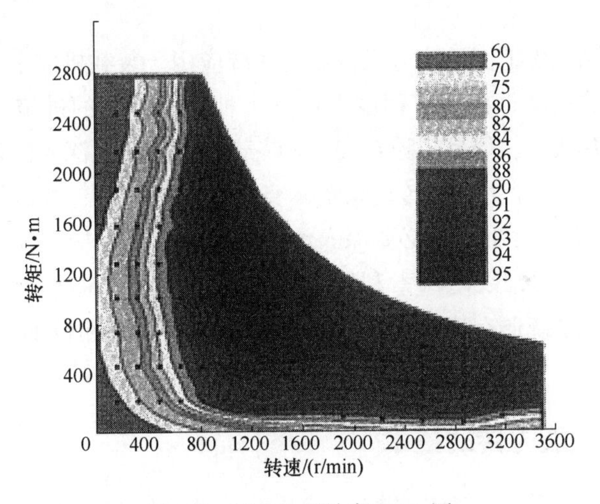

图 3-8　驱动电机效率 MAP 图

驱动电机的转矩和转速变化范围均较宽，且其等功率区域也足够宽广，因此，与液力机械传动装载机的牵引力特性曲线所包络的区域十分相似，在传动系统中只需要再增加一个档位，即可完全覆盖装载机作业工况的车速与牵引力需求。所以，为该纯电动装载机设计了一款两档变速器，如图 3-9 所示：一方面，更充分地覆盖了装载机作业工况的牵引特性；另一方面，使得驱动电机能够有更多机会运行在高效区内，为了满足 170kN 的最高牵引力和最高车速 40km/h 的要求，再利用主减速器和轮边减速器的速比进一步修正纯电动装载机的牵引特性。

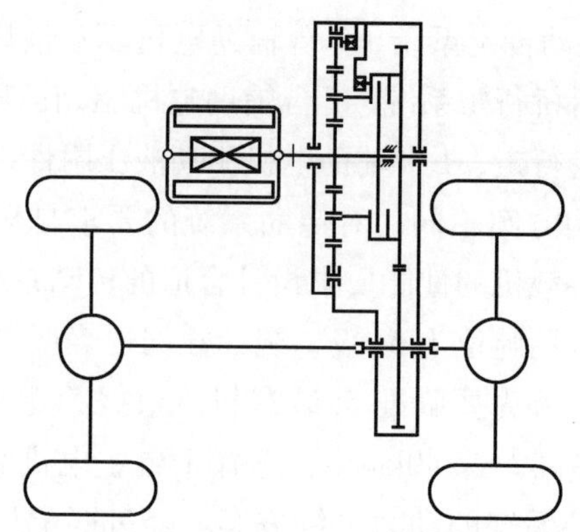

图 3-9　包含两档变速器的纯电动装载机传动系统结构

3.3　装载机液力机械传动系统关键技术

自从 20 世纪 50 年代，液力机械传动系统应用于装载机以来，装载机的作业性能得到了质的飞跃，在一定程度上促进了社会生产力的进步。尽管该传动系统存在很多固有缺陷，但是，随着人们对装载机传动系统深入的理解和对液力机械传动系统的掌握，液力机械传动系统本身也在不断完善，并始终处于装载机传动系统的王者地位。因此，有必要深入地分析一下液力机械传动能够如此适应装载机传动系统的原因，以便探索利用现代科学技术取代液力机械传动系统的方法，毕竟该传动系统还有诸多与现代工业技术发展趋势相悖的“固有缺陷”需要克服。

3.3.1　装载机液力传动技术

液力机械传动系统最显著的特点就是在传动系统中加入了液力变矩器这个柔性传动环节，之所以要引入这个柔性环节，是因为发动机的动力供应特性难以适应装载机载荷特性的变化规律。在早期的装载机设计理念中，适应是运行的先决条件，胜过机械效率等一切优化设计要求。

（1）发动机外特性　发动机外特性反映的是发动机提供最大动力的能力（图 3-10）。装载机普遍采用转矩相对较高、转速相对较低的柴油发动机，即便如此，也难以适应装载机在一些特殊工况下对牵引力和车速的要求，更关键的是，发动机动力响应特性往往难以适应装载机动力需求的变化。

图 3-11 所示为某装载机的车速-牵引力特性曲线，由图可见，装载机行走系统的车速较低时，牵引力较大，起步后很快进入等功率状态。另外，装载机要

求动力响应较快，要求牵引力能够迅速增加至最大值。装载机的动力要求与普通车辆存在着较大的差别，因此，对衔接发动机与装载机行走系统的传动系统提出了诸如：牵引力较大、车速较低、速比变化率较快、驱动转矩响应迅速，以及具有柔性传动特性，在适当的时候能够释放发动机的动力等苛刻的要求，而这些要求仅仅依靠变速器来协调是远远不够的，于是液力机械传动系统出现了。

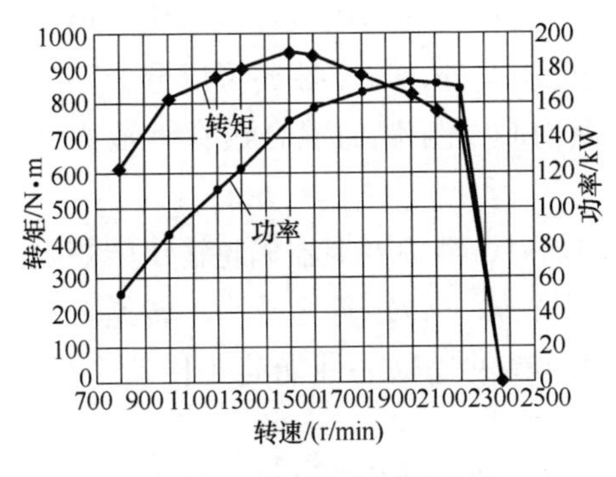

图 3-10　发动机外特性曲线

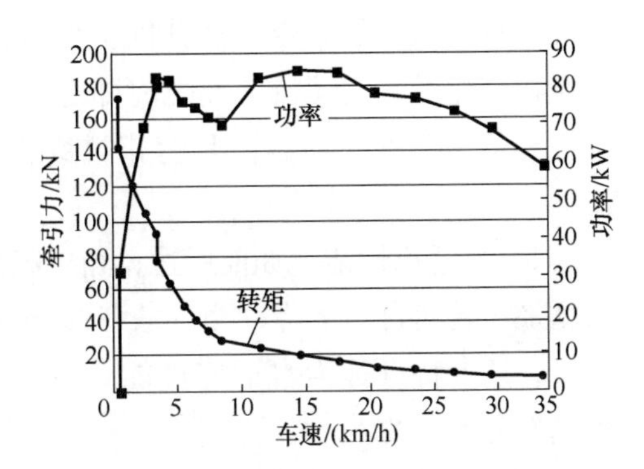

图 3-11　装载机车速-牵引力特性曲线

（2）液力变矩器特性　如前所述，液力变矩器由至少 3 个构件组成，各构件相互拼接组成一个封闭的圆环，内部的叶片构成相互连通的容腔通道，液流能够在泵轮的促动下在容腔内不断地循环流动，形成沿着容腔螺旋封闭圆形循环的流动。一般情况下，液力变矩器的泵轮与发动机直连，受发动机转矩的驱动，泵轮搅动液力变矩器内部的液体流动；导轮固定不动，只起到改变液流方向和给液流一个反作用力矩的作用；涡轮是液力变矩器的输出元件，流液在一系列叶片约束后改变了其流向、流速和冲击力，以一定的液力能冲击涡轮的叶片，使其具有一定旋转动能，且输出的动能随载荷的状态而变化。当载荷较小时，涡轮输出的转矩也较小，转速可以达到较高的水平；当载荷较大时，涡轮转矩随之增大，转速下降，在特殊情况下，涡轮转速可以为 0，转矩达到理论上的最高值，即失速工况。失速工况是液力变矩器的一种特有工况，一方面将发动机输出的转矩放大到液力变矩器输出转矩的极限，另一方面将发动机输出功率有效地通过液力损失释放掉，在装载机传动系统的“第一站”就将动力按照工况需求进行控制。

正是因为液力变矩器有以下的结构和性能，液力传动才具有了其他传动系统所不具备的特点，也正是这些特点使装载机传动系统长期以来对液力变矩器“难舍难分”。

1）透穿性能。液力变矩器的透穿性能是指作用在涡轮轴上的载荷（转矩和转速）变化时，泵轮的转速和转矩随之变化的性能，其反映了液力变矩器与发动机共同工作的特性。对于非透穿性的液力变矩器，当涡轮转矩变化时，其泵轮转速和转矩均不变，即发动机与这种液力变矩器共同工作时，无论外载荷如何变化，只要发动机加速踏板开度一定，发动机将始终在同一工况下工作；对于透穿性的液力变矩器，当涡轮转矩变化时，将引起泵轮转矩和转速的变化，即发动机与这种液力变矩器共同工作时，虽然发动机加速踏板开度固定，但在外载荷变化时，发动机工况也将随之发生变化。此外，透穿性还可以分为正透穿性和负透穿性，还有既具有正透穿性也具有负透穿性的混合透穿性液力变矩器。

2）自适应性能。如前所述，当外载荷增加时，液力变矩器涡轮输出转矩随之增加，转速自动下降；当外载荷减小时，涡轮输出转矩随之减小，转速自动上升，这一特点称为自适应性能。装载机恰恰是利用这一性能简化传动系统，提高作业效率的。

3）减振防冲击性能。液力变矩器是一种柔性传动部件，其动力输入端的泵轮与动力输出端的涡轮并无刚性连接，仅靠液流液力能冲击叶片传递动力，这样可以减弱发动机的扭振和来自负载的振动，减缓冲击，有效地延长了传动系统的使用寿命，并提高了装载机对于突变载荷的适应能力，避免了发动机熄火，提高了装载机的工作效率。

4）带载启动性能。采用液力变矩器作为传动系统的车辆具有带载启动性能，即车辆在起步之前就已经加载了，载荷甚至可以增加到大于车辆的牵引能力，后果当然是车辆不能前进，即便在这种工况下，车辆仍能保证发动机不至于熄火，液力变矩器的这种性能称为带载启动性能。该性能使车辆能够实现空载起步、软启动和带载启动，使发动机的稳定工作区间扩大。

5）过载保护性能。当液力变矩器的泵轮转速一定时，泵轮、涡轮和导轮的转矩只能在一定的范围内随工况变化。如果载荷达到涡轮的最大转矩，则涡轮转速会下降至0，液力变矩器进入失速状态。在此过程中，各叶轮的转矩不会超出其变化范围，因而对于发动机和装载机均可起到过载保护作用。

6）反拖制动性能。虽然装载机的液力变矩器具有一定的透穿性能，但是一般装载机所采用的液力变矩器均不具备反拖和制动能力，即采用液力传动的装载机不能实现反拖启动发动机的功能，也不能实现发动机制动的功能。

7）无级变速性能。液力变矩器涡轮与泵轮的转速之比简称为转速比，它能够随载荷的改变连续变化，没有确切的档位和转速比值，可以在发动机与负载之间起到协调转矩和转速的作用，但是该转速比的调节范围很有限，也不具有可控性，这也是液力变矩器的固有缺陷之一。

8）传动效率特性。液力变矩器的传动效率随工况变化，当载荷较高或较低时传动效率均较低，只有载荷处于中等时传动效率最高，一般以液力变矩器的速比为横坐标表示传动效率的变化规律，如图 3-2 所示。液力变矩器的最高传动效率约为 85%~95%，当液力变矩器闭锁后其传动效率可以达到 100%。但对于装载机而言，液力变矩器一般不闭锁，因此其传动效率较低，一般传动效率达到 75%以上就可以认为液力变矩器工作在高效区，液力变矩器传动效率低也是其固有缺陷之一。

9）需要辅助系统支持。通常液力变矩器需要配备油箱，以随时补偿油液，为系统构件提供润滑并将机械能损失所产生的热能通过油液代入油箱耗散出去，液力变矩器传动效率低的根源是在其传动过程中，发动机的动能转化成了大量的热量并耗散掉了。

（3）液力变矩器的工作原理　液力变矩器之所以能够变矩是由于结构上有导轮机构。液流在循环流动的过程中，固定不动的导轮给涡轮一个反作用力矩，使涡轮输出的转矩不同于泵轮输入的转矩。

将循环圆沿中间流线展成一条直线，从而使工作轮的叶片角度显示在纸面上，如图 3-12 所示。为了便于说明，设发动机转速及转矩不变，即液力变矩器泵轮转速 n_B 与转矩 M_B 为常数。

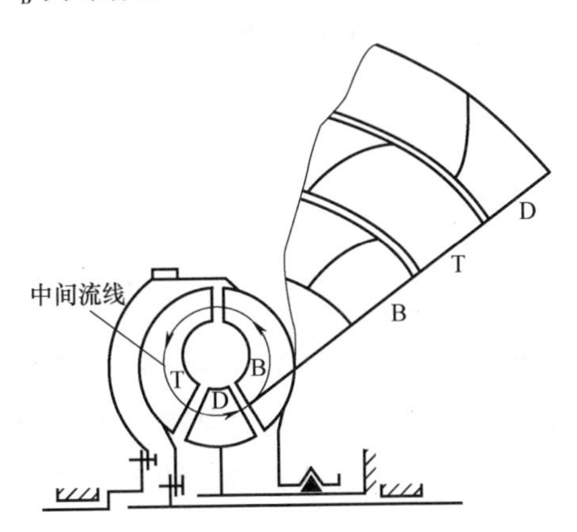

图 3-12　液力变矩器工作轮展开图

装载机启动前，涡轮转速 $n_T=0$，此时，液力变矩器叶轮之间的受力和运动状态如图 3-13a 所示。液流在泵轮叶片的促动下，以一定的绝对速度沿图中的箭头 1 的方向冲向涡轮叶片。因为涡轮静止不动，液流将沿着叶片流出涡轮并冲向导轮，液流方向如图中箭头 2 所示。之后液流再从固定不动的导轮叶片沿图中箭头 3 所示方向流回泵轮。

液流流过各叶片时，由于受到叶片的作用，其流动方向发生变化，即液流受到各叶轮的转矩作用。设泵轮、涡轮和导轮作用于液流的转矩分别为 M'_B、M'_T 和 M'_D。根据液流受力平衡条件，得

$$M'_B+M'_T+M'_D=0 \tag{3-7}$$

式中 M'_B——泵轮对液流的作用转矩，单位为 N · m；

M'_T——涡轮对液流的作用转矩，单位为 N · m；

M'_D——导轮对液流的作用转矩，单位为 N · m。

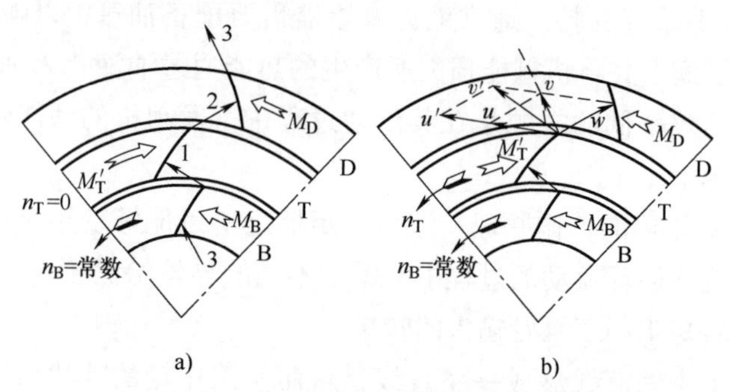

图 3-13 液力变矩器工作原理

a）当 n_B = 常数，n_T = 0 时 b）当 n_B = 常数，n_T 逐渐增加时

再根据作用力矩与反作用力矩原理，各工作轮施加给液流的转矩与液流施加给工作轮的转矩大小相等、方向相反，设液流给涡轮的反作用转矩为 M_T，则 $M_T=-M'_T$。

进一步推导可得

$$M_T=M'_B+M'_D \tag{3-8}$$

式中 M_T——液流对涡轮的反作用转矩。

式（3-8）说明液流给涡轮的反作用转矩 M_T 等于泵轮和导轮对液流作用转矩的和。当导轮转矩 M_D 与泵轮转矩 M_B 同方向时，则涡轮转矩 M_T（液力变矩器输出转矩）大于泵轮转矩 M_B（液力变矩器输入转矩），从而实现变矩功能。

当液力变矩器输出的转矩经过传动系统产生的牵引力足以克服装载机起步阻力时，装载机可以启动并加速行驶，同时涡轮转速 n_T 也逐渐增加；这时液流在涡轮出口处不仅有沿叶片的相对速度 w，还有沿圆周方向的牵连速度 u。因此，冲向导轮的绝对速度 v 应该为二者的矢量合成速度；因假设泵轮转速 n_B 不变，故液流在涡轮出口处的相对速度 w 不变。但是因为涡轮转速在变化，故牵

连速度 u 也在变化。由图 3-13b 可知，冲向叶片的绝对速度将随着牵连速度 u 的增加而逐渐向左倾斜，使导轮所受转矩逐渐减小，故涡轮的转矩也随之减小。当涡轮转速增大到某一值时，从涡轮流出的液流 v 的方向正好沿导轮出口方向冲向导轮时，由于液流流经导轮后其方向不变，所以导轮转矩 M_D 应为 0，于是泵轮转矩 M_B 与涡轮转矩 M_T 在数值上相等。

若涡轮转速继续增加，液流方向继续向左倾斜，如图 3-13b 中 v' 所示的方向，则液流将冲击导轮叶片的背面，使导轮转矩方向与泵轮转矩方向相反，则涡轮转矩为泵轮与导轮转矩之差，即 $M_T=M_B-M_D$，这时液力变矩器的输出转矩反而比输入转矩还要小，当涡轮转速增加到与泵轮转速相等时，由于循环圆中的液流相对停止环流运动，$M_T=0$，涡轮不能对外输出转矩。

由上述分析可知，当涡轮转速降低时，即装载机作业阻力增加时，则涡轮转矩将自动增加，这正符合装载机克服作业阻力的需要，也是液力变矩器自适应外载荷变化的变矩性能。

（4）液力变矩器原始特性　在流体力学领域，人们把具有几何相似、运动相似和动力相似的一系列流体力学问题和现象统一采用相似原理归类研究。理论和实践都已经证明，符合相似原理的同一系列变矩器，具有相同的原始特性，通过一组曲线就能够刻画它们共同的基本性能。

液力变矩器的原始特性反映了泵轮转矩系数 λ_B、传动效率 η 和变矩系数 K 随转速比 i 的变化规律，即 $\lambda_B=\lambda_B(i)$、$\eta=\eta(i)$ 以及 $K=K(i)$，如图 3-14 所示。

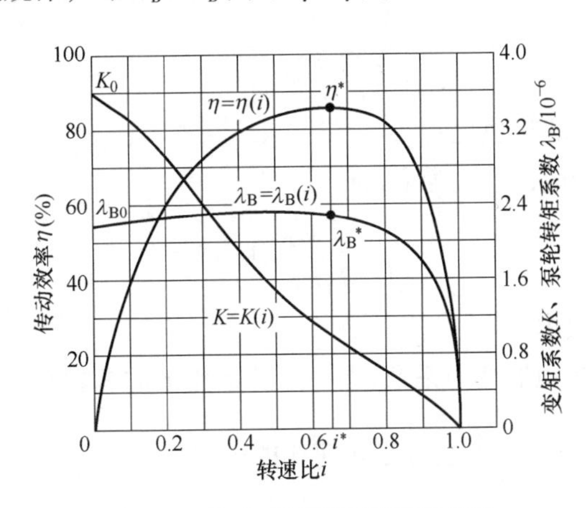

图 3-14　液力变矩器原始特性曲线

根据相似原理和叶片机械的基本理论，对于几何相似的液力变矩器的泵轮，可得其转矩系数为

$$\lambda_{\mathrm{B}}(i)=\frac{T_{\mathrm{B}}}{\rho g n_{\mathrm{B}}^{2} D^{5}} \tag{3-9}$$

式中　$\lambda_B(i)$——泵轮转矩系数，是液力变矩器转速比的函数，单位为 $min^2/(r^2 \cdot m)$；

T_B——泵轮转矩，单位为 N·m；

n_B——泵轮转速，单位为 r/min；

D——液力变矩器的有效直径，即循环圆内工作液体液流的最大直径，单位为 m；

ρ——液力介质的密度，单位为 kg/m^3；

g——重力加速度，单位为 m/s^2。

式（3-9）表明，转矩系数 λ_B 基本上与液力变矩器尺寸的大小，转速的快慢和工作介质的密度无关，因此用它来比较液力变矩器的容量。对符合相似原理的液力变矩器，同一转速比下的 λ_B 是相等的。

相似的，液力变矩器的涡轮转矩系数可表示为

$$\lambda_{\mathrm{T}}(i)=\frac{T_{\mathrm{T}}}{\rho g n_{\mathrm{B}}^{2} D^{5}} \tag{3-10}$$

式中　$\lambda_T(i)$——涡轮转矩系数，单位为 $min^2/(r^2 \cdot m)$；

T_T——涡轮转矩，单位为 N·m。

根据试验得出的液力变矩器外特性数据，按照式（3-11）和式（3-12）并结合式（3-9）计算的数据，即可绘制液力变矩器的原始特性曲线，如图 3-14 所示。

$$i=\frac{n_{\mathrm{T}}}{n_{\mathrm{B}}} \tag{3-11}$$

式中　i——变矩器的转速比；

n_T——涡轮转速，单位为 r/min。

$$\eta=\frac{-T_{\mathrm{T}} n_{\mathrm{T}}}{T_{\mathrm{B}} n_{\mathrm{B}}}=K(i) i \tag{3-12}$$

式中　η——传动效率；

$K(i)$——液力变矩器变矩系数，即一定转速比下的涡轮转矩与泵轮转矩之比，$K(i)=\dfrac{T_T(i)}{T_B(i)}$，它也是转速比的函数。

因此，液力变矩器的原始特性能够确切地表示一系列不同转速、不同尺寸而具有几何相似、运动相似和动力相似的液力变矩器的基本性能。在液力变矩器的原始特性曲线上，还可以找到表征液力变矩器工作性能的下列参数。

K_0——启动工况（涡轮转速为 0），$i=0$ 时的变矩系数；

λ_{B0}——启动工况（涡轮转速为 0），$i=0$ 时的泵轮转矩系数，单位为 $min^2/(r^2 \cdot m)$；

η^*——液力变矩器的最高传动效率（%）；

λ_B^*——与最高传动效率 η^* 对应的泵轮转矩系数，单位为 $min^2/(r^2 \cdot m)$；

i^*——与最高传动效率 η^* 对应的转速比。

（5）液力变矩器输入特性　液力变矩器要从原动机获得驱动转矩，再将经过变换的驱动转矩传输到输出端。装载机的原动机大多采用的是柴油发动机，动力输出端就是变速器。需要说明的是，装载机上虽然发动机飞轮直接与液力变矩器的泵轮连接，但是发动机输出的转矩并非都输入给了液力变矩器，或者液力变矩器吸收的转矩并不是发动机的全部转矩。发动机除了要驱动液力变矩器泵轮外，还要越过液力变矩器驱动液压系统和附件系统，液力变矩器的输入特性就是专门描述其吸收发动机动力特性的。

液力变矩器的输入特性是指泵轮转矩与泵轮转速之间的关系曲线，可以由液力变矩器的泵轮转矩系数计算公式（3-9）换算得到

$$T_B=\lambda_B(i)\rho g n_B^2 D^5 \tag{3-13}$$

式（3-13）中，泵轮转矩 T_B 随泵轮转矩系数 $\lambda_B(i)$ 和泵轮转速 n_B 变化，对于特定的液力变矩器，其余变量均可视为常数。

其中，转矩系数是液力变矩器的转速比 i 的函数，即当 i 不变时 $\lambda_B(i)$ 也不变，且 $\lambda_B(i)$ 的变化趋势由液力变矩器的透穿性决定，如图 3-14 所示，图中 $\lambda_B=\lambda_B(i)$ 曲线表示了该液力变矩器的变矩系数 λ_B 与转速比之间的关系。如果液力变矩器不具备透穿性，即负载端的载荷情况不能影响动力输入端的工作状态，则在液力变矩器的原始特性图上 $\lambda_B=\lambda_B(i)$ 将为一条与 i 轴平行的直线；如果液力变矩器具有正的透穿性，随着输入转矩的增加，输出转速减小，即 $\lambda_B=\lambda_B(i)$ 随 i 的增加而减小；如果液力变矩器具有负的透穿性，随着输入转矩的增加输出转速也增加，即 $\lambda_B=\lambda_B(i)$ 随 i 的增加而增加。如此，图 3-14 所示的液力变矩器具有混合透穿性，即 $\lambda_B=\lambda_B(i)$ 先随 i 的增加而增加，而后又随 i 的增加而减小，i 值较小时具有负透穿性，i 值较大时具有正透穿性。

另一个影响液力变矩器泵轮转矩 T_B 的因素是泵轮转速 n_B，由式（3-13）可见，泵轮转矩 T_B 与泵轮转速 n_B 成平方关系，即泵轮吸收的转矩 T_B 随泵轮转速 n_B 呈二次抛物线规律变化。考虑液力变矩器泵轮转矩系数 λ_B 在不同穿透性下，对应不同的 i 值，选取 $\lambda_B(i)$，表达成泵轮转速 n_B 与转矩 T_B 的关系如图 3-15 所示。

装载机所采用的液力变矩器一般具有混合透穿性，其原动机往往是柴油发

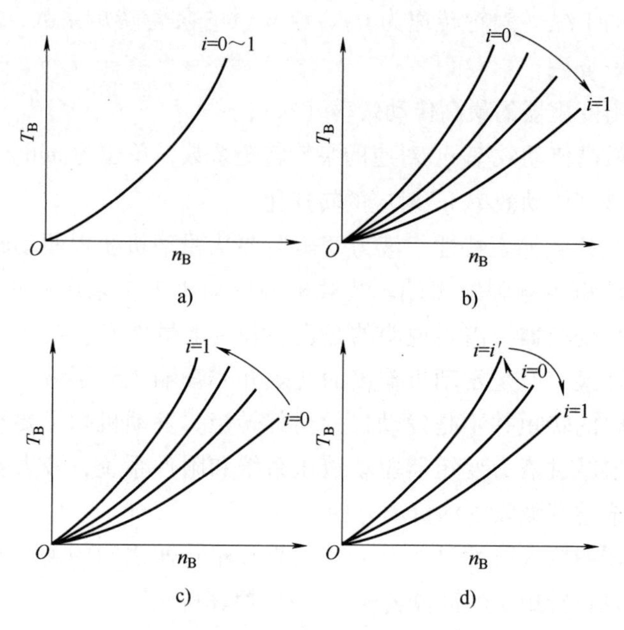

图 3-15　不同透穿性液力变矩器的输入特性曲线

a）非透穿　b）正透穿　c）负透穿　d）混合透穿

动机，将发动机的外特性图和部分特性图与具有混合透穿性液力变矩器的输入特性图按照横纵坐标等比例叠放在一起，可以得到发动机与液力变矩器的共同输入特性曲线，如图 3-16 所示。

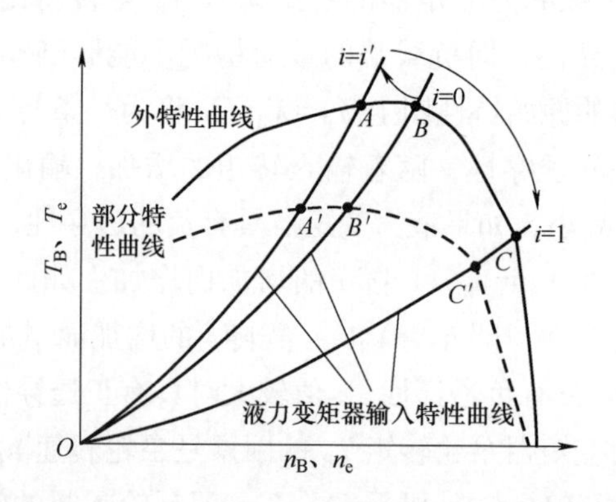

图 3-16　发动机与液力变矩器共同输入特性曲线

图 3-16 中发动机外特性曲线与液力变矩器输入特性曲线的交点 A、B、C，表示发动机在全负荷工况下，液力变矩器在相应的转速比下能吸收发动机最大的转矩。比如在液力变矩器转速比 $i=0$ 的工况，与发动机外特性曲线交于 B 点，

对应着发动机的最高转矩点，而这种工况液力变矩器的变矩能力是最强的，液力变矩器可以吸收更多的转矩，使装载机能够发挥更大的牵引力。当液力变矩器的转速比为 $i=i'$的工况时，与发动机外特性曲线交于 A 点；当液力变矩器的转速比为 $i=1$ 的工况，与发动机外特性曲线交于 C 点。当发动机工作在部分特性时，液力变矩器沿着相应转速比的曲线下降，并相交于 A'、B'、C'点。改变发动机加速踏板开度，相应的发动机输出特性也随之改变，液力变矩器输入特性与发动机输出特性曲线的交点也将随之改变。

就装载机传动系统而言，在图 3-16 中 $i=i'$曲线与 $i=1$ 曲线和发动机外特性曲线所围成面积的那部分发动机性能是最关键的。当然，随着液力变矩器透穿性的不同，它们围成的区域也有所变化，当液力变矩器不具有透穿性时，则这块区域会变成由一条曲线围成的区域，随着液力变矩器穿透性的变化，围成区域的曲线也可能有所变化，无论区域宽与窄，区域以外的发动机性能不能够对装载机的行驶性能发生作用。然而，装载机的发动机并非只驱动行走系统，还要驱动液压系统和附件系统，往往上述三个系统要求同时参与工作，因此，装载机在选取发动机的时候，绝不能仅仅关心液力变矩器输入特性曲线束所围面积的性能，装载机的液力变矩器与发动机的共同输入特性曲线也不会是图 3-16 所示的样子，此图是为了说明发动机与液力变矩器共同工作特性而制作的。

也可以用液力变矩器的千转转矩评价其转矩吸收能力，千转转矩也可称为公称转矩。千转转矩的意义就是液力变矩器泵轮转速为 1000r/min 时，在各转速比下泵轮能吸收原动机的转矩，如图 3-17 所示。

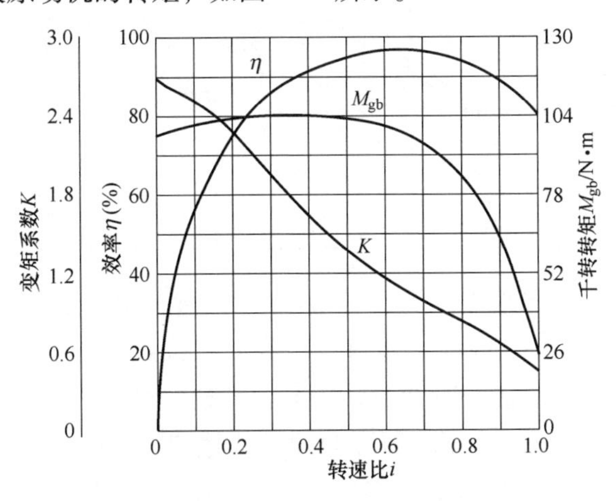

图 3-17　液力变矩器的原始特性曲线

千转转矩 M_{gb} 的数学表达公式如下

$$M_{gb}=\frac{T_B\times1000^2}{n_B^2} \tag{3-14}$$

当已知液力变矩器在某一转速比下的千转转矩 $M_{gb}(i)$ 和泵轮转速 n_B 时，即可方便地通过式（3-14）计算出在当前泵轮转速和当前液力变矩器转速比下的泵轮转矩。

（6）液力变矩器输出特性　设计装载机传动系统时首先要考虑的是牵引力，而液力变矩器的输出特性是与装载机牵引性能关系最密切的。液力变矩器的输出特性主要讨论的是涡轮转矩与涡轮转速之间的关系，由式（3-10）可以推导出涡轮转矩与下列因素相关

$$T_T=\lambda_T(i)\rho g n_B^2 D^5 \tag{3-15}$$

式（3-15）表达了涡轮转矩 T_T 与涡轮转矩系数 $\lambda_T(i)$ 和泵轮转速 n_B 之间的关系，其余变量对于特定的液力变矩器而言，相当于常数。涡轮转矩系数 $\lambda_T(i)$ 是一个随转速比变化的量，且不属于液力变矩器原始特性，但是其与原始特性中的 $K=K(i)$ 和 $\lambda_B=\lambda_B(i)$ 有关

$$\lambda_T(i)=K(i)\lambda_B(i) \tag{3-16}$$

涡轮转速 n_T 可以根据式（3-11）由泵轮转速 n_B 与转速比 i 表示：$n_T=n_B i$。

这样可以根据液力变矩器的原始特性曲线，按照转速比 i 为索引，做表 3-1 计算，得到 n_B 为常数时的液力变矩器输出特性曲线。

表 3-1　泵轮转速固定时涡轮的输出特性表

n_B = 常数				
序号	输出特性			
	i	$n_T=n_B i$	$\lambda_T(i)=K(i)\lambda_B(i)$	$T_T=\lambda_T(i)\rho g n_B^2 D^5$
1	0.99	…	…	…
2	0.98	…	…	…
…	…	…	…	…

对于特定的 n_B，将液力变矩器涡轮转矩 T_T 与涡轮转速 n_T 提取出来，绘制成液力变矩器的输出特性曲线，如图 3-18 所示，按照一定顺序遍历液力变矩器泵轮转速 n_B 的值，将液力变矩器在所有泵轮转速下对应的不同涡轮输出特性绘制添加到图 3-18 上，最终，形成了能够全面描述液力变矩器的输出特性图。

还有一种表达液力变矩器输出特性的方式是借助千转转矩。液力变矩器的千转转矩曲线是液力变矩器厂商提供的能够表征液力变矩器性能的曲线，是指

在液力变矩器的泵轮转速为 1000r/min 的状态下，对应于不同的转速比 i 时，液力变矩器泵轮能够吸收的发动机的转矩，是一条随转速比 i 连续变化的曲线。转速比 i 确定以后，该转速比下的液力变矩器千转转矩 $M_{gb}(i)$ 便随之确定，根据式（3-14），可以计算得到该速比任意泵轮转速下的泵轮转矩，再根据液力变矩器原始特性曲线图 3-17 上的 $K=K(i)$ 计算出涡轮在该泵轮转速 n_B 下和速比 i 下的转矩 T_T，按照顺序也可以得到液力变矩器输出特性曲线图 3-18。

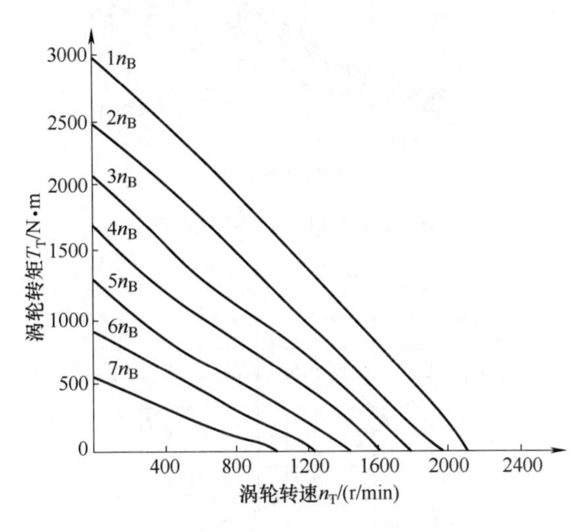

图 3-18　液力变矩器的输出特性曲线

（7）装载机发动机与液力变矩器共同工作特性　为了进一步明确装载机对传动系统的要求，需要将发动机的净外特性曲线与液力变矩器的输入特性曲线按照统一的标尺绘制在同一张图上。发动机的净外特性曲线与不同 i 值的液力变矩器输入特性曲线的交点，就是稳态下的共同工作曲线，形成了发动机与液力变矩器共同输入特性，如图 3-19 所示。由共同输入特性曲线中液力变矩器输入特性曲线与发动机净外特性曲线的交点所对应的液力变矩器的输入转矩 T_B 和输入转速 n_B，按照式（3-11）的关系计算液力变矩器涡轮转速 n_T，再按照式（3-15）和式（3-16）的关系计算液力变矩器涡轮转矩 T_T，然后按照不同 i 值索引形成 n_T-T_T 数据对，将各数据对连成光滑曲线构成发动机与液力变矩器共同输出特性曲线，如图 3-20 所示，同时再以 n_T-T_T 数据对为基础计算出 n_T-P_T 数据对，将各数据对连成光滑曲线绘制在共同输出特性曲线中。

最后，以共同输入特性的数据计算出泵轮吸收功率 P_B 与涡轮输出功率 P_T，计算出 η 与对应的 n_T，构成 n_T-η 数据对，将各数据对形成曲线绘制在共同输出特性曲线上。

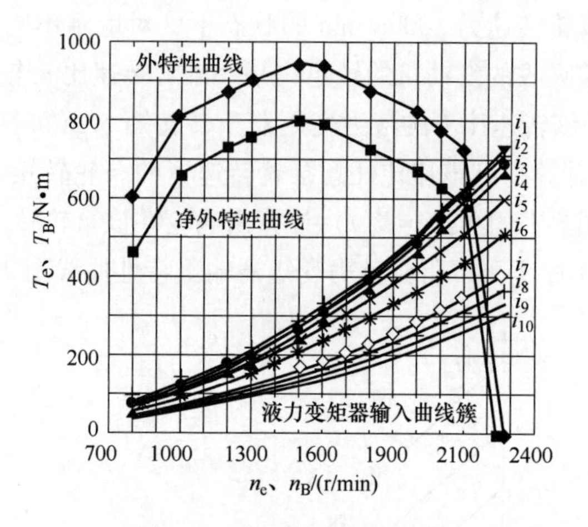

图 3-19 共同输入特性曲线

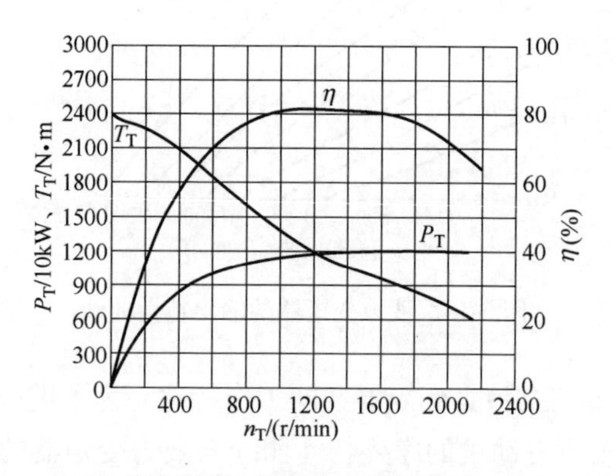

图 3-20 共同输出特性曲线

为了使装载机对外表现出较好的动力性、经济性及其他的性能，液力变矩器要与发动机做好匹配，以确保发动机与液力变矩器都能发挥最佳的性能。

首先，为了充分利用发动机的最大转矩，液力变矩器的 0 速泵轮转矩曲线应通过发动机的最大转矩点，如图 3-21 中 $T_{e\,max}$所示。

其次，为使装载机有最大的输出功率，液力变矩器的最高传动效率泵轮转矩曲线（$i=i^*$）应通过功率最大的转矩点，如图 3-21 所示。

再次，为使装载机具有较好的燃油经济性，液力变矩器的最高传动效率泵轮转矩曲线（$i=i_T$）应通过发动机的最佳燃油经济区，如图 3-21 所示。

最后，发动机与液力变矩器的匹配还应该考虑排放和噪声等环保因素。

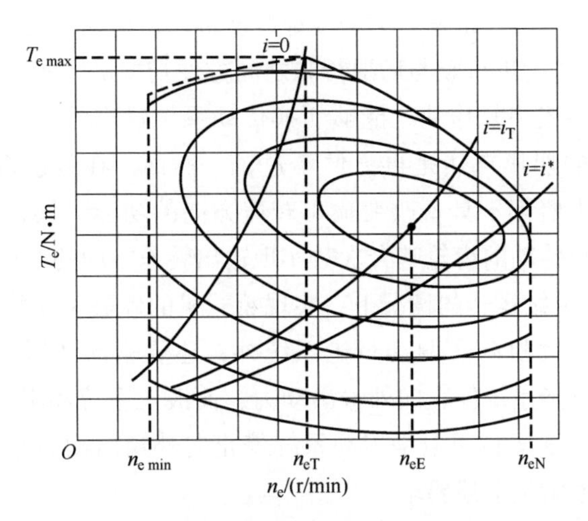

图 3-21　发动机与液力变矩器的匹配

$T_{e\max}$—发动机的最大转矩　$n_{e\min}$—发动机的最小转速　n_{eT}—发动机最大转矩对应的转速

n_{eE}—发动机油耗率最低点对应的转速　n_{eN}—发动机最大功率对应的转速

3.3.2　装载机机械变速技术

虽然液力变矩器在一定范围内调节了发动机的动力供应特性场，但距离装载机的输出特性要求还有很大的差距。一方面，液力变矩器的转速比调节不具有可控性，不能满足装载机对牵引力和车速的操控要求；另一方面液力变矩器的调速范围较窄，难以适应装载机车速变化区间的要求；同时，为了提高装载机的作业效率，还要在行驶过程中灵活切换行驶方向；此外，还要调整发动机和液力变矩器工作区间，使其能量转换效率和传动效率达到理想程度。显然，传动系统中仅靠液力变矩器是难以满足装载机变速传动要求的，要达到装载机的上述目标需要增加变速器。

1. 装载机变速器的功能

变速器是装载机的主要变速传动部件，其功能主要包括：

1）大范围地拓宽速比，使行驶车速与牵引力能适应装载机的工况变化要求。装载机作业条件比较恶劣，行驶路面的滚动阻力变化较大，而发动机的转速和转矩可调的范围较窄，即便经过液力变矩器的变换也难以适应装载机的驱动要求，更何况，装载机长期作业时要保持发动机运行在高效能量转化区域、输出转矩最高区域或发动机转速最高状态，与此同时，液力变矩器也要尽量工作在传动效率较高的区间。为了适应装载机的上述要求，其传动系统中必须设置变速器，以便于方便、快速、大跨度地改变传动系统输入与输出端的速比。

2）满足装载机前进行驶与后退行驶之间方便切换的需求。装载机经常需要在较狭窄的场地穿梭往复作业，能够切换传动系统输出的转速方向，进而实现装载机行驶方向的切换自然是再方便不过了。然而，在装载机的传动系统中，发动机和液力变矩器都不具备改变输出转速方向的功能，只有在变速器的环节能够通过改变参与传动的齿轮啮合次数实现输出转速方向的变换。

3）在发动机继续运转的情况下，实现装载机的停驶工作状态。装载机不同于一般的车辆，发动机除了驱动行走系统外，还要驱动液压系统和附件系统。装载机经常需要行走系统停止向外输出动力，而液压系统和附件系统继续工作，此时发动机需要继续运转，但是传动系统停止向外输出动力。通过变速器的空档功能可以方便地满足上述要求。

4）通过齿轮的多次啮合传动，拓宽速比范围，增加总速比。装载机传动系统的最大总速比可达 120 以上，以满足通过大速比放大输出转矩，发挥出装载机的强劲动力。但是，如此之大的总速比不能在某一个传动环节中实现。通常的做法是将放大速比的任务分配给传动系统的各个环节，最终，各环节的速比相乘就可以得到较大的总速比。其中，变速器中齿轮啮合次数最多，可以在这个环节中充分地放大速比，减轻后续传动环节改变速比的压力。

5）降低动力传动路线的离地高度。装载机的发动机一般安装在装载机的后车架上，距离装载机的驱动桥平面有相当一段高度，如果采用传动轴将发动机输出平面的动力直接传到驱动桥平面，势必会在驱动轴的输入和输出端产生过大的夹角，影响系统的传动效率，同时限制传动轴在空间的可动范围。装载机的变速器内部要经过数次啮合才能达到期望的速比，从而对外输出。因此，可以统一各档位的齿轮啮合次数，通过齿轮啮合传动将动力输出的轴线平面降到与驱动桥平面相当的高度，减小传动轴输入与输出端的夹角。

2. 装载机对变速器的要求

根据装载机变速器的上述功能分析，可以总结以下几项装载机对变速器的要求：

1）速比覆盖范围广，既满足牵引力要求又满足车速要求。装载机需要在较广阔的驱动特性场工作，因此，既有低转速、大转矩的高牵引力工况，又有高转速、小牵引力的工况，而发动机与液力变矩器的共同输出特性曲线非常有限，如图 3-20 所示。所以需要在变速器这个环节将其沿着装载机的驱动需求特性场拓展，以满足装载机的驱动要求，如图 3-1 所示。这就要求变速器的速比的公比与发动机和液力变矩器共同输出特性相匹配，一方面要求变速器的输出特性场能够覆盖装载机驱动要求特性场，另一方面变速器的输出特性场能够包络成一个近似的等功率曲线，最大限度地利用发动机功率，同时，还要兼顾发动机运行效率和液力变矩器传动效率的因素。

2）具有前进和后退两个系列档位。装载机经常要在狭窄的场地穿梭往复作业，为了提高作业效率，不仅要设置足够的前进档位，而且要设置相应的后退档位，以满足经常穿梭往复的作业要求。在设计装载机变速器的时候，要考虑装载机需要经常后退行驶的作业特点，充分利用变速器内的齿轮，以最少的齿轮和轴的数量，满足装载机前进和后退档位的系列化要求。

3）变速器应该兼具分动器的功能，驱动其他系统。装载机的变速器要负责将发动机的动力分配出去，驱动装载机的各个子系统工作。装载机的动力源自发动机，发动机的动力一部分经过液力变矩器输入变速器驱动装载机的行走系统，另一部分越过液力变矩器由变速器输出给动力输出端口，一方面驱动液压泵，为装载机的液压系统提供源源不断的液压能，另一方面驱动装载机的附件系统，维持装载机正常工作。

4）变速器还应具有双输出功能，同时驱动前后桥。为了充分利用地面附着力，增加牵引力，装载机普遍采用全时四轮驱动结构。装载机的变速器应具有双向输出动力的功能，将变速器输出的动力分配给前桥和后桥，使它们能够以相同的转速驱动前后桥的车轮行驶，发挥出更大的牵引力。

5）操作省力，换档灵活方便。装载机在工作过程中经常需要切换档位，以满足不同工况的车速和牵引力需求。换档过程要求操作省力、迅速、方便且灵活，不应消耗过多的能量和体力。

3. 装载机变速器的结构

装载机变速器的结构主要包括变速传动机构、换档操纵机构、动力输出机构和变速器壳体机构等。

（1）变速传动机构　变速器的变速传动机构是装载机变速器最主要的部分，执行着变速器最主要的功能，按照变速原理可分为有级变速和无级变速传动机构，本章仅以有级变速传动机构为例来讲解装载机变速器。变速传动机构由一系列的齿轮和传动轴构成，通过改变参与啮合的齿轮组，改变传动路线，同时实现不同速比的切换，其中也包括改变装载机行驶方向。

（2）换档操纵机构　换档操纵机构通过各种方式使变速传动机构中不同的齿轮和传动轴参与啮合传动，借此完成变速器传动路线的切换。按照实现原理不同可以分为：机械操纵方式和液压动力操纵方式。在装载机发展的雏形阶段，主要使用机械操纵方式，其又可分为：滑动直齿挂接式、啮合套挂接式和同步器挂接式，但现阶段已经逐步被淘汰了。现在的装载机一般通过液压控制实现动力换档操作，按照压力控制方式又可分为：动力中断式和无动力中断式。

（3）动力输出机构　装载机的变速器不仅要完成速比调节和传递动力的功能，还要实现动力分配功能。装载机的行走系统、液压系统和附件系统的驱动力矩均来自变速器的分配，装载机的变速器与一般车辆变速器的最大区别就是有多个动力输出端口，这些端口通过法兰输出动力，主要包括液压泵输出端口和前后桥输出端口。

（4）变速器壳体机构　装载机的变速器壳体要为变速机构和操纵机构还有动力输出机构提供稳定可靠的支撑和保护。变速器壳体还要提供与发动机连接的接口，该接口要能够容纳下液力变矩器，并具有安装和检修液力变矩器的窗口。此外，变速器壳体的下方还配有油底壳，为液压力变矩器冷却、过滤和补充油液，同时还装有液压阀块为变速器的液压动力操纵换档机构提供控制油液。

4. 装载机变速器的分类

装载机的变速器可以按照操纵方式、变速原理和传动轴转动特性分成很多种类，此处仅介绍定轴轮系变速器和周转轮系变速器。

（1）定轴轮系变速器　定轴轮系变速器的所有参与传动的齿轮都安装在固定的壳体轴上，齿轮之间常啮合传动，平时没有档位的时候齿轮只是套在相应的轴上空转，并不传递动力。当有动力需要传递时，通过操纵机构改变参与啮合的齿轮与轴的接合关系，改变参与传动的轴并改变传动路线，实现不同的速比。

（2）周转轮系变速器　周转轮系变速器是利用行星齿轮不同构件被固定后能够实现不同速比的原理实现变速的，因其参与传动的行星架上的行星齿轮的轴在传动过程中沿着圆周转动而得名。为了增加可控速比的数量，通常将几组行星排相结合使用，改变速比是通过液压控制离合器使行星机构中不同的构件与壳体固定或固联两个可以自由转动的构件实现。

3.3.3 装载机变速器的动力换档技术

动力换档技术在提高工作效率、降低劳动强度、减轻换档冲击和延长零部件寿命等方面均显现出卓越的性能，逐渐成为装载机变速器换档操纵技术的主流。

1. 动力换档的原理

所谓动力换档就是由液压系统操纵湿式多片离合器接合与分离，实现变速器档位的切换。

（1）湿式多片离合器的工作原理　湿式多片离合器的结构如图3-22所示，离合器的主动毂与主动轴相连，从动毂与从动轴相连。在主动毂和从动毂的轴向上都开有径向的凹槽，将离合器的若干片主动摩擦片的外凸缘装入主动毂的径向槽内，同样地将若干片从动摩擦片的内凸缘装入从动毂的径向槽内，这样离合器的主动摩擦片就都不能相对于主动毂做周向转动了，同理从动摩擦片也都不能相对于从动毂做周向转动了。装配离合器时将主动摩擦片与从动摩擦片进行交错叠放，如图3-22所示。

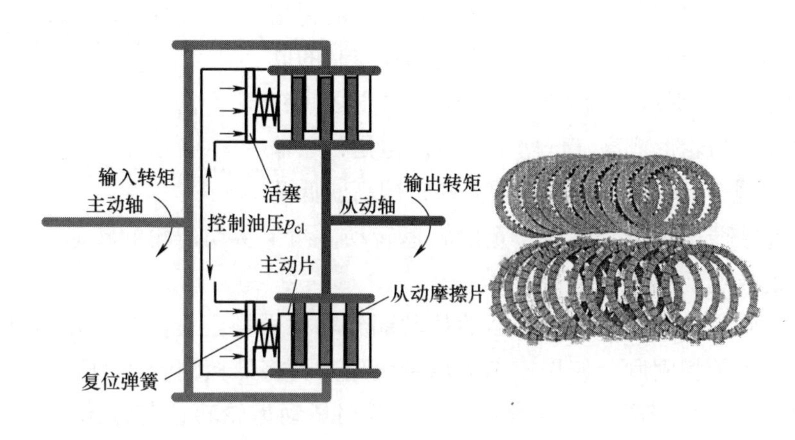

图3-22　湿式多片离合器的结构

当离合器分离时，控制油压p_{cl}较低，不足以克服复位弹簧的压力，离合器的主动摩擦片、主动毂和主动轴相对于离合器的从动摩擦片、从动毂和从动轴可以相对转动，相互不干涉；当离合器接合时，控制油压p_{cl}较高，不但能克服复位弹簧的压力，还能推动活塞沿轴向作用在离合器片上，离合器片（主动摩擦片和从动摩擦片）均沿毂的轴向开槽方向相互挤压，结果使摩擦片间的压力同时上升，上升的压力使离合器能够传递转矩，离合器传递的转矩T_{cl}与其所受控制油压p_{cl}之间的关系见式（3-17）。

$$T_{cl}=\frac{n}{\pi(R_2^2-R_1^2)}\int_0^{2\pi}\int_{R_1}^{R_2}r^2\mu p_{cl}S\mathrm{d}r\mathrm{d}\theta=\frac{2}{3}\times\frac{R_2^3-R_1^3}{R_2^2-R_1^2}n\mu p_{cl}S \tag{3-17}$$

式中　T_{cl}——离合器传递的转矩，单位为N·m；

p_{cl}——离合器的控制油压，单位为MPa；

R_1、R_2——离合器摩擦片内、外环半径，单位为mm；

r——摩擦片上任一点到中心的半径，单位为mm；

θ——摩擦片上任意一段圆弧对应的中心角，单位为rad；

μ——摩擦系数；

S——摩擦片的面积，单位为 mm^2；

n——摩擦片数。

（2）动力换档过程　根据湿式多片离合器的工作原理，通过液压系统的控制油压 p_{cl} 可以实现对传递转矩 T_{cl} 的控制，见式（3-17），传递转矩 T_{cl} 从 0 到离合器传递转矩容量的最大值，全程转矩都可以受到 p_{cl} 的控制。变速器的动力换档就是利用了湿式多片离合器可以通过液压实现远程控制的原理，如图 3-23 所示，输入轴Ⅰ与输出轴Ⅱ之间有两个常啮合齿轮形成高、低两个档位。但是，在输出轴上的两个齿轮均未与输出轴固联，即高、低两档的齿轮按照速比传动，以一定的转速转动，两个从动齿轮的转速并不能影响输出轴的转速，更传递不了动力。

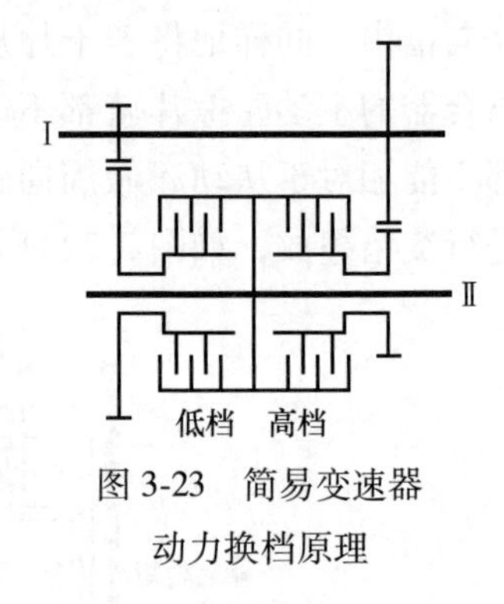

图 3-23　简易变速器动力换档原理

输出轴与高档和低档离合器的从动部分均相固联，主动部分分别与高档和低档从动齿轮相固联。如果控制液压系统压力，将低档离合器的控制压力提高到接合压力，高档离合器压力不变，则低档从动齿轮转速与输出轴转速一致，变速器输出来自低档传动路线的动力，实现了低档动力的输出。反之亦然，能实现高档动力的输出。按照上述原理可以通过液压控制湿式多片离合器的接合与分离，实现传动路线的切换，即实现了所谓的动力换档过程。

（3）无动力中断动力换档　按照离合器控制压力的变化特性区分，动力换档的效果存在很大的差异，直接影响变速器的换档平顺性，进而影响装载机的作业效率和工作性能，以及变速器关键零部件的使用寿命。如图 3-23 所示，当简易变速器由低档升至高档时，首先，变速器要退出低档传动状态，即把低档离合器分离。先要通过离合器控制阀将低档离合器的控制压力降为背压，然后，将离合器液压缸内液压油排空，最后，离合器活塞在复位弹簧作用下将活塞复位，离合器主动摩擦片与从动摩擦片逐片分离，切断低档动力供应。然后，再将变速器挂入高档传动状态，即把高档离合器接合。挂入高档先要通过离合器控制阀将高档离合器的控制油压提升至目标工作油压，再推动离合器活塞，克服复位弹簧的压力和离合器片之间的间隙，最终才能实现高档传动。

整个换档过程虽然不需要人力介入，但液压控制过程需要时间，影响作业效率，如果缩短换档时间，则影响换档平顺性，缩短关键零部件的使用寿命。

其实，动力换档品质可以从硬件和软件两方面改善。传统的装载机普遍采用电磁开关阀实现动力换档，其控制压力具有突变性，这种阀控制离合器时必须先退出一个档位再接合下一个档位，且压力突变引起的换档冲击较大。如今在电控技术飞速发展的背景下，采用脉宽调制（PWM）技术的电磁比例阀已经成熟应用于装载机变速器领域，它的应用使得变速器换档过程压力调节可控可调，压力变化可以按照预期的曲线变化。使用电磁比例阀的变速器可以实现摘档的压力下降与挂档的压力上升过程的重叠，从传动效果上看就相当于换档过程动力没有中断过，如图 3-24 所示。

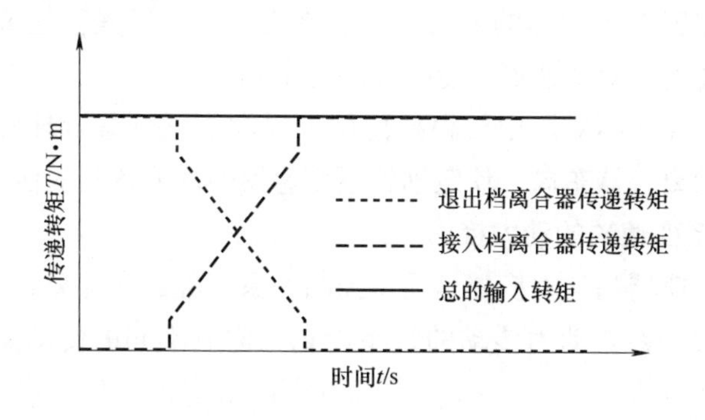

图 3-24　无动力中断动力换档过程

2. 定轴轮系变速器的动力换档

定轴轮系变速器的动力换档是通过控制一系列湿式多片离合器的接合状态，改变参与动力传动常啮合的齿轮对，构成不同的传动路线，实现相应速比的一种换档方式。动力换档定轴轮系变速器具有结构简单、制造方便、加工与装配精度易于保证、制造成本低廉等优点；其缺点是结构尺寸及重量大，传动效率较低，同时，由于换档操纵元件工作环境比周转轮系变速器恶劣，因此在一定程度上会影响变速器的使用寿命。

在实际应用中，要根据装载机的使用要求确定定轴轮系变速器的形式与结构方案，具体的设计、计算应包括：确定离合器的位置、选配齿轮及关键零部件的强度和刚度校核等。其中，确定离合器的位置要考虑离合器摩擦片的最大转速和离合器的最大传递转矩等因素，此外，还要考虑湿式多片离合器的布置和安装及转动惯量对换档过程的影响等问题。一般来讲，如果将离合器布置在低速轴上，可使离合器从动部件转动惯量减小，换档引起的冲击动载荷也随之减小，如果将离合器布置在高速轴上，摩擦片之间的相对转速能够适当增加，摩擦片传递的转矩也会相应降低，离合器的径向尺寸可以减小，通常要根据变速器的具体使用条件确定离合器布置在高速轴还是低速轴上。

从定轴轮系变速器的转动自由度来看，如果变速器为二自由度结构，则确定一个档位稳定地传递动力仅需一组离合器即可，如果变速器为三自由度结构，则能够稳定地传递动力需要两组离合器，其他结构情况以此类推。对于多档位、速比范围宽的变速器，应该采用多自由度的结构；对于装载机而言，变速器多数采用三自由度结构，每个档位仅需要控制两组离合器的接合状态即可。

湿式多片离合器在定轴轮系变速器的轴向位置还需要考虑支撑条件和使用性能。离合器布置在传动轴的中间，结构紧凑，轴的受力情况好，但是不方便维修；离合器布置在传动轴的末端，拆装维修方便，但是会造成悬臂结构，使轴的受力条件变差，对变速器稳定传递动力不利。

综上所述，在实际应用中要根据使用工况和应用场景合理确定动力换档定轴轮系变速器的离合器布局，使定轴轮系变速器的性能达到最佳。

3. 周转轮系变速器的动力换档

周转轮系变速器的动力换档是通过控制一系列湿式多片离合器（或制动器）的接合状态，改变参与动力传动的行星齿轮，构成不同的传动路线，实现相应速比的一种换档方式。

周转轮系变速器一般由三部分组成：由一组或多组行星轮系构成的齿轮传动装置、多组湿式多片离合器或制动器（即从动摩擦片固定不动的湿式多片离合器）和动力换档的液压控制系统。周转轮系变速器的齿轮传动装置通常由多组行星轮系组成，构成传动装置的行星轮系数量往往与变速器的档位数相关。在变速器中，随着档位数的增加，装载机的动力性和经济性均有所改善。但是档位数越多，变速器结构越复杂，且使其轮廓尺寸和重量增加，同时操纵机构复杂，而且使用过程中换档频率也会增加。在最低速比不变的情况下，增加变速器的档位会使变速器相邻档位的速比比值减小，使换档更加容易，一般要求相邻档位之间的速比比值应小于1.8，且在高档区相邻档位之间的速比比值要比低档区相邻档位之间的速比比值更小。

相比于定轴轮系变速器，周转轮系变速器的优点是：结构紧凑，可用较小的尺寸实现较大的速比，较小的齿轮模数传递较大的转矩，功率密度大，可满足大功率装载机的变速传动需求；便于实现动力换档，周转轮系结构能够平衡径向力，使传动和换档均较平稳；结构刚度好，变形小，传动效率高；同轴传动，适用于同轴布置、单向输出的装载机等。周转轮系变速器的缺点是：传动原理及结构较复杂，并且构型多样，加工与装配精度要求高，零件间连接复杂，制造成本昂贵。

周转轮系变速器按自由度可分为二自由度、三自由度和四自由度三种。二自由度机构一个档位仅需要操控一组离合器（或制动器）；三自由度机构一个档位需要操控两组离合器（或制动器），因此换档系统复杂一些；四自由度机构一个档位需要同时操控三组离合器（或制动器），可以实现8~10个档位的变速传动。一般装载机的变速器采用二自由度，具有内外啮合的齿圈式行星轮系的动力换档变速器就足以满足变速传动要求了。

3.4　装载机定轴轮系变速传动技术

定轴轮系变速器是装载机最早的变速器类型，发展到液力机械传动方案仍采用定轴轮系变速器，后来又发展了定轴轮系的液力机械动力换档变速器，国产ZL35型装载机的变速器就是这种结构，它具有四个前进档和四个倒档。如今，定轴轮系变速器仍是装载机的主流变速传动方案，德国采埃孚公司是出产定轴轮系变速器的典型代表，其旗下的WG系列、BasicPower系列和ErgoPower系列变速器都是定轴轮系变速器的代表。柳工集团独立开发的PT系列变速器也是定轴轮系变速器。

3.4.1　定轴轮系变速传动技术的特点

定轴轮系变速器通常由若干根相互平行的传动轴和套在传动轴上的常啮合齿轮共同构成传动部件。传动轴一般通过轴承固定在变速器的壳体上，承载着齿轮传递的动力。空档时，变速器不对外传递动力；当离合器接合后，动力将经过既定的传动路线，实现不同的速比并对外输出。由于变速器传动过程中有由很多个齿轮组合成的多条备用传动路线，才实现了定轴轮系变速器的多个速比，但也正是这些“冗余”的齿轮，使得定轴轮系变速器具有转动惯量大、重量大、体积大和传动效率低等缺点。同时，定轴轮系变速器因其独特的结构，所以具有便于通过多次啮合实现降轴距和大速比传动、换档操纵部件方便灵活布置、散热性良好、结构简单和工艺性好等优点。

3.4.2　WG200变速器

WG200变速器是德国采埃孚公司WG系列变速器的代表产品，该变速器采用电磁开关阀控制液压系统，通过控制湿式多片离合器实现定轴轮系变速器的动力换档操作。WG200变速器具有整体动力切断功能，即在装载机制动或仅有液压系统工作的工况，传动系统仍能够适时地切断传动系统的动力供给，避免不必要的能耗。此外，该变速器还具有KD强制降档功能，即装载机以Ⅱ档起步进行铲掘，铲斗撞到料堆，车速降低且作业阻力增大时，驾驶员按下 KD 档，WG200 变速器能够降为Ⅰ档，增加装载机的牵引力，迅速克服物料的作业阻力，及时完成铲装作业，提高作业效率。

WG200 变速器的结构简图如图 3-25 所示，发动机动力经过三元件液力变矩器，分成两路：一路动力跨过液力变矩器驱动多个液压泵为装载机和变速器提供液压油源，另一路动力经过液力变矩器变矩后驱动变速器，并经过变速器输出动力，驱动行走系统。

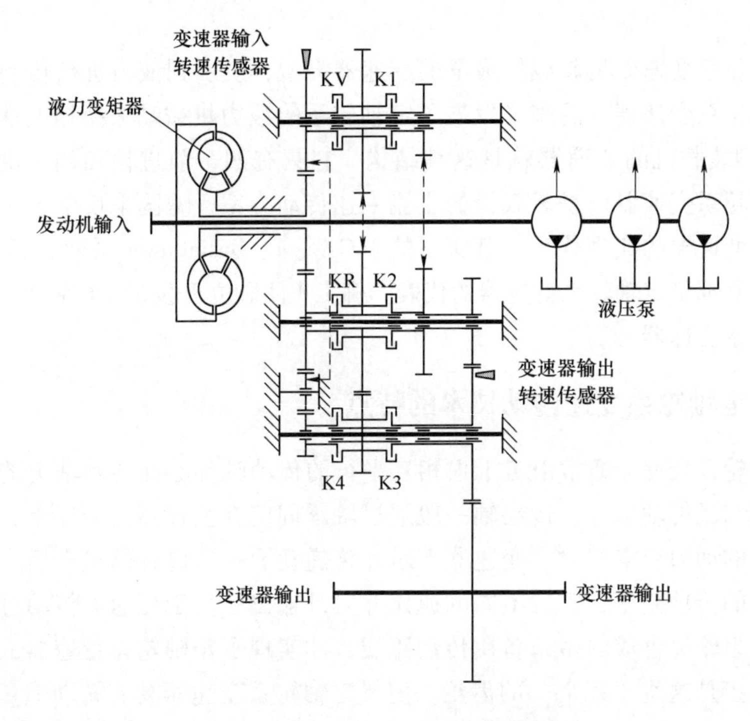

图 3-25　WG200 变速器结构简图

WG200 变速器共有 4 根轴，其中一根较短的是倒档轴；共有 6 组湿式多片离合器，其中 KV 和 KR 为前进档和倒档离合器，K1、K2、K3 和 K4 为Ⅰ~Ⅳ档的档位离合器；共有 12 个常啮合齿轮，能形成 8 条不同的传动路线，对应着 4 个前进档和 4 个倒档，但倒Ⅳ档在实际应用中很危险，所以就只有 3 个倒档，通过离合器的接合与分离控制只能实现 7 条传动路线；另外，还有两个转速传感器，分别实时监测变速器的输入转速和输出转速。WG200 变速器的变速传动机构为三自由度结构，需要同时接合两组离合器才能确定一个档位，见表 3-2。

表 3-2　WG200 变速器各档位控制逻辑

档位	离合器接合逻辑						齿轮啮合次数	速比
	KV	KR	K1	K2	K3	K4		
前进Ⅰ	●	○	●	○	○	○	4	4. 567
前进Ⅱ	●	○	○	○	○	○	4	2. 533
前进Ⅲ	●	○	○	○		○	4	1. 238
前进Ⅳ	●	○	○	○	○	●	4	0. 713
倒档Ⅰ	○	●	●	○	○	○	3	-4. 567
倒档Ⅱ	○	●	○	●	○	○	3	-2. 533
倒档Ⅲ	○	●	○	○	●	○	3	-1. 238

注：●接合；○分离。

3. 4. 3　BP230 变速器

BP 是 BasicPower 的简称，BP 系列变速器是 ErgoPower 系列定轴轮系无动力中断动力换档变速器的变形产品。ErgoPower 系列变速器为了改进 WG 系列产品的不足，采用了由电磁阀和伺服阀组成的电比例阀控制液压系统，实现了无动力中断动力换档，即当两组离合器在进入接合与退出接合的交替时期，其允许压力重叠，使装载机在换档过程中的转矩供给不发生中断，减小换档过程的冲击载荷，缩短换档时间，提高了作业效率。电比例阀的应用，还使得离合器的接合压力得到了精确控制，从而实现了变速器的智能动力中断功能，即装载机制动时，根据装载机传动系统与液压系统的驱动功率在发动机功率供给一定约束条件下呈互补规律，为了使更多的发动机功率分配给液压系统，需要将驱动传动系统的动力减小到一定范围，实现部分的动力中断。对于平坦场地工况，可以根据加速踏板和制动踏板开度计算离合器的接合压力；对于上陡坡工况，可以控制离合器的接合压力，使传动系统提供足够的动力，以平衡装载机在坡道上的下滑力，使装载机停驶在适当的位置，并完成相应的装载货物等操作。BP 系列变速器还采用了控制器局域网（CAN）总线通信技术，使变速器与变速器控制单元（TCU）、发动机控制单元（ECU）、整车控制单元（VCU）、显示屏和操纵手柄等部件都建立了实时的通信。此外，BP 系列变速器中还植入了 4 个转速传感器，分别为泵轮转速传感器、涡轮转速传感器、中间轮转速传感器和输出转速传感器，不仅能够实时感知变速器相应部件的运行状态，还能够根据液力变矩器的原始特性估算出涡轮的输出转矩，并实时上传至 CAN 总线，便于控制单元根据变速器的负载情况发出指令。

BP230 变速器的结构简图如图 3-26 所示，其前端装有一个三元件液压力变矩器。BP230 变速器由 8 根相互平行的传动轴（各轴呈空间分布，为了体现齿轮间的相互啮合关系，将变速器做旋转剖展示）、16 个常啮合的齿轮、6 组湿式多片离合器以及 4 个转速传感器构成。其中，6 组离合器分别布置在不同的传动轴上，CF 和 CR 为方向离合器，CA、CB、CC 和 CG 为档位离合器，其也能够组合成 8 条传动路线，即 4 个前进档和 4 个倒档。同样出于安全原因，BP230 变速器仅启用了 4 个前进档和 3 个倒档。

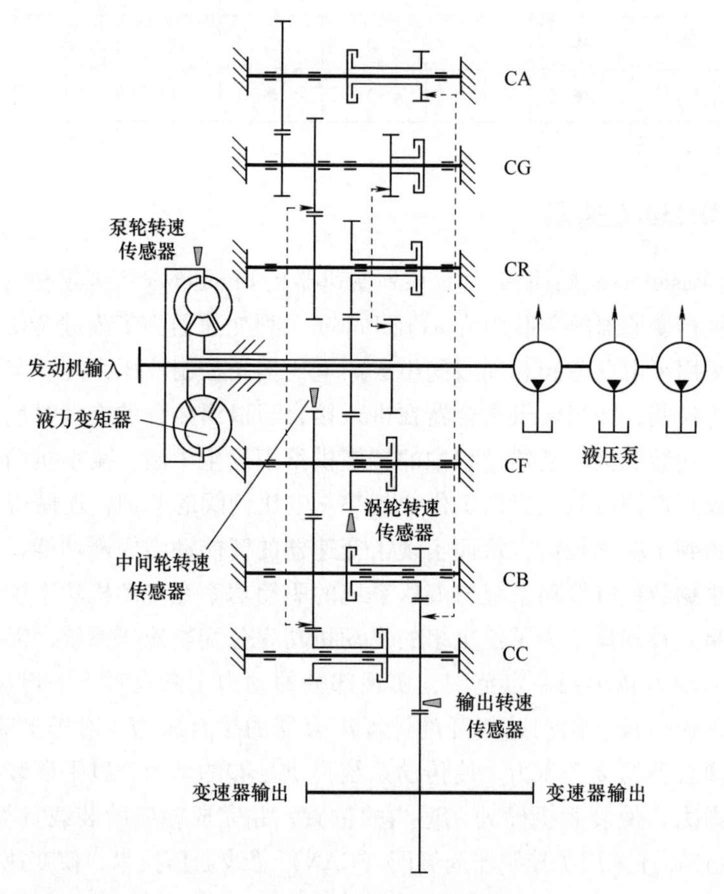

图 3-26　BP230 变速器结构简图

BP230 变速器的变速传动机构也是三自由度结构，需要同时接合两组离合器才能稳定实现一个档位的速比，见表 3-3。

表 3-3　BP230 变速器各档位控制逻辑

档位	离合器接合逻辑						齿轮啮合次数	速比
	CF	CR	CA	CB	CC	CG		
前进 Ⅰ	●	○	●	○	○	○	6	4. 152/3. 745
前进 Ⅱ	●	○	○	●	○	○	4	2. 089
前进 Ⅲ	●	○	○	○	●	○	4	1. 072
前进 Ⅳ	○	○	○	○	●	●	4	0. 636
倒档 Ⅰ	○	●	●	○	○	○	5	−4. 152/3. 745
倒档 Ⅱ	○	●	○	●	○	○	5	−2. 089
倒档 Ⅲ	○	●	○	○	●	○	5	−1. 072

注：●接合；○分离。

BP230 变速器允许装载机在非 Ⅰ 档起步，一般为 Ⅱ 档起步，当铲掘阻力上升时才再次降为 Ⅰ 档，平时 Ⅰ 档的使用频率并不高。因为 Ⅰ 档要经过 6 次啮合才输出，所以传动效率会比使用频率高的档位低一些。BP230 变速器允许行驶中换向，最高可以允许从前进 Ⅱ 档直接换入倒 Ⅱ 档，当然也允许强制降低档位以获得更强劲的牵引性能，所不同的是由于 BP230 变速器采用了电比例阀控制液压系统，强制降档所引起的冲击会更小。为了防止 BP230 变速器因为过载而遭到破坏，TCU 与 ECU 通过 CAN 总线通信，实时根据 BP230 的运行状态对发动机进行输出转矩限制。

此外，由于采用电比例阀控制液压系统，BP230 变速器的离合器要经常处于滑磨状态，离合器摩擦片磨损较快，因此，BP230 变速器具有离合器自动校准程序，TCU 会选择合适的时机对 BP230 变速器进行离合器自动校准，确保离合器工作的有效和可靠。

ErgoPower 系列变速器比 BasicPower 功能更强大，除了上述功能外，ErgoPower 系列变速器还有液力变矩器的闭锁功能和五进三退的档位结构等变形和升级版本。

3.5　装载机周转轮系变速传动技术

周转轮系变速器是 20 世纪 60 年代初兴起的一种专门用于装载机液力机械传动系统的变速器。卡特彼勒公司对装载机的周转轮系变速器设计和制造技术积累了丰富的经验，卡特彼勒公司生产的绝大部分装载机都采用周转轮系变速器，卡特彼勒公司生产的周转轮系变速器与德国采埃孚公司生产的定轴轮系变速器分属装载机变速传动系统的两个流派。我国装载机行业在20世纪60年代末引进ZL50装载机整机技术，其中，也包括了BS305周转轮系变速器的全套技术，经过引进、消化、吸收和再创造的迭代升级改造，对BS305变速器进行了上百次的技术革新，直到现在仍装配在新设计的装载机上。

3.5.1 周转轮系变速传动技术的特点

周转轮系变速器通常由若干个内外啮合行星机构串联构成变速传动构件，并因行星机构中行星架带动行星齿轮轴转动而得名。行星轮系具有常啮合的特点，通过改变参与传动的齿轮实现不同的速比，即改变传动路线。行星机构经过串联后，其自由度往往多于两个自由度，通过湿式多片离合器（或制动器）限制多余的自由度实现稳定速比的传动，当不对变速传动构件的冗余自由度加以限制时，变速器处于空档状态。由于采用行星机构作为变速传动构件，所以周转轮系变速器具有体积小、模数小、重量小、零件少、结构紧凑、功率密度大、传动效率高和易于实现大速比传动等优点。此外，由于周转轮系在传动过程中将载荷平均分配到均布对称的齿轮上，可以使径向力得到平衡，零件的刚度和强度要求相对较低。由于周转轮系结构紧凑，不容易布置离合器和制动器等操纵部件，因此提升了总体设计、零件加工和整机装配等环节的技术准入门槛。

3.5.2 BS305变速器

BS305变速器是一款经典的装载机周转轮系变速器，仅需要最基本的液压控制即可实现装载机在作业过程中的自动化换档。

BS305变速器的结构如图3-27所示，主要由双涡轮液力变矩器、超越离合器和双排行星齿轮变速机构三个部分组成。

1. 双涡轮液力变矩器

如图3-27所示，该液力变矩器由一个泵轮、一个导轮和两个涡轮（一级涡轮和二级涡轮）组成。其中，导轮固定不动，泵轮与罩轮组成一体，其他工作轮都装在密封壳体中，里面充满工作油。发动机带动泵轮以相同的转速转动，将机械能转化成油液的动能，并使壳体内的油液循环流动起来。两个涡轮（一级涡轮和二级涡轮）吸收液流的动能，并将其还原为机械能，使一级涡轮和二级涡轮按照各自不同的转速转动，将动力传至各自的输出齿轮，输出齿轮上的动力，再在超越离合器上合成输出。一级涡轮为轴流式涡轮，部分吸收由泵轮搅动液流产生的液流动能，这部分动能被传递给超越离合器的大齿轮，仅在超越离合器被楔紧的情况下，这部分动力才能输出，一级涡轮介入的工况主要为装载机的低速重载工况；二级涡轮为向心涡轮，吸收从一级涡轮射出液流的动能，并将其转化为机械能，这部分动力直接经过超越离合器的齿轮啮合传递给变速器，主要针对装载机的高速轻载工况。

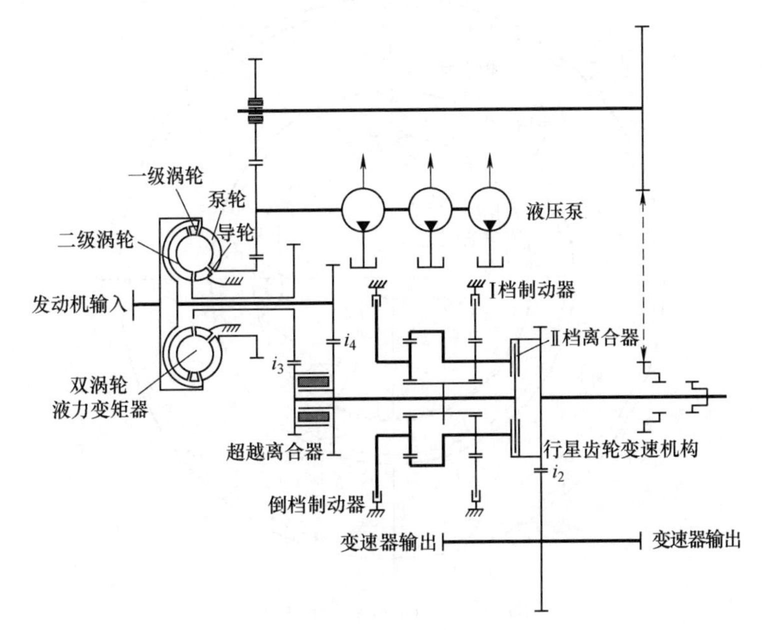

图 3-27　BS305 变速器结构简图

双涡轮液力变矩器输出特性如图 3-2a 所示，单涡轮对应着轻载高速工况，双涡轮对应着重载低速工况，变矩系数曲线平滑连续，其斜率在两种工况切换处有明显差异，双涡轮工况斜率更大，其传动效率曲线也有两个峰值，分别对应着单涡轮和双涡轮两种工况的效率峰值。

2. 超越离合器

超越离合器有多种类型，但其功能和工作原理都是相似的：一是单向传动，即将动力从主动部件单向传递给从动部件，并可根据主动部件与从动部件的相对转速确定离合器的接合状态；二是单向锁定，即将某一部件单向锁定，并可根据两个部件受力的不同自动锁止或分离。

BS305 变速器采用的是内环凸轮滚柱式超越离合器，其工作原理是利用能同轴转动的内、外环之间所形成的楔形角，使夹于二者之间的圆柱滚子处于楔紧或游离状态，并借此实现超越离合器的锁止或分离。因此，超越离合器的内环外表面需要铣出特殊的楔形面，使之与外环的圆柱形内表面构成楔形槽，这样超越离合器的内环与外环之间就能形成向一个方向楔紧而向另一个方向游离的特殊结构。超越离合器的结构如图 3-28 所示，由带外环的大齿轮、带内环的小齿轮、大齿轮和小齿轮之间的若干组圆柱滚子和弹簧等零件构成。

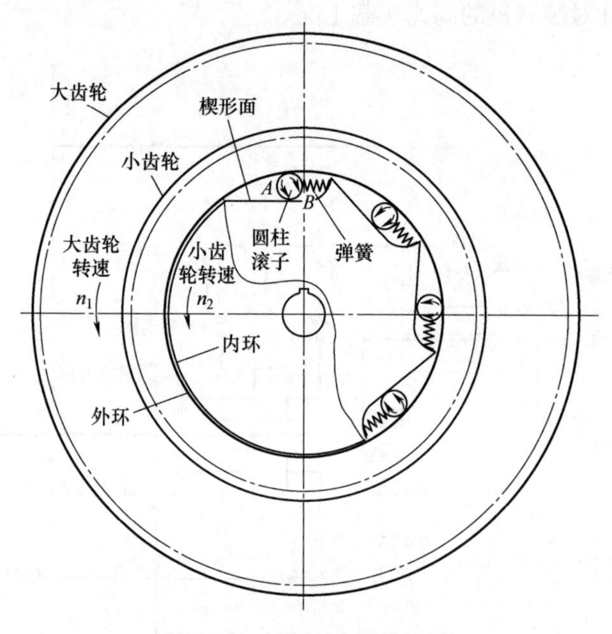

图 3-28　超越离合器的结构

在弹簧的作用下，齿槽内的圆柱滚子与内环楔形面和外环滚道内表面相接触。若与内环一体的小齿轮沿着 n_2 的方向旋转，且内环转速高于与外环一体的大齿轮的转速 n_1 时，超越离合器中的圆柱滚子与外环的接触点处存在一摩擦力，该力试图使圆柱滚子沿箭头 A 方向转动，同时，在圆柱滚子与内环楔形面接触处也存在摩擦力，该力试图使圆柱滚子向相反方向转动，这样圆柱滚子就朝着压缩弹簧的方向远离楔紧面，进入游离状态，此时，内环与外环之间不能传递转矩，超越离合器仅能接受小齿轮传递的转矩，大齿轮不能输入转矩，对应着装载机高速轻载工况。

当外载荷逐渐增加时，超越离合器小齿轮的转矩不足以克服阻力，转速就会开始逐渐下降，并逐渐增加转矩，若与小齿轮一体的内环转速和与大齿轮一体的外环转速相同时，超越离合器的驱动转矩仍不能克服阻力。当小齿轮转速 n_2 小于大齿轮转速 n_1 时，外环作用在圆柱滚子上的摩擦力就开始试图使圆柱滚子沿着 B 所示的方向转动，同时，在圆柱滚子与内环楔形面接触处也存在摩擦力，该力试图使圆柱滚子向相反方向转动，这样圆柱滚子就在弹簧力的推动下朝弹簧伸长方向滚动，并楔入外环与内环构成的楔形槽之中直至楔紧，进入楔紧状态。楔紧后，与外环一体的大齿轮和与内环一体的小齿轮同速转动，共同向超越离合器输出转矩。此时，对应着装载机的低速重载工况。

3. 双排行星齿轮变速机构

如图 3-27 所示，BS305 变速器的变速传动机构由两组结构参数相同的行星排串联而成，两个行星排共用一个太阳轮，前排为倒档行星排，其行星架与倒档制动器的可动部分相连，齿圈与后排行星架及变速器输出齿轮相连，后排为Ⅰ档行星排，其齿圈与二档制动器的可动部分相连，Ⅱ档离合器与输出齿轮相连。BS305 变速器的变速机构为二自由度结构，挂接一个档位仅需操纵一个离合器（制动器），结构简单。从机械结构来看，BS305 变速器只有两个前进档和一个倒档（表 3-4），在实际应用中，若配合双涡轮液力变矩器和超越离合器，每个档位又可以演变出两个档位，且这两个档位是自动切换的。

装载机在作业时仅需要挂接Ⅰ档和倒档即可满足车速要求，通过超越离合器自动切换低速重载工况与高速轻载工况，只有在长距离迁移时才会用到Ⅱ档。Ⅰ档仅有Ⅰ档行星排参与传动，Ⅱ档为直接档，没有行星排参与传动，前进档的传动效率均较高；倒档要求两个行星排都参与传动，传动效率较低。

表 3-4　BS305 变速器各档位控制逻辑

档位	控制元件			工况	变速器速比	总速比公式
	倒档离合器	前进Ⅰ档离合器	前进Ⅱ档离合器			
前进Ⅰ	○	●	○	轻载	2. 858	$i_3(1+a)i_2$
	○	●	○	重载		$i_4(1+a)i_2$
前进Ⅱ	○	○	●	轻载	0. 767	i_3i_2
	○	○	●	重载		i_4i_2
倒档	●	○	○	轻载	−2. 091	$-i_3ai_2$
	●	○	○	重载		$-i_4ai_2$

注：●接合；○分离；a 为 BS305 变速器行星排结构参数，$a=Z_{齿圈}/Z_{太阳轮}$，前后两个行星排结构参数一致；i_2 为 BS305 变速器输出减速比；i_3 为超越离合器高速轻载工况减速比；i_4 为超越离合器低速重载工况减速比。

3.6　液力机械传动技术的特点

目前，装载机广泛采用的传动形式仍为液力机械传动系统，除了受到产品匹配惯性的影响外，液力机械传动系统还有一些其他传动系统难以企及的优点，致使它能够在传动系统大家族中得以延续和发扬。当然，液力机械传动系统也存在着诸多的固有缺陷和不足，因此催生了各种新的传动理念和方法，试图取代液力机械传动系统在装载机传动系统领域的统治地位。

3.6.1 液力机械传动技术的优点

液力机械传动系统本身是一种折中的组合体，既充分发挥了液力传动柔性传动的优势，又合理地利用了机械传动大范围调节速比的刚性传动特色，二者取长补短，将各自的优势发挥到了极致。

1）很好地适应了装载机的突变载荷，满足过载保护的需求。装载机作业过程中经常会遇到难以预料的铲掘障碍，这些障碍往往隐藏在物料之下，机械传动往往会发生发动机熄火或传动系统零部件损坏等故障。液力机械传动系统能将牵引力迅速升至最高，且保持发动机继续正常运转，如最大牵引力仍不能撼动障碍，则液力变矩器失速，装载机停驶，保护了传动系统其他的零部件，传动系统的驱动功率由液力变矩器以液力损失的形式耗散掉。液力机械传动系统的这一功能非常适合于装载机的应用场景。

2）满足装载机带载起步的需求。装载机是一种强悍的作业设备，其牵引性能是衡量装载机工作能力的重要性能指标。装载机不但要求像其他车辆那样在起步以后具有出色的牵引特性，还要求在停驶阶段同样具有最强的牵引性能，即能发挥出最大牵引力。这也得益于传动系统中的液力机械传动系统的独特性能，即使装载机还没起步，照样可以应对突如其来的载荷，直到车辆的牵引性能达到极限，与此同时发动机仍能照常工作，且不熄火。

3）自适应调节速比，满足提高作业效率的要求。液力传动的速比可以根据载荷变化自适应调节：当装载机在铲掘物料工况时，行驶阻力可能突然增加，此时不需要变速器换档操作，液力变矩器可以自适应地调高速比，增加驱动转矩，确保装载机不停机；当行驶阻力较小时，液力变矩器又可以自适应地降低速比，加快涡轮的输出转速，提高作业效率。

4）速比调节迅速，满足速比变化率的要求。液力机械传动系统的速比是根据载荷随时变化的，使整个传动系统的速比变化率响应及时，反应迅速，体现了装载机极强的动力响应能力和载荷适应能力，可确保传动系统有较为充沛的动力供应，为及时高效地完成各种动力驱动任务提供充分的保障。

5）满足了装载机大速比跨度的传动需求。虽然装载机的最高车速并不高，但装载机要求有较低的稳定行驶车速，甚至要求在0速能够稳定地带载起步，这就对其变速传动系统的速比范围提出了较高的要求。显然，单靠一种传动方式很难满足上百的速比变化范围要求。通过液力传动与机械传动串联的方式，不仅满足了装载机巨大的速比变化范围要求，而且两套系统互为补充，还通过包络的形式实现了准无级变速功能，如图 3-1 所示。

6）技术成熟、生产成本较低。

3.6.2　液力机械传动技术的缺点

因为液力机械传动系统是一种组合体，该系统在不同的侧面也会反映出两个系统的固有缺陷，这些缺陷逐渐形成装载机发展道路上的“绊脚石”和“拦路虎”，有的甚至制约了装载机向节能、环保型工程机械发展的步伐。

1）传动效率较低。液力机械传动系统传动效率低主要是由液力变矩器引起的。装载机传动系统要求具有一定的柔性传动特性，因此装载机的液力变矩器不具有闭锁功能，即便是后期出现了可以闭锁的变矩器，但在起步、铲掘等低转速、大转矩工况下仍不能闭锁，传动效率仍得不到有效的提高。另外，装载机为了实现大速比的传动，往往采用多次啮合或行星传动来增加速比，这些策略都会引起传动效率的降低，传动效率较低是制约装载机提高燃油经济性和实现环保的主要障碍。

2）速比不能精确控制。精细化控制是当今机械发展的一个重要方向。装载机的液力机械传动系统虽然实现了通过自适应调节速比来满足装载机的牵引特性要求，但是调节过程中液力变矩器的泵轮和涡轮转速完全不受控制，这对于精确控制传动系统其他部件造成了一定的困难。

3）结构笨重、不易布置。液力机械传动系统结构笨重，从装载机底盘载荷均匀分布的角度往往需要重点考虑。而且液力机械传动系统前、后端面要求有严格的定位，动力传递途中不能与其他零部件发生干涉，这使得装载机底盘的布置十分不便。长期以来，液力机械传动系统的布置成为制约装载机形态合理化演变的顽固障碍。

4）部分零件一致性要求较高。液力变矩器的性能很大程度上取决于其叶片的形状、安装角度和安装位置等细节因素，不但要求同一批次液力变矩器满足尺寸相同的条件，而且还要满足流体性能相似和动力学性能相似的条件，生产制造的技术准入门槛较高。

第 4 章 装载机无级变速传动技术

装载机的行走系统动力供应特性场符合近似的等功率特性。低速工况要求车速能降低至 0 速，要求在低速工况能发挥出最大的牵引力；考虑到作业安全的需求，高速工况要求最高车速能达到 36km/h 即可，且随着吨位的增加，最高车速逐渐降低，对牵引力的要求逐渐增加。只有无级变速系统才能够真正满足装载机的变速传动要求，适用于装载机的无级变速系统不同于汽车，其对传递转矩的要求尤为突出，因此，装载机的无级变速系统在结构和原理上也有别于汽车普遍采用的金属带式无级变速系统。

4.1 装载机无级变速传动技术的分类

装载机的传动系统需要具有无级变速特性，以满足行走系统在降低车速条件下能够发挥出较大牵引力的要求，同时，对传动系统的转矩容量也提出了严格的要求，因此，装载机的无级变速传动系统不同于其他车辆。

4.1.1 液力机械传动技术

如前所述，当液力变矩器的泵轮输入转速 n_B 一定时，涡轮输出转矩 T_T 随涡轮输出转速 n_T 的变化规律近似呈一条直线，液力变矩器的外特性曲线如图 4-1 所示。

为了弥补液力变矩器变速范围窄的缺陷，可以在液力变矩器后串联一个速比阶跃的有级变速器，以拓宽液力变矩器的变速范围。液力机械传动系统的车速-牵引力特性曲线如图 3-1 所示。在不同档位速比的综合作用下，随着档位的升高，液力机械传动系统的车速得到了提升，而牵引力随着车速的升高逐渐降低，各档的车速-牵引力特性曲线相互交错，近似包络出了一条无级变速传动特性的等功率曲线，所以液力机械传动系统具有准无级变速传动特性。

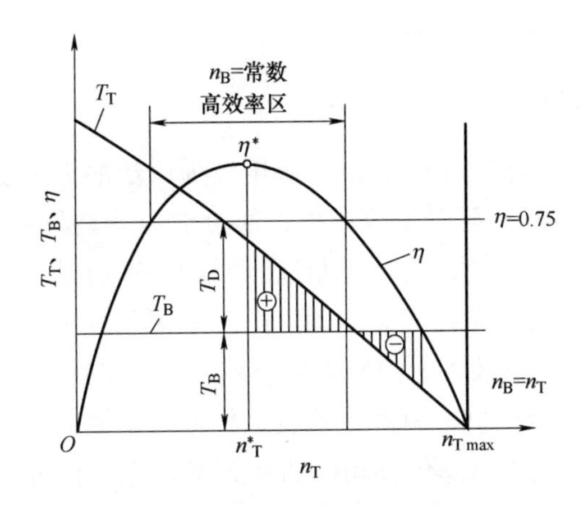

图 4-1　液力变矩器的外特性曲线

T_T—涡轮输出转矩　T_B—泵轮输入转矩　T_D—导轮转矩　η—液力变矩器传动效率

η^*—液力变矩器最高传动效率　n_B—泵轮输入转速　n_T—涡轮输出转速

n_T^*—液力变矩器最高传动效率对应的涡轮输出转速　$n_{T\max}$—涡轮最高输出转速

相比于真正的无级变速传动系统，液力机械传动系统的总速比不具有可控性，而是随着载荷的增减自适应变化，通过快速地调节速比以克服载荷阻力，同时保护了传动系统免于破坏。因此，直到今天液力机械传动系统仍广泛应用于装载机传动领域。

液力机械传动系统最大的缺陷除了速比不可控之外就是传动效率很低，这也是人们不断尝试用其他无级变速传动系统取代液力机械传动系统的原因。

4.1.2　电力传动技术

电力传动方案也能够实现装载机的无级变速传动。该方案采用发动机驱动发电机产生电能，电能通过电缆传输给驱动电机使装载机行走，驱动电机可以是 1 台中心电机通过机械传动系统驱动 4 个车轮，也可以是 2 台电机分别驱动前桥或后桥，还可以是 4 台轮毂电机分别驱动每个驱动轮。通过控制驱动电机的转速，既可以实现无级变速功能和驱动防滑功能，对于 4 台轮毂电机的结构方案还可以实现差动转向功能。如果在电力传动方案的基础上，再增加适当的储电设备，还可以实现发动机功率在不同装载机工况的二次调节和分配，即实现了串联混合动力技术。电力传动方案受到成本的限制，目前，仅应用于特大型装载机，尤其是 4 台轮毂电机驱动的结构方案，很好地解决了特大型装载机难以匹配到合适的机械传动零部件（如主减速齿轮）的问题，勒图尔勒特大型装载机多数采用的就是电力传动技术。

4.1.3 静液传动技术

静液传动系统是在小功率装载机上应用较为广泛的无级变速传动系统，该系统采用发动机驱动液压泵产生液压能，通过液压管路将液压能输送到马达，马达驱动装载机的行走系统，通过控制液压泵和马达的排量比来控制传动系统的速比，实现了装载机的无级变速传动。由于采用了静液传动系统，装载机取消了笨重的液力机械传动装置，使变速传动系统的重量减轻，且布置更加灵活。相比于液力机械传动装载机，静液传动装载机的传动效率有所提高，动力分配更加合理，所以装载机可以降低发动机功率 30%以上，比传统装载机节能 15%左右，提升作业效率 10%左右。但是该传动系统的变速范围和传递功率有限，且在低速工况时传动效率仍较低，目前，仅在小吨位的装载机上得到了成熟的应用。为了增加静液传动系统传递的功率和驱动的转矩，出现了液压泵、马达和机械变速传动机构的多种不同的组合方法，图 4-2 所示为 1 个变量泵、2 个变量马达与 1 个机械动力耦合变速器组合而成的静液传动系统。

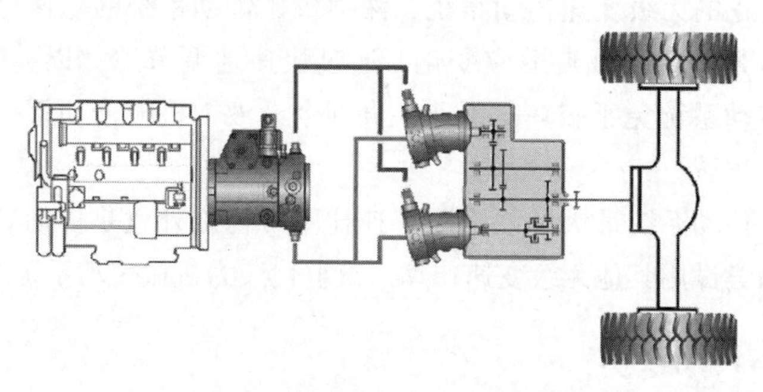

图 4-2 静液无级变速传动系统

该系统在起步时，变量泵的排量为零，两个变量马达排量最大；升速时，变量泵的排量由最小快速增加到最大，然后，变量马达 1 的排量开始逐渐减小，当排量减小到最小时，离合器将其脱开，变量马达 1 退出驱动，整机由变量马达 2 单独驱动；接着变量马达 2 的排量继续减小，直到装载机达到最高车速。静液传动的车速-牵引力特性曲线如图 4-3 所示，传动系统的速比全程无级可调，随着车速的升高传动系统能传递的最大转矩由大逐渐变小。

利勃海尔公司的全系列装载机均采用双马达静液无级变速传动方案，在装载机行业内以其独特的传动结构而闻名，同时也以其节能、高效的特点受到业界的一致好评。

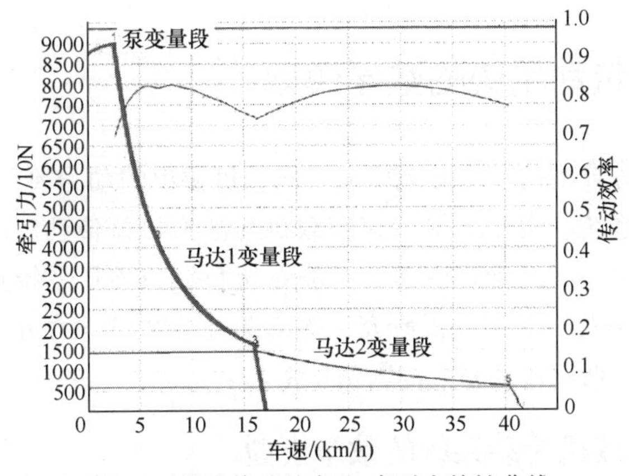

图 4-3　静液传动的车速-牵引力特性曲线

4.1.4　静液-机械复合传动技术

为了拓宽静液传动系统传递的转矩，可在静液传动系统的基础上增加一条机械传动支路，再采用两自由度的行星机构将静液传动支路和机械传动支路耦合，静液传动支路的无级变速速比控制使两自由度行星机构降维成单自由度系统，且能够稳定地传递系统动力，构成装载机的静液-机械复合传动系统，如图 4-4 所示。

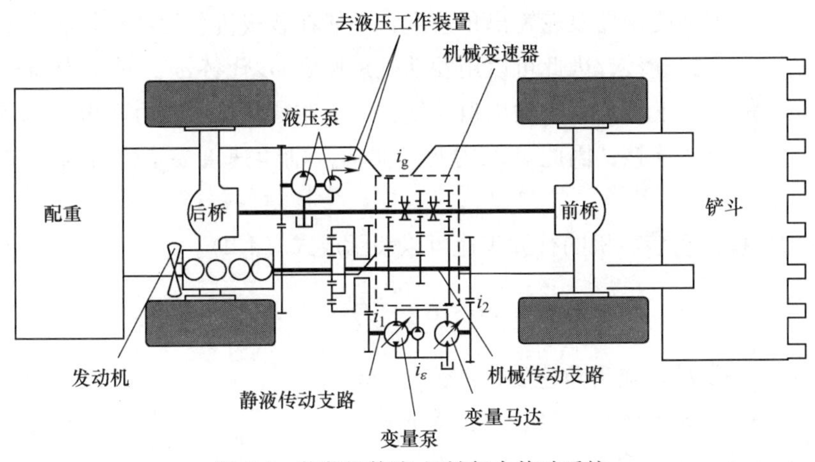

图 4-4　装载机静液-机械复合传动系统

由于静液传动支路的排量比可以连续变化，因而，静液-机械复合传动系统也具有无级变速传动特性；又由于机械传动支路的速比可以阶跃变化，衔接了静液-机械复合传动系统的无级变速区间，使其变速范围得以拓宽，因此，静液-机械复合传动系统的传动效率更高、变速范围更宽、传递转矩更大。

4.2 装载机传动系统的数学模型

装载机是一种典型的动力分配机械，发动机输出的动力要分配给行走系统、液压系统和附件系统。由于无级变速装载机与液力机械传动装载机的传动系统变速原理不同，它们的发动机转速与行驶系统负载及液压系统负载的相关性也不同，为了进行深入的理论分析研究，探明两种装载机动力分配关系的本质区别，需要分别建立两种传动系统的数学模型。

4.2.1 传统装载机传动系统的数学模型

液力变矩器的速比是液力传动的关键参数之一，液力传动的很多特性都可依据速比计算得到，液力变矩器传动的速比可以用式（4-1）表示。

$$i_{tc}=\frac{\omega_p}{\omega_t} \tag{4-1}$$

式中 i_{tc}——液力变矩器的速比（即传动比），$i_{tc}=1/i$，i 为第 3 章中定义的转速比，$i=n_T/n_B$，是液力机械传动装载机传动系统中的一个核心参数；

ω_p——液力变矩器泵轮输出角速度，一般在装载机上发动机与液力变矩器直接连接，因此可以用发动机角速度 ω_e 代替 ω_p，单位为 rad/s；

ω_t——液力变矩器涡轮输出角速度，一般在装载机上液力变矩器与变速器直接连接，因此可以用变速器输入轴角速度 $\omega_{g\text{-}in}$ 代替 ω_t，单位为 rad/s。

液力机械传动装载机的行驶车速可以表示成式（4-2）。

$$v=3.6\frac{60\omega_e r_T}{2\pi i_{tc} i_g i_0} \tag{4-2}$$

式中 ω_e——发动机输出角速度，单位为 rad/s；

r_T——车轮的滚动半径，单位为 mm；

i_g——变速器的速比；

i_0——主减速器的速比。

液力变矩器泵轮输入转矩与发动机转速的平方相关，其中，液力变矩器泵轮转矩系数与液力变矩器速比 i_{tc} 有关，可以表示成式（4-3）。

$$T_i=\frac{(2\pi)^2\lambda_B(1/i_{tc})\rho g D^5\omega_e^2}{3600}-I_e\frac{d\omega_e}{dt}-B_e\omega_e \tag{4-3}$$

式中 T_i——液力变矩器泵轮输入转矩，单位为N·m；
$\lambda_B(1/i_{tc})$——液力变矩器转矩系数相对于液力变矩器速比i_{tc}的表函数，要通过液力变矩器性能试验得到；
ρ——液力变矩器液体介质的密度，单位为kg/m^3；
g——当地重力加速度，单位为m/s^2；
D——液力变矩器的有效半径，单位为m；
I_e——曲轴+液力变矩器泵轮转动惯量，单位为$kg \cdot m^2$；
B_e——发动机的转动阻尼系数，单位为N·m/s。

液力变矩器涡轮输出转矩与液力变矩器泵轮输入转矩相关，其中，液力变矩器的变矩系数与液力变矩器速比i_{tc}有关，可以表示成式（4-4）。

$$T_t = K(1/i_{tc})T_i + I_{g\text{-}in}\frac{d\omega_{g\text{-}in}}{dt} + B_{g\text{-}in}\omega_{g\text{-}in} \tag{4-4}$$

式中 T_t——液力变矩器涡轮输出转矩，单位为N·m；
$K(1/i_{tc})$——液力变矩器的变矩系数关于液力变矩器速比i_{tc}的表函数，要通过液力变矩器性能试验得到；
$I_{g\text{-}in}$——变速器输入轴转动惯量，单位为$kg \cdot m^2$；
$B_{g\text{-}in}$——变速器输入轴转动阻尼系数，单位为N·m/s；
$\omega_{g\text{-}in}$——变速器输入轴角速度，单位为rad/s。

装载机液压系统阻力可以表示成转向泵驱动转矩和工作泵驱动转矩之和，可以表示成式（4-5）。

$$T_H = \frac{p_W q_W}{2\pi\eta_W i_W} + \frac{p_T q_T}{2\pi\eta_T i_T} \tag{4-5}$$

式中 T_H——装载机液压系统驱动转矩，单位为N·m；
p_W——工作泵出口压力，单位为MPa；
q_W——工作泵排量，单位为mL/r；
η_W——工作泵的机械效率；
i_W——工作泵的驱动速比；
p_T——转向泵出口压力，单位为MPa；
q_T——转向泵排量，单位为mL/r；
η_T——转向泵的机械效率；
i_T——转向泵的驱动速比。

装载机发动机输出转矩与行走系统、液压系统和附件系统驱动转矩的平衡关系可表示为式（4-6）。

$$T_e = T_i + T_H + T_A \tag{4-6}$$

式中 T_e——发动机输出转矩，单位为 N·m；

T_A——附件系统的驱动转矩，单位为 N·m，随装载机的作业工况变化不大，且数值较小，可用一个常数代替。

将式（4-1）~式（4-6）联立，可以获得液力机械传动装载机的动力学方程，其中式（4-3）和式（4-4）是建立在液力变矩器速比 i_{tc} 的数表基础上的，要根据试验获得相应的液力变矩器运行数据，才能获得相应的装载机性能，属于一种非线性映射关系模型。

传统装载机的动力学方程表明，液力机械传动装载机的牵引力与发动机转速的平方成正比，车速与发动机转速强相关。由装载机行走系统转矩与液压系统转矩在发动机输出转矩约束下呈互补关系的规律可知，液力机械传动装载机液压系统的转矩也与发动转矩呈间接的强相关关系，且随着转速的升高，分配给液压系统的转矩反而下降，这与装载机工况需求相悖。比如装载机处于满载举升前进工况，当装载机接近运输车，但铲斗尚未举升到既定高度时，驾驶员会加大油门提高发动机转速，以期液压系统功率得到提升，加快动臂提升速度，但是随着发动机转速的提升，装载机行走系统抢占了绝大部分功率，而此工况行走系统其实并不需要很高的功率，往往还需要利用行车制动系统消耗掉行走系统吸收的盈余功率，造成装载机功率的浪费。

4.2.2 无级变速装载机传动系统的数学模型

无级变速装载机是指变速传动系统的速比可以连续变化且速比能够控制的装载机，装载机的行驶车速不仅与发动机转速呈线性关系，还与无级变速系统的速比有关，装载机的牵引力不仅与发动机的转矩呈线性关系，还与无级变速系统的速比有关，液压系统的流量和压力也与发动机转速、转矩和无级变速系统的速比相关，因此，发动机的动力供应特性场不再与装载机的负荷特性场呈简单的耦合关系。

无级变速装载机最核心的参数是速比 i_{CVT}，它可以根据装载机的工况需求来调节和控制，速比 i_{CVT} 可以定义成式（4-7）。

$$i_{CVT} = \frac{\omega_e}{\omega_{CVT\text{-}out}} \tag{4-7}$$

式中 $\omega_{CVT\text{-}out}$——无级变速系统输出轴角速度，单位为 rad/s。

无级变速装载机的行驶车速可以表示成式（4-8）。

$$u = 3.6\,\frac{60\omega_e r_T}{2\pi i_{CVT} i_0} \tag{4-8}$$

装载机无级变速系统输出转矩可以表示成式（4-9）。

$$T_{\mathrm{CVT\text{-}out}}=T_{e}i_{\mathrm{CVT}}-I_{e}i_{\mathrm{CVT}}{}^{2}\frac{i_{0}}{r_{\mathrm{T}}}\frac{\mathrm{d}u}{\mathrm{d}t}-I_{e}\omega_{e}i_{0}r_{\mathrm{T}}\frac{\mathrm{d}i_{\mathrm{CVT}}}{\mathrm{d}t}-I_{\mathrm{V}}\frac{i_{0}}{r_{\mathrm{T}}}\frac{\mathrm{d}u}{\mathrm{d}t} \tag{4-9}$$

式中　I_{V}——装载机变速器以后部分的当量转动惯量，单位为 $kg \cdot m^2$；

I_e——发动机曲轴+百轮转动惯量，单位为 $kg \cdot m^2$。

无级变速装载机的发动机输出转矩可以表示成式（4-10）。

$$T_{e}=\frac{T_{\mathrm{CVT\text{-}out}}}{i_{\mathrm{CVT}}}+T_{\mathrm{H}}+T_{\mathrm{A}} \tag{4-10}$$

其中，T_{H} 采用式（4-5）计算，T_{A} 同液力机械传动装载机一样也用一个常数代替。

将式（4-5）、式（4-7）~式（4-10）联立，可以获得无级变速装载机的动力学模型，其中，装载机的行驶车速和无级变速系统输出转矩均由无级变速系统速比 i_{CVT}表示，速比的变化既可以控制装载机的行驶车速也可以控制装载机的牵引力，也是无级变速装载机控制系统的核心。

4.2.3　速比变化率与加速度的逆相关关系

由于无级变速装载机在加速过程中的车速和速比均随时间变化，其加速阻力可以表示成式（4-11）。

$$F_{j}=\left(m+\frac{\sum I_{w}}{r_{\mathrm{T}}^{2}}+\frac{I_{f}i_{\mathrm{CVT}}^{2}i_{0}^{2}}{r_{\mathrm{T}}^{2}}\right)\frac{\mathrm{d}u}{\mathrm{d}t}+\frac{I_{f}i_{\mathrm{CVT}}i_{0}^{2}u}{r_{\mathrm{T}}^{2}}\frac{\mathrm{d}i_{\mathrm{CVT}}}{\mathrm{d}t} \tag{4-11}$$

式中　F_j——装载机的加速阻力，单位为 N；

m——装载机整车重量，单位为 kg；

I_w——车轮的转动惯量，单位为 $kg \cdot m^2$；

I_f——飞轮转动惯量，单位为 $kg \cdot m^2$。

由式（4-11）可以得出，在无级变速装载机加速过程中，加速阻力用于改变行驶车速和速比。由于因变量包括车速和速比两个，所以尽管自变量朝着一个方向变化，但因变量可能向相反的方向变化，即在加速阻力增加的时候加速度有可能下降，此时，加速度与速比变化率可能呈逆相关关系。

无级变速装载机的发动机角加速度可以表示为式（4-12）。

$$\frac{\mathrm{d}\omega_{e}}{\mathrm{d}t}=\frac{1}{I_{e}}(T_{e}-T_{\mathrm{CVT\text{-}in}}) \tag{4-12}$$

式中　$T_{\mathrm{CVT\text{-}in}}$——无级变速系统输入转矩，单位为 $N \cdot m$。

无级变速系统输出轴的角加速度可以表示为式（4-13）。

$$\frac{\mathrm{d}\omega_{\text{CVT-out}}}{\mathrm{d}t}=\frac{1}{\sum I_{\mathrm{W}}}(T_{\text{CVT-out}}-T_{\text{CVT-Drive}}) \tag{4-13}$$

式中　$\omega_{\text{CVT-out}}$——无级变速系统输出轴角速度，单位为 rad/s；

$T_{\text{CVT-out}}$——无级变速系统输出轴转矩，单位为 N · m；

$T_{\text{CVT-Drive}}$——装载机的驱动转矩，单位为 N · m。

无级变速系统的输入、输出轴转矩之间的关系可以表示成式（4-14）。

$$T_{\text{CVT-out}}=i_{\text{CVT}}T_{\text{CVT-in}} \tag{4-14}$$

发动机的角加速度与无级变速系统速比变化率和输出轴角加速度的相关关系可以表示为式（4-15）。

$$\frac{\mathrm{d}\omega_{\mathrm{e}}}{\mathrm{d}t}=\frac{\mathrm{d}i_{\text{CVT}}}{\mathrm{d}t}\omega_{\text{CVT-out}}+\frac{\mathrm{d}\omega_{\text{CVT-out}}}{\mathrm{d}t}i_{\text{CVT}} \tag{4-15}$$

由式（4-11）~式（4-15）可整理出无级变速装载机传动系统的动力学方程式（4-16）。

$$\frac{\mathrm{d}\omega_{\text{CVT-out}}}{\mathrm{d}t}=\frac{T_{\mathrm{e}}i_{\text{CVT}}-T_{\text{CVT-Drive}}}{\sum I_{\mathrm{W}}+i_{\text{CVT}}^{2}I_{\mathrm{e}}}-\frac{I_{\mathrm{e}}\omega_{\mathrm{e}}}{\sum I_{\mathrm{W}}+i_{\text{CVT}}^{2}I_{\mathrm{e}}}\frac{\mathrm{d}i_{\text{CVT}}}{\mathrm{d}t} \tag{4-16}$$

由式（4-16）可以看出，无级变速装载机的速比变化率与无级变速系统输出轴的角加速度具有逆相关关系，即在急加速时，速比变化率过大，在装载机加速的初期反而会出现负加速度的现象，尤其当发动机转矩较小时，这种现象更加明显。随着逐渐增加发动机转矩，同时对无级变速系统施以负的速比变化率，装载机加速度会立刻增加。

依据式（4-16）的无级变速装载机传动系统动力学方程，对装载机突然加速工况进行仿真模拟，其速比变化率、速比及角加速度曲线变化趋势如图 4-5 所示。

图 4-5a 表示速比变化率较大的情况，也就是加速初期速比变化率过快，当加速踏板踏下之后，装载机反而出现角加速度为负的减速现象，随后角加速度迅速增大，但会出现抖动现象，加速平顺性变坏。图 4-5b 表示速比变化率适中的情况，装载机加速平顺，加速响应及时，在加速开始时也不存在角加速度为负的减速现象，加速平顺性有所改善。图 4-5c 表示速比变化率较小的情况，结果表明角加速度响应较慢，加速时间较长，但平顺性较好。

从图 4-5 的仿真结果可以看出，随着速比变化率从大到小的变化，装载机的加速响应变差，到达最大加速度的时间延长，加速平顺性逐渐变好。

因此要保证有良好的加速性能，使装载机具有优良的动态特性，必须适当控制速比变化率，使之与发动机功率、装载机惯量和发动机惯量等参数相匹配。在无级变速装载机急加速的时候，为了防止装载机出现加速性能滞后的现象，

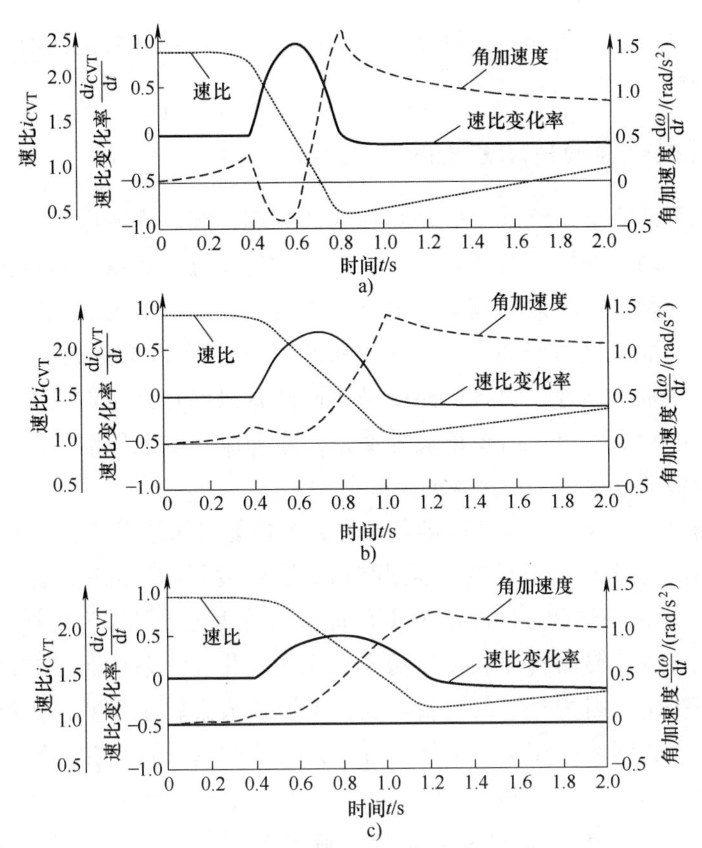

图4-5　无级变速装载机传动系统速比变化率对装载机加速响应的影响

a）速比变化率较大的情况　b）速比变化率适中的情况　c）速比变化率较小的情况

速比变化率要根据动力系统的匹配情况逐渐增加。

综上，速比变化率决定着无级变速系统在发动机输出功率和装载机行驶阻力功率之间的动态匹配关系，精确控制无级变速系统的速比及速比变化率是无级变速装载机的关键技术之一。

4.3　装载机静液传动技术

在结构上，静液传动装载机与液力机械传动装载机最根本的区别在于，其传动系统采用静液压传动且能够实现无级调节其传动系统速比的功能，其液压系统与传统装载机并无显著差别。由于静液传动装载机的传动系统和工作装置均采用液压驱动和液压控制，其能量分配关系往往比传统液力机械传动装载机更合理，相互配合得更默契，加之静液传动相比于液力机械传动效率更高，相同工况下发动机额定转速可以降至更低，因此静液传动装载机比液力机械传动装载机更节能。

4.3.1 装载机静液传动系统的结构组成

装载机静液传动系统采用的是容积调速原理，按照油液循环方式的不同分为开式回路和闭式回路两种传动方式。这两种传动方式都既无溢流损失，又无节流损失，回路中传动效率较高，适合于高速、大功率的装载机传动。开式回路中马达的回油直接通回油箱，液压油在油箱中得到冷却降温和沉淀杂质，再由液压泵送入系统循环。闭式回路中马达回油直接输送到泵的吸油口，结构紧凑，但油液冷却条件差，需要增设补油泵，弥补泄漏的液压油并冷却降温。装载机的静液传动系统多采用闭式回路。

闭式回路按照液压泵和马达排量的可调节性能又可以分为：变量泵-定量马达调速回路、定量泵-变量马达调速回路和变量泵-变量马达调速回路。

变量泵-定量马达调速回路的液压泵转速和马达排量可视为常量，通过改变泵的排量就可以使输出转速和输出功率成比例变化。该系统输出的最大转矩由马达的排量决定，因为马达的排量不变，系统的最大转矩不变，所以这种回路称为恒转矩调速回路。在实际工作系统中，马达的输出转矩和回路的工作压力均取决于负载转矩，不会因调速而发生变化。该回路的调速范围一般为 $R_c=n_{M\,max}/n_{M\,min}\approx 40$（$R_c$ 为静液传动系统的调速范围；$n_{M\,max}$ 为马达的最高转速；$n_{M\,min}$ 为马达的最低转速）。

定量泵-变量马达调速回路的液压泵排量和马达的最高功率可视为常量，通过调节马达的排量实现调速。在低速工况，马达排量最大，最大输出转矩也最大，随着排量减小，输出转速逐渐增加，最大输出转矩也逐渐下降，直至马达的最小排量。该回路的调速范围一般为 $R_c=n_{M\,max}/n_{M\,min}<3$，且变量马达不能在运转中通过零点换向，系统启动不够平稳，需要增添其他辅助元件加以解决，所以很少单独使用。

变量泵-变量马达调速回路能够满足一般机械在低速工况输出较大转矩，在高速工况输出较大功率的要求，因而，适用范围较广。在低速工况，先将马达的排量调至最大，通过调节变量泵的排量实现调速，随着泵排量的增加，马达输出的转速也逐渐增加，马达输出的最高转矩在此阶段恒为最高转矩，当泵的排量达到最大排量时，马达输出的功率达到最大；在高转工况，泵的排量保持最大值，通过调节变量马达的排量实现调速，随着马达排量的减小，马达转速继续增加，马达输出的最高转矩随着排量的减小而减小，但输出功率恒定。该回路的调速范围一般为 $R_c = n_{M\ max}/n_{M\ min} \approx 100$。

装载机的静液传动系统普遍采用变量泵-变量马达闭式回路系统，由变量泵、变量马达、补油泵、各种控制阀和油路及辅助装置组成，通过变量泵和变量马达排量比的改变，可覆盖更宽广的速比调节范围。其中，变量泵的排量控制只起调节静液传动功率的作用，对速比调节的作用很小，起关键调速作用的是变量马达的排量控制。

实际应用中出于对传动效率和有效功率的考虑，装载机静液传动系统本身变速范围往往较小，通常还要辅以机械变速器才能够满足装载机的变速传动要求。静液传动系统的结构可按照变量马达的数量+机械变速器的特征来区分，典型的静液传动系统包括：变量马达调节、双马达+后置减速器调节、变量马达+机械换档变速器调节、双马达+自动变速器调节、变量马达+后置自动变速器调节和轮边驱动多马达调节 6 种典型结构，其结构构成如图 4-6 所示。

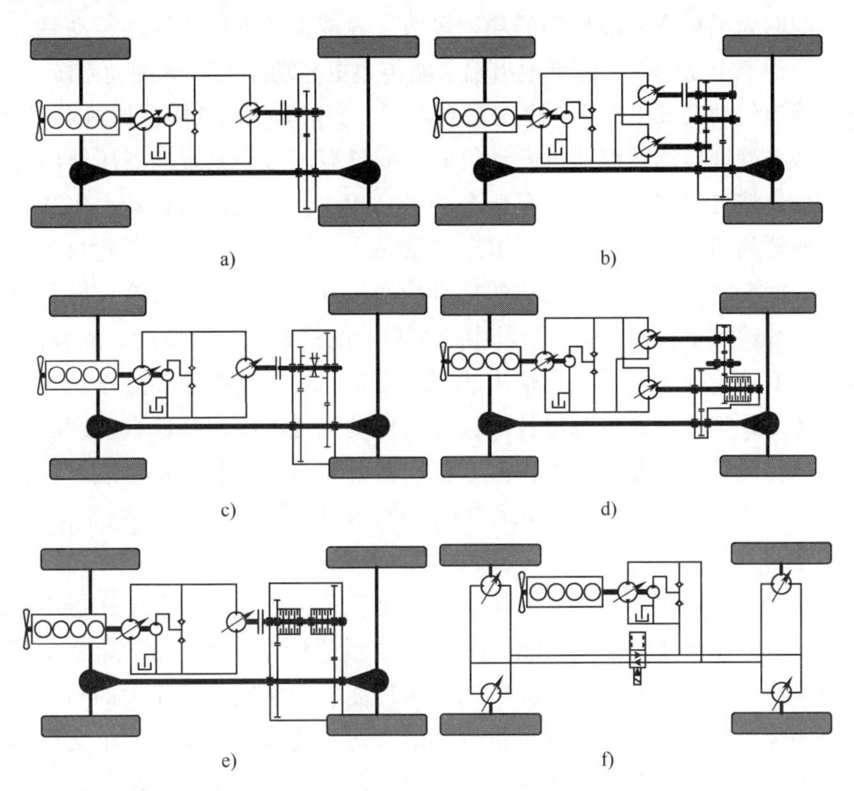

图 4-6　静液传动系统的结构构成

a）变量马达调节　b）双马达+后置减速器调节　c）变量马达+机械换档变速器调节
d）双马达+自动变速器调节　e）变量马达+后置自动变速器调节　f）轮边驱动多马达调节

其中，图 4-6d 所示的双马达+自动变速器调节结构应用最为成熟和广泛，典型的结构构成为 A4VG 变量泵+两个 A6VM 变量马达+机械式两档自动变速器。变量泵在装载机起步时，通过增加排量使车速缓慢提升，同时使静液传动系统快速达到额定功率，即变量泵的排量达到最大。变速器的任务是在低档时接受来自两个马达输入的动力，在高速时将排量为零的马达通过分离离合器退出传动系统，仅保留一个高速马达继续调节速比。两个变量马达依次通过减小排量，实现装载机的无级变速，整个静液传动系统通过调节一个变量泵和两个变量马达的排量改变速比，以覆盖装载机的整个车速范围。

4.3.2 装载机静液传动系统的无级变速原理

由于变速范围和转矩容量等因素的限制，静液传动装载机的吨位往往较小。随着液压件制造工艺的进步，出现了能够耐受更高转速和压力的变量液压泵和马达，同时为了拓宽静液传动的功率等级，静液传动的闭式回路传动系统的结构类型也逐渐丰富起来，渐渐地出现了能传递更高功率的静液传动系统。目前，主流的静液传动装载机采用一个变量泵与两个变量马达的结构，如图 4-6d 所示。

装载机静液传动系统通过发动机驱动变量泵，传动系统的液压能由变量泵产生，通过液压管路分别输送至两个变量马达，由变量马达将动力传递到后置自动变速器的两个动力输入端，根据变量马达的排量变化确定后置自动变速器离合器的接合状态，当两个马达的排量均大于 0 时，离合器接合，后置自动变速器处于双输入单输出状态，当其中一个马达的排量先变为 0 时，离合器分离，后置自动变速器处于单输入单输出状态。无论后置自动变速器处于双输入单输出状态还是处于单输入单输出状态，静液传动系统始终保持单自由度的稳定传动状态，传动系统的速比可以由静液传动系统关键零部件的排量表示，且随着离合器接合状态的变化，传动系统没有速比阶跃的“平稳”过渡状态，如图 4-3 所示。

如前所述，静液传动系统由变量泵、变量马达和动力耦合变速器组成，实现了装载机的无级变速行驶功能。图 4-6d 所示的传动方案，由一个变量泵和两个变量马达组成，且在低速工况实施变速功能的为额定排量较大的马达，在高速工况实施变速功能的为额定排量较小的马达。装载机起步时两个变量马达均处于最大排量，离合器处于接合状态，变量泵处于最小排量，装载机传动系统的速比最大；当装载机提升车速时，首先提升变量泵的排量，随着变量泵排量的增加，装载机传动系统传递的功率也快速提升；当变量泵的排量达到所需功率时，大转矩变量马达的排量先减小，变速传动系统的速比随着马达排量的减小而下降，车速得到提升；在变量泵排量不变的情况下，装载机牵引力随车速的提升而下降，车速-牵引力特性曲线呈双曲线规律变化；当大转矩马达排量降到最低时，马达不具备传递动力的条件，离合器分离。此时，如装载机仍需提升车速，则需要逐渐降低高速变量马达排量，传动系统的速比继续下降，车速提高，牵引力下降，在泵排量不变的情况下，车速-牵引力特性曲线仍呈双曲线规律变化，直至传动系统达到最小速比，装载机达到最高设计车速，如图 4-3 所示。

4.3.3　装载机静液传动系统的数学模型

如前所述，装载机静液传动系统通常采用闭式液压回路，闭式液压回路中循环流动的液压介质总量遵循质量守恒，即流量平衡，见式（4-17）。

$$\sum Q_{\mathrm{p}}=\sum Q_{\mathrm{m}} \tag{4-17}$$

式中　Q_{p}——泵的流量，单位为 mL/min；

Q_{m}——马达的流量，单位为 mL/min。

将泵的流量与马达的流量进一步细化成变量泵的排量和马达的排量与其相应转速的表示式，见式（4-18）。

$$\sum_{i=1}^{s} n_{\mathrm{p}\text{-}i}q_{\mathrm{p}\text{-}i}=\sum_{j=1}^{t} n_{\mathrm{m}\text{-}j}q_{\mathrm{m}\text{-}j} \tag{4-18}$$

式中　$n_{\mathrm{p}\text{-}i}$——第 i 个变量泵的转速，单位为 r/min；

$n_{\mathrm{m}\text{-}j}$——第 j 个变量马达的转速，单位为 r/min；

$q_{\mathrm{p}\text{-}i}$——第 i 个变量泵的排量，单位为 mL/r；

$q_{\mathrm{m}\text{-}j}$——第 j 个变量马达的排量，单位为 mL/r。

静液传动系统将发动机分配给传动系统的机械能转变为液压能，且传递功率的大小由变量泵的排量和转速控制。

由流量平衡原理分析，对于图 4-6d 所示的系统有式（4-19）成立。

$$n_{\mathrm{p}}q_{\mathrm{p}}=n_{\mathrm{m}\text{-}1}q_{\mathrm{m}\text{-}1}+n_{\mathrm{m}\text{-}2}q_{\mathrm{m}\text{-}2} \tag{4-19}$$

式中　n_{p}——变量泵的转速，单位为 r/min；

$n_{\mathrm{m}\text{-}1}$——大转矩变量马达的转速，单位为 r/min；

$n_{\mathrm{m}\text{-}2}$——高速变量马达的转速，单位为 r/min；

q_{p}——变量泵的排量，单位为 mL/r；

$q_{\mathrm{m}\text{-}1}$——大转矩变量马达的排量，单位为 mL/r；

$q_{\mathrm{m}\text{-}2}$——高速变量马达的排量，单位为 mL/r。

在离合器分离前，大转矩变量马达与高速变量马达之间的转速关系应符合式（4-20）。

$$n_{m-1}i_{idle}=n_{m-2} \tag{4-20}$$

式中 i_{idle}——大转矩变量马达与高速变量马达之间的速比。

静液压变速传动系统的速比可以表示为式（4-21）。

$$i_{\Sigma}=n_{p}/n_{m-2} \tag{4-21}$$

式中 i_{Σ}——静液压变速传动系统的速比。

将式（4-20）的两个马达之间的转速关系代入式（4-19）的流量平衡关系式中，再将其转速关系代入式（4-21）得到速比与排量的关系，见式（4-22）。

$$i_{\Sigma}=\begin{cases}(q_{m-2}+q_{m-1}/i_{idle})/q_{p} & q_{m-1}>0\\ q_{m-2}/q_{p} & q_{m-1}=0\end{cases} \tag{4-22}$$

马达输出的转矩可以表示为式（4-23）。

$$T_{m-j}=\frac{\Delta p q_{m-j}}{2\pi} \tag{4-23}$$

式中 T_{m-j}——第 j 个变量马达的转矩，单位为 N · m；

Δp——马达出口与入口的压力差，单位为 MPa，Δp 取决于负载，当负载决定的 Δp 超过系统所能提供的范围时，Δp 为最大压差。

考虑后置自动变速器速比对转矩的影响，静液传动系统末端输出的转矩 T_{Σ} 可以表达为式（4-24）。

$$T_{\Sigma}=\begin{cases}\Delta p(q_{m-2}+q_{m-1}i_{idle})/2\pi & q_{m-1}>0\\ \Delta p q_{m-2}/2\pi & q_{m-1}=0\end{cases} \tag{4-24}$$

由式（4-22）和式（4-24）可知，离合器接合状态的变化应以大转矩马达的排量为依据：当大转矩变量马达排量大于零时，离合器应接合，变速系统的速比由大转矩变量马达、高速变量马达和变量泵的排量共同决定；当大转矩变量马达排量为零时，离合器应分离，变速系统的速比仅由高速变量马达和变量泵的排量决定。正确地控制离合器的接合状态能够实现装载机低速段与高速段的车速-牵引力特性曲线在切换前后平滑过渡，如图 4-3 所示，能确保换档平顺，没有顿挫感。

装载机的工况大致分为连续作业工况和转场运输工况两种，前一种工况要求行走系统提供低转速大转矩的驱动力，后一种工况要求提供高转速低转矩的驱动力，在设计装载机传动系统时，往往对这两种工况分别有所考虑，一般不会使变速传动系统的离合器频繁地在接合与分离之间切换。即当装载机处于连续作业工况时，要求离合器始终接合，以便提供较大的牵引力；当装载机处于转场运输工况时，要求离合器始终分离，以便提供较高的行驶车速。

4.3.4　装载机静液传动系统的优化

1. 提高牵引力和生产效率的优化

最初，静液传动无级变速装载机的行走系统采用开环控制，即变量泵与变量马达的排量控制是根据发动机转速和加速踏板开度进行理论计算，根据理论计算结果，通过查表确定马达控制电流，实现变量马达的排量控制，即由发动机转速和加速踏板开度决定车速的开环控制策略。

该控制策略应用在静液传动装载机样机上，整机液压系统、转向系统工作正常，行走系统车速、牵引力（最大）测试均正常。但在进行生产效率测试时发现，按照试验标准进行20m装卸距离的“V”形铲装作业，经多名驾驶员测试仅能达到90~100斗/h，明显低于设计预期的120斗/h。

经过测试发现，静液传动装载机的行走系统在高负载工况下车速-牵引力特性曲线偏向内侧，即同等牵引力下，实际车速比设计车速偏低，同等车速下，实际牵引力比设计牵引力偏低。

如图4-7所示，在1~6km/h的车速区间里，实际牵引力比设计牵引力减小

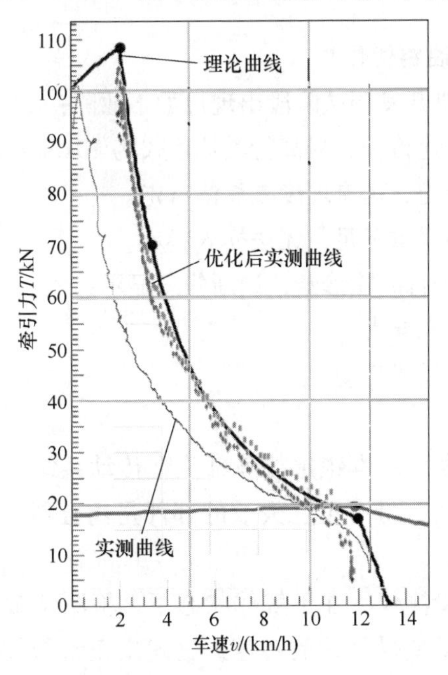

图4-7　静液传动装载机车速-牵引力特性曲线

最明显。尤其当车速为2km/h时，实际牵引力比设计牵引力下降了40%，严重影响了装载机的动力性，使整机加速性能变差。对于装载机这种短距离反复作业的工程机械，铲装距离在15m左右，最高车速一般仅能达到12km/h，直接导致生产效率下降。

经分析发现，产生这一现象的根本原因是装载机行走系统的功率分配偏小，无法充分利用发动机功率，导致同等车速下，牵引力偏小。

优化方案：实时监测行走系统的动力需求，及时调整行走系统和液压系统的功率分配比例，充分利用发动机功率。

在行走系统的静液回路中加装压力传感器，实时监测行走系统压力，在理论计算行走系统液压泵和马达排量的基础上，通过监测到的系统压力进行行走系统功率计算。同时，对行走系统功率与加速踏板开度进行对比，加速踏板开度与行走系统功率之间的对应关系为：加速踏板开度越大，行走系统功率也越大，当静液回路中加装的压力传感器实时监测结果与加速踏板开度期望值有差异时，则加大液压泵排量，提升行走系统功率。优化后，则在同等牵引力情况下使车速更高，驾驶员感觉更有力，作业效率更高。静液传动无级变速装载机实施改进方案后的车速-牵引力实测曲线如图4-7所示。

优化后的装载机车速-牵引力特性曲线与设计要求基本重合，作业效率可提高到120斗/h。

2. 静液传动系统油路优化

在静液传动装载机开发调试阶段出现过如下故障：

1）装载机无法高速行驶，最高行驶速度仅为10km/h左右。

2）装载机行走无力，稍有坡度就无法行走。

3）装载机牵引力严重不足，无法插入料堆。

对行走控制系统进行故障诊断，诊断信息显示：

1）离合器工作状态异常。

2）跛行安全保护模式启动。

3）车速不正常。

根据事故现象判断，基本锁定故障部位在传动系统，由传动系统的组成及各部分的功能特点分析，最有可能失效的部件是离合器。因此，针对离合器展开进一步的排查工作。

采用非接触转速检测仪，在不解体状态下，检测装载机行驶时大转矩变量马达的输出转速，发现变量马达的转速远远超出正常行驶时的转速范围，且伴有不规律的高速波动，初步判断故障原因是装载机在低速工况离合器未能可靠接合，大转矩变量马达未能输出动力。

由静液传动系统的结构和工作原理可知，如离合器在低速段未能可靠接合，将导致变量泵输出的大量液压油驱动大转矩变量马达空转，使其输出转速飙升，且由于离合器分离，液压能大部分作用于大转矩变量马达的高速旋转，而高速变量马达难以分得更多的液压能，所以传动系统动力得不到输出，车速难以提高，牵引力难以发挥出来。若查看离合器摩擦片磨损情况，需要将后置自动变速器拆开进一步检查。

将后置自动变速器放油塞松开，放出变速器油，发现油液乌黑，放油末期有大量的黑色沉淀物排出。拆开后置自动变速器发现：离合器摩擦片明显变薄，严重炭化，颜色发黑，有明显的烧伤痕迹，如图 4-8 所示。外力测试表明：摩擦片强度降低，变脆，极易断裂。综上所述，所有现象均表明：离合器摩擦片已严重烧蚀。

图 4-8　烧蚀的离合器摩擦片

进一步测量离合器液压缸作动行程，如图 4-9 所示，结果显示：离合器液压缸作动行程为 4.7mm，远远超出了正常范围（2.4±0.1）mm，基本判定离合器摩擦片已经严重磨损，无法正常工作。

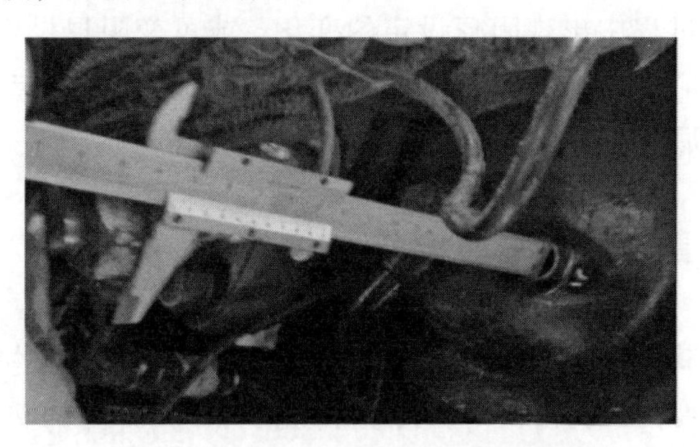

图 4-9　离合器液压缸作动行程测量

离合器作动行程远远超出了正常范围，致使离合器作动行程增加，由于压紧碟簧行程较小，导致离合器压紧力不足，传递转矩值降低，进而造成传动系统输出转矩不足，牵引力下降，进一步加重了摩擦片的磨损程度。

离合器摩擦片烧伤的可能原因如下：

1）离合器电磁阀启闭控制曲线不合理。该原因可排除，因为该曲线经过台架试验验证过，与设计曲线吻合很好。

2）阻尼阀中的阻尼设置不合理。如图 4-10 所示，经现场测试该阻尼阀，发现设定状态已不同于初始台架设定值。原因是整机的振动导致设定的阻尼值发生变化，导致阻尼孔变小。离合器启闭时间变长，出现长时间滑摩后发热高温炭化，严重磨损失效。

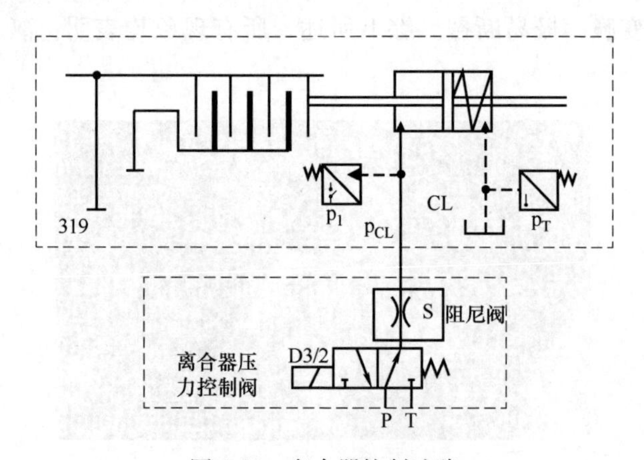

图 4-10　离合器控制油路

p_{CL}—离合器油口　p_1—压力开关，用于检测是否达到离合器开启压力

p_T—温度传感器，用于检测油温，保证离合器安全　CL—离合器

根据以上分析对离合器控制油路进行改进，通过取消可变阻尼阀结构，避免了整机在振动过程中出现阻尼设定的变化，或可变阻尼设定不合理的可能。安装使用固定阻尼孔，阻尼孔直径按照试验测得的结果，设定为 1mm。改进离合器的控制油路后，在试验过程中再未发生类似事故。

4.4　装载机静液-机械复合传动技术

装载机要求其传动系统能传递较大的转矩，且转矩能够快速增大或减小，以适应装载机突变的载荷。同时，传动系统消耗了大部分的功率，提高传动系统的效率历来是装载机节能的重点努力方向。静液传动采用液压容积调速传动取代了液力机械传动，传动效率得到了很大的提高，但是液压容积调速传动仍不及机械传动效率高。另外，静液传动的容积调速传动功率和变速范围难以满足中、大吨位装载机的传动需求。为了满足中、大吨位装载机的无级变速传动需求，在静液传动系统的基础上增加了一条机械传动支路，用行星机构的二自由度结构将静液传动支路和机械传动支路的动力相耦合，构成了静液-机械复合传动系统。该系统传动效率更高、传递功率更大、变速范围更宽、载荷突变适应性更强，是装载机理想的无级变速传动系统。

4.4.1 静液-机械复合传动系统的技术起源

静液-机械复合传动系统源于纯静液传动系统，由于传递功率较小，低速和高速工况传动效率较低，以及速比变化范围小等原因，纯静液传动系统开始只用在小型农机上。为了增加转矩容量，提升传动效率，同时为了拓宽速比的变化范围，利用行星机构二自由度的相融耦合结构，在纯静液传动系统基础上增加了一条机械传动支路，利用静液传动的排量比控制，限制了行星机构的一个自由度，形成了能够稳定传递动力的静液-机械复合传动系统。该系统既具有静液传动的无级变速性能，又具有机械传动的大转矩、传动效率高等特点。但由于增加了机械传动支路，使得系统的无级变速范围比纯静液传动系统更窄，为了拓宽无级变速范围，还可以通过机械传动支路传动路线的档位切换实现换段功能，使无级变速的范围得以拓宽。

静液-机械复合传动系统在 20 世纪 50 年代首先应用在农业机械上，该传动方案在契合农业机械对变速传动系统的要求中，逐渐适应了农业机械对变速传动系统速比变化范围宽、传递转矩大和传动效率高的要求，成为一种性能卓越的变速传动系统。

20 世纪 70 年代，静液-机械复合传动系统首次应用于装甲车。由于装甲车普遍采用行星机构的差动原理实现转向功能，而静液-机械复合传动系统也采用行星机构的差动原理将静液传动支路和机械传动支路的动力进行耦合，使装甲车的转向系统和变速传动系统能够有机地整合为一体，所以该系统在近代的装甲车上得到了广泛的应用。

20 世纪 90 年代末期，随着静液-机械复合传动系统的轻量化和结构的简化，该传动系统开始逐渐向汽车领域渗透，一开始仅应用于商用车上，后来又从商用车迅速应用到乘用车上，成为汽车无级变速器的一个亚类。

21 世纪初，该传动方案以其卓越的性能又被应用于工程机械领域。至此，装载机才算找到了理想的无级变速传动方案。

1. 理论研究方面

1981 年，德国 Bochum 大学的 Shaker Ali H. 博士对静液-机械复合传动系统的结构、性能和控制技术进行了系统的研究，1986 年，Berger Guenter 博士又在前人研究的基础上对静液-机械复合传动系统的控制规率进行了系统的研究。1999 年，美国 Wisconsin-Madison 大学的 Wang Wen Bo 博士讨论了静液-机械复合传动系统的建模，并运用该方法搭建了 M2 步兵战车传动系统的动力学模型，利用该模型分析了静液-机械复合传动系统的运动学规律，阐述了段与段之间的速比关系，研究了 HMPT-500-3EC 在三个不同段位的功率流，以及 M2A2 动力传动一体化控制策略。2010 年，美国 Purdue 大学的 Kumar R. 博士研究了各种静液-机械复合传动方案，并通过仿真对各种复合传动方案的节能潜力与动力分流控制策略进行了较深入的研究。2012 年，瑞典 Linköping 大学的 Nilsson T. 等人采用随机动态规划法，创建了装载机典型循环工况数值模型，并以该模型为基础研究了在线预测装载机需求功率的算法，根据需求功率规划了发动机目标工作点，制定了复合传动系统的目标速比及其跟踪算法，使发动机工作点逼近最佳经济区域，仿真和试验均表明无级变速装载机比传统装载机节能 20% 以上。2013 年，意大利学者 Macor Alarico 和 Rossetti Antonio 采用粒子群优化算法对复合传动系统的总传动效率和结构参数进行了优化，发现静液传动支路与机械传动支路的功率占比是影响传动系统效率和变速性能的重要因素，当静液传动支路的功率占比较大时，传动系统效率下降，但无级变速范围得以拓宽，反之亦然。德国学者 Horst Schulte 基于 S-T 模糊控制算法设计了一种抵抗外界强干扰的速比控制方法，较适合于装载机载荷骤变的工况特点，仿真和试验均表明该方法能够使静液-机械复合传动系统快速地跟踪目标速比。

德国的采埃孚公司和意大利的 Rexroth-Dana 公司也提出过很多种静液-机械复合传动系统的结构方案、控制理论和试验方法。英国军事车辆工程部的科研人员也曾提出过汽车静液-机械复合传动系统与机械变速系统串联的方案，以拓展该系统的变速范围。

在国内，北京理工大学是较早开展多段式静液-机械复合传动系统研究工作的高校，从 1979 年开始开展静液-机械复合传动系统的设计与试验研究工作，1998 年出版了系统阐述静液-机械复合传动系统结构特点和变速原理的专著《车辆传动系统分析》，其对国外应用的多种静液-机械双流传动进行了较系统的分析论述。北京理工大学对静液-机械双流传动做了多年的研究工作，设计完成了二段式静液-机械复合传动系统，并成功应用在某综合传动装置上。该校的车辆实验室还曾对 DMT-25 变速器进行过试验台试验，得到并验证了部分特性曲线。

河南科技大学针对拖拉机的作业特点，建立了发动机与静液-机械复合传动系统的匹配理论并提出了相应的评价指标，揭示了无级变速和同步换段的规律，制定了速比控制算法和防止循环换段的措施，并通过仿真验证了控制策略的有效性，在东方红 1302R 拖拉机上验证了静液-机械复合传动系统能够有效地提高拖拉机的经济性和动力性。

燕山大学研究了静液-机械复合传动系统换段时动态性能的变化规律，提出了非对称饱和 PID 段内调速算法，经过仿真和试验验证了该算法能够有效地提高系统的动态响应性能。

针对静液-机械复合传动系统单行星排耦合方案存在寄生功率的现象，重庆大学提出了一种混合式静液-机械复合传动方案，仿真和试验均表明该方案变速范围更宽，具有更好的速度线性度、不存在寄生功率、机械效率更高等优点，进一步丰富了静液-机械复合传动系统的结构类型。

吉林大学针对传统装载机液力机械传动方案阶跃变速的缺点，提出了一种三段式静液-机械复合传动方案，并对其速比调节特性、牵引特性和油耗特性进行了理论分析，指出该方案具有改善装载机传动性能的潜力和广阔的应用前景。

同济大学搭建了静液-机械复合传动系统的试验台架，对其传动性能和调速控制策略进行了试验研究，证实了该系统具有传动效率高、转矩容量大和速比调节方便等适合于装载机传动的优点。

长安大学针对 ZL50 装载机传动系统的特点，设计了静液-机械复合传动节能系统，实现了无级变速和液压混合动力功能，并建立了该系统的数学模型和仿真模型，仿真分析表明该系统明显提升了装载机的经济性和动力性。

2. 应用技术研究方面

静液-机械复合传动系统的原理在 20 世纪初期提出，但是受液压部件制造精度和控制技术发展水平的限制，当时未能产品化，直到 20 世纪 60 年代才开始在军用坦克和装甲车上应用并达到商品化。如美国 Sundstrand 公司为重型汽车生产的 DMT-15 型无级变速器，传动功率为 110kW，以及 DMT-25 型无级变速器，传动功率为 184kW。其中，DMT-25 型变速器采用了两段式静液-机械复合传动方案，首段为纯静液传动，第二段为静液-机械复合传动，能根据负载自动调节速比，速比调节过程由液压自动操纵完成。德国 RENK 公司研制的 Audi 100 汽车静液-机械无级变速器，没有纯静液传动段，也没有零速输出，只有四个相互衔接的液压机械段，通过主离合器起步。美国通用动力公司继研制了 HMPT-100 和 HMPT-250 静液-机械复合传动系统后，又在 20 世纪 70 年代研制了集变速、转向功能于一体的三段式静液-机械复合传动系统 HMPT-500，随后又开发了一系列变形产品，最高功率能达到597kW。

美国的Allison公司曾为MBT-70主战坦克研制了一款静液-机械复合传动无级变速器XHM-1500-2，采用了四段式静液-机械复合传动方案，最高可以传递1100kW的功率。

日本小松公司研制的HMST静液-机械复合传动系统，于1982年由日本防卫厅第四研究所试验成功，是四段式静液-机械复合传动系统，该系统主要装备于军事车辆。小松公司还开发了适合于工程机械的静液-机械复合传动系统，并且已经应用在D155AX-3推土机和WA380-3装载机上。

由于制造成本较高，静液-机械复合传动系统在拖拉机上的应用是从20世纪90年代才开始的。为了降低变速传动系统的成本在整机成本中的占比，拖拉机制造商普遍在其大、中型拖拉机上才安装静液-机械复合传动系统。如苏联T-130拖拉机，该装置是由静液-机械复合传动装置与机械变速器串联构成的，属于三段式静液-机械复合传动系统，其特点是采用定量液压元件和旁路调速，结构简单，价格便宜，但其变速范围较窄。如德国采埃孚公司开发的S-Matic系列变速器和采埃孚Eccom系列变速器多属于农用静液-机械复合传动无级变速器，分别在Deutz-Fahr和Steyr等公司的拖拉机上获得了成功应用。采埃孚Eccom系列静液-机械复合传动无级变速器采用小功率变量泵-马达系统，多组行星机构和离合器，能够实现正反向连续四段无级变速传动，静液传动分担的功率仅占传动功率的10%，既实现了无级变速功能又显著提高了传动效率。其不足之处在于，行星机构和离合器数目较多，增加了机械结构成本。

专业生产液压元件的Sauer公司和专业生产农机的Fendt公司联合为Vario系列拖拉机研制了专用的静液-机械复合传动系统。该系统采用了双向变量泵和变量马达，有两个无级变速段：田间作业时用低速段，可以实现0.02~28km/h的前进无级变速行驶和0.02~16km/h的倒档无极变速功能；运输作业时用高速段，可以实现0.02~50km/h的前进无级变速行驶和0.02~37km/h的倒档无极变速功能，传动效率高，结构简单。

在2010年德国慕尼黑Bauma展上，德国采埃孚公司展出了全程复合传动的无级变速器cPower；德纳-力士乐公司展出了静液压与复合传动分段的无级变速器HVT；卡特彼勒公司也展出了原理相似的复合无级变速器CVT。在2013年德国慕尼黑Bauma展上，利勃海尔公司展出了装备了采埃孚公司无级变速系统的装载机586 XPower，该机与传统装载机相比可以节能20%以上。在2014年美国拉斯维加斯CONEXPO工程机械展览会上，卡特彼勒公司展出了M系列无级变速装载机，该系列装载机可比传统机型节能25%左右。力士乐-丹纳公司也针对装载机的工况特点研制出了类似的复合无级传动系统，综合试验表明，该系统可比传统的液力机械传动系统节能 20%左右。此外，小松公司和沃尔沃公司也推出了无级变速装载机。

此外，美国 John Deere 公司、卡特彼勒公司和英国 JCB 公司等都在大功率车辆上装备了静液-机械复合传动系统，均在市场上获得了巨大的成功。

4.4.2　装载机静液-机械复合传动系统的数学模型

静液-机械复合传动系统具有无级变速特性，建立静液-机械复合传动系统的数学模型，不仅要从根源上揭示无级变速原理，还要从原理上阐明其分段无级变速的理论基础，而且要从理论上分析无级变速系统换段将如何影响复合传动系统的速比连贯性。

静液-机械复合传动系统之所以具有无级变速特性，是因为其传动系统中含有静液传动支路，静液传动支路由变量泵（定量泵）、变量马达（定量马达）、补油液压泵和液压管路等组成，如图 4-11 所示，其无级变速传动特性是依靠改变泵和马达的排量比实现的，因为排量比可以连续变化，随排量比变化的是转速比，即速比也可以连续变化，用数学模型表示为式（4-25）。

$$i_{\varepsilon}=\frac{n_{\mathrm{p}}}{n_{\mathrm{m}}}=\frac{q_{\mathrm{m}}}{q_{\mathrm{P}}}=\frac{1}{\varepsilon} \tag{4-25}$$

式中　i_{ε}——静液传动支路的速比；

n_{p}——变量泵的输入轴转速，单位为 r/min；

n_{m}——变量马达的输出轴转速，单位为 r/min；

q_{P}——变量泵的排量，单位为 mL/r；

q_{m}——变量马达的排量，单位为 mL/r；

ε——变量泵与变量马达的排量比。

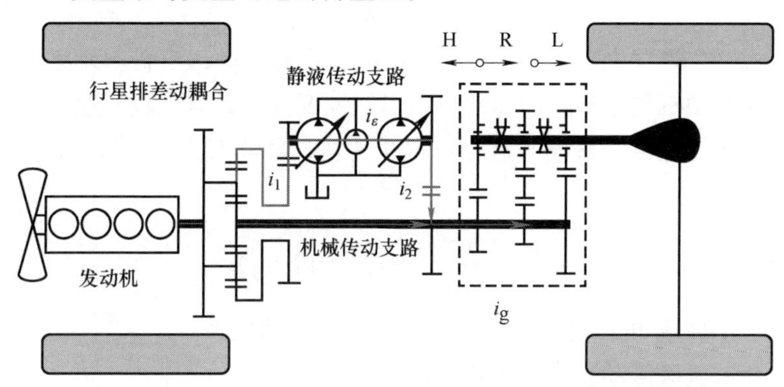

图 4-11　静液-机械复合传动系统无级变速原理

由式（4-25）可知，静液传动支路的速比与排量比互呈倒数关系。受液压元件的限制，静液传动支路能够传递的功率有限，且速比变化区间较狭窄。为了增加传动系统传递的功率，并增加速比变化区间。静液-机械复合传动系统要在静液传动支路的基础上增加一条机械传动支路，利用单排内外啮合行星机构将静液传动支路和机械传动支路的动力相融耦合。

单排内外啮合行星机构各构件之间的转速用式（4-26）表示。

$$n_R-(1+\rho)n_H+\rho n_S=0 \tag{4-26}$$

式中 n_R——齿圈转速，单位为 r/min；

n_H——行星架转速，单位为 r/min；

n_S——太阳轮转速，单位为 r/min；

ρ——行星排结构参数，其数值为太阳轮齿数与齿圈齿数之比。

典型的静液-机械复合无级变速装载机传动方案如图 4-11 所示，现以该结构说明行星机构的相融耦合原理。

该系统的发动机动力从太阳轮输入行星机构，即：太阳轮转速等于发动机转速，用式（4-27）表示。

$$n_S=n_e \tag{4-27}$$

静液传动支路的两端分别与行星机构的齿圈和行星架连接，其速比可由变量泵与变量马达的排量比控制，因此齿圈与太阳轮的转速关系可表示为式（4-28）。

$$n_R=i_1 i_\varepsilon i_2 n_H \tag{4-28}$$

式中 i_1——齿圈组件与变量泵输入的速比；

i_2——静液传动支路与机械传动支路汇流齿轮的速比。

将式（4-27）和式（4-28）带入式（4-26），得到发动机到行星架的传动比，见式（4-29）。

$$\frac{n_e}{n_H}=\frac{1+\rho-i_1 i_\varepsilon i_2}{\rho} \tag{4-29}$$

由于式（4-29）中有 i_ε，i_ε 受静液传动支路的排量比控制，其速比可以连续变化，因此发动机到行星架的速比也可以连续变化，具有无级变速特性。

计入后续变速传动系统的速比可得总速比，图 4-11 所示传动方案的总速比可以用式（4-30）表示。

$$i_\Sigma=\frac{1+\rho-i_1 i_\varepsilon i_2}{\rho}i_g i_0=f(i_\varepsilon,i_g) \tag{4-30}$$

式中 i_Σ——静液-机械复合传动无级变速系统总速比；

i_g——机械传动支路的阶跃速比。

式（4-30）表示静液-机械复合传动系统的总速比 i_Σ 受 i_ε 和 i_g 两个变量的共同影响。其中，i_ε 为由静液传动支路的排量比确定的无级变速传动速比，在一定范围内可连续变化，使总速比 i_Σ 也呈现出无级变速特性，且其变速区间比 i_ε 缩小了；i_g 为机械传动支路的阶跃速比，其速比改变将使总速比 i_Σ 的变速区间又拓宽了。如果 i_ε 使 i_Σ 的连续变化区间跨度刚好能衔接上因 i_g 的阶跃变化引起的 i_Σ 区间跃变，则复合传动系统将呈现连贯的分段无级传动特性。

通过离合器的接合逻辑控制，切换机械传动支路的传动路线，使不同的齿轮参与传动，实现了机械传动支路的一系列阶跃的速比序列，i_g 值可以表示成机械变速的传动路线不同，对应着不同无级变速段，各段的总速比 i_Σ 的解析表达式可统一表示成式（4-31）。

$$i_{\Sigma k}=f_k(i_\varepsilon,i_g),k=\mathrm{I},\mathrm{II},\cdots,N \tag{4-31}$$

式中　$i_\varepsilon=\{x\mid i_{\varepsilon\min}\leqslant x\leqslant i_{\varepsilon\max},x\in R\}$，$i_{\varepsilon\min}$、$i_{\varepsilon\max}$ 为静液传动支路速比的最小、最大值；

$i_g=\{x\mid x=i_{g\mathrm{I}},i_{g\mathrm{II}},\cdots,i_{gN}$ 且 $i_{g\mathrm{I}}>i_{g\mathrm{II}}>\cdots>i_{gN},x\in R\}$，$i_{g\mathrm{I}}$、$i_{g\mathrm{II}}$、$\cdots$、$i_{gN}$ 为机械传动支路的阶跃速比序列。

为了满足总速比 i_Σ 连续变化的条件，即：相邻速比段的取值区间应该无断点，相邻两段的速比连续性条件可以表示成式（4-32）。

$$i_{\Sigma k\min}\leqslant i_{\Sigma(k+1)\max},k=\mathrm{I},\mathrm{II},\cdots,N \tag{4-32}$$

式中　$i_{\Sigma k\min}$——k 段最小速比；

$i_{\Sigma(k+1)\max}$——$k+1$ 段最大速比。

由式（4-31）可知，总速比 i_Σ 的无级变速区间受 i_ε 的变速范围限制，通过机械传动支路传动路线的切换，i_ε 能够重新拥有变速区间，从而使 i_Σ 在更广阔的区间内保持无级变速特性，这个过程称为换段。

换段有两种方案：一种方案是连贯式换段，要求静液传动支路的速比 i_ε（排量比）保持上一变速区间终点的速比，向相反方向变化，如图 4-12a 所示。连贯式换段通过改变机械传动支路的传动路线，改变总速比 i_Σ 函数关于静液传动支路速比的单调性，从而继续保持总速比 i_Σ 的变化趋势。连贯式换段方案要求总速比与静液传动支路的速比之间满足式（4-33）所示的关系。

$$\frac{\partial i_{\Sigma k}}{\partial i_\varepsilon}\frac{\partial i_{\Sigma(k+1)}}{\partial i_\varepsilon}<0,k=\mathrm{I},\mathrm{II},\cdots,N \tag{4-33}$$

连贯式换段方式要求两个相邻的无级变速段总速比的函数关于静液传动支路的单调性相反，静液传动支路在换段后仍保持当前速比，且沿着相反的方向调节排量比即可继续保持总速比原有的变化趋势，如图 4-12a 所示。

另一种方案是复位式换段，要求总速比 i_{Σ} 的函数继续保持与静液传动支路速比 i_{ε} 相同的单调性，在机械传动支路切换传动路线时，迅速将静液传动支路的速比 i_{ε}（排量比）复位，且沿着与上一段相同的规律调节速比 i_{ε}（排量比），以继续保持其与总速比 i_{Σ} 的变化趋势，如图 4-12b 所示。复位式换段方案要求总速比与静液传动支路的速比之间满足式（4-34）所示的关系

$$\frac{\partial i_{\Sigma k}}{\partial i_{\varepsilon}}\frac{\partial i_{\Sigma(k+1)}}{\partial i_{\varepsilon}}>0, k=\mathrm{I}, \mathrm{II}, \cdots, N \tag{4-34}$$

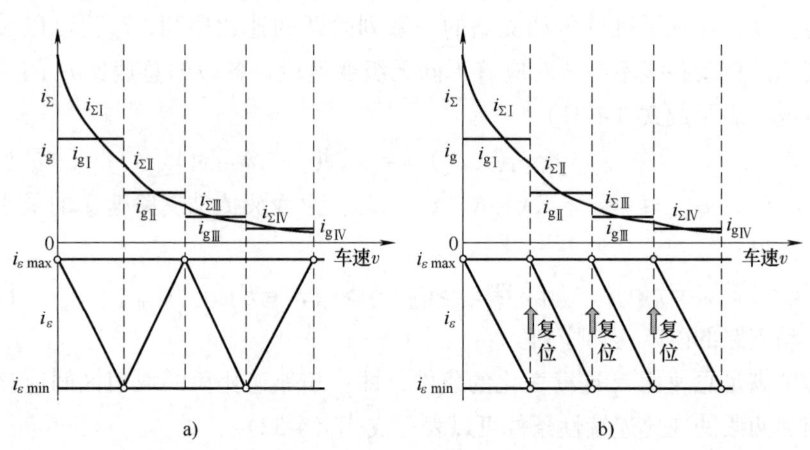

图 4-12　静液-机械复合传动的速比合成关系图

a）连贯式换段　b）复位式换段

复位式换段方式要求相邻两个无级变速段总速比的函数关于静液传动支路的单调性相同，静液传动支路在换段后的排量比需要立即复位，且沿着相同的方向调节排量比才可以继续保持总速比原来的变化趋势。

静液-机械复合传动无级变速系统的数学模型从静液传动无级变速特性、行星机构的相融耦合传动特性、分段无级变速特性、总速比连续性条件以及换段连贯性等方面全面地阐述了无级变速特性，为进一步的仿真建模研究和无级变速特性分析奠定了理论基础。但该数学模型运用数学工具描述静液-机械复合传动系统传动特性的通用性较差，具体模型如何搭建还需要根据结构特点边分析边建模，其工程实用性稍差。

4.4.3　装载机静液-机械复合传动特性分析

针对采用数学模型分析静液-机械复合传动系统不直观，且要根据具体结构建立模型，虽能准确、全面地描述无级变速性能，但难以向工程师推广的问题，

又研究了一种运用“虚拟杠杆”法分析静液-机械复合传动系统无级变速特性的方法。

1.“虚拟杠杆”分析法

针对图 4-11 所示的静液-机械复合无级变速传动方案，按照式（4-26）所确定的行星机构 3 个构件的转速相互关联关系，建立图 4-13 所示行星机构耦合关系，利用 3 条相互平行的纵置的坐标轴分别表示行星机构 3 个构件的转速坐标，且坐标刻度比例均一致，位于 3 条纵轴上的 3 个点分别表示图 4-11 中行星机构 3 个构件的转速。3 条纵坐标轴的相对距离用含有行星排结构参数 ρ 的表达式表示。对于单星行星机构来讲，假设行星机构转速坐标与齿圈转速坐标的相对距离为 ρ，则行星架转速坐标与太阳轮转速坐标的相对距离为 1，如此排列的 3 条纵坐标就能够使表示行星机构 3 个构件转速的点始终在一条直线上，仿佛处在一条虚拟杠杆上。在静液传动支路上速比与排量比相关，是连续变化的，虚拟杠杆分析法可以用于分析静液-机械复合传动无级变速系统变速传动每一个瞬间的传动特性。

在图 4-13 所示的传动方案中，在发动机（太阳轮）转速不变的情况下，静液传动支路变量泵 P（齿圈）在静液传动支路排量比控制下从负的最高转速、经过零转速，连续增长至正的最高转速时，输出轴（行星架）转速从零（①状态）连续增大到某一转速（②状态），即实现了无级变速传动。

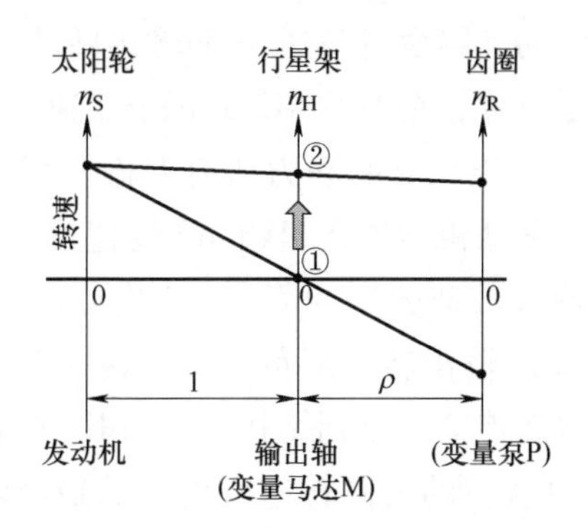

图 4-13　静液-机械复合传动系统行星机构耦合关系

下面采用虚拟杠杆分析法分别对德纳-力士乐公司推出的 HVT-R2 无级变速器和德国采埃孚公司推出的 cPower 无级变速器的传动特性进行分析。

2. HVT-R2 无级变速器的传动特性分析

HVT-R2 无级变速器的结构如图 4-14 所示，当离合器 C_1 接合时，HVT-R2 工作在 I 段，属于纯静液传动，对应于装载机的起步和铲掘等低速、大转矩工况；当离合器 C_2 接合时，HVT-R2 工作在Ⅱ段，属于静液-机械复合传动，主要用于转运物料工况；当离合器 C_3 接合时，HVT-R2 工作在Ⅲ段，也属于静液-机械复合传动，主要用于装载机转场工况；当离合器 C_R 接合时，HVT-R2 工作在倒档，同样属于静液-机械复合传动，主要用于装载机的倒车行驶工况。HVT-R2 的Ⅱ段和Ⅲ段都属于输入耦合式功率分流传动方案。

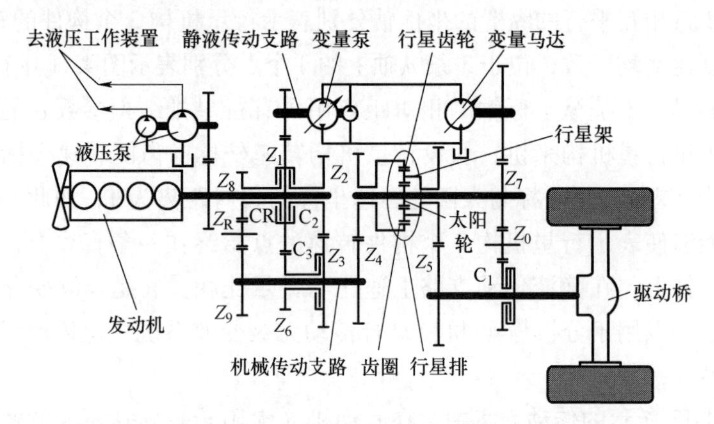

图 4-14　德纳-力士乐公司 HVT-R2 无级变速器的结构

由图 4-14 所示 HVT-R2 的结构方案，得到静液传动支路与机械传动支路的转速耦合关系如图 4-15 所示。行星机构的太阳轮与变量马达连接，因此，太阳轮转速坐标正比于静液传动支路变量马达 M 的输出转速，变量马达 M 的输出转速应在一定范围内关于零对称，在 HVT-R2 的每个变速段中太阳轮的转速可以在这个区间内连续变化；机械传动支路动力从齿圈输入行星机构，即发动机转速正比于齿圈的转速，假设发动机转速在 HVT-R2 变速过程中保持不变，则对应于第Ⅱ段和第Ⅲ段齿圈的输入转速分别为 $K_1 n_e$ 和 $K_2 n_e$。当 HVT-R2 处于Ⅱ段时，静液传动支路变量马达 M 的输出转速从负的最高转速变为正的最高转速，行星架上耦合后的转速由①状态连续变化到②状态；当 HVT-R2 处于Ⅲ段时，变量马达 M 复位后的输出转速再从负的最高转速变为正的最高转速，行星架上耦合后的转速由③状态连续变化到④状态。

如果 HVT-R2 在Ⅰ段中静液传动支路的变速范围刚好与①状态衔接，且②状态与③状态刚好衔接，则 HVT-R2 的整个变速输出区间是连续的，即满足式（4-32）。

当装载机起步时，变量马达 M 先从零变到负的最高转速（HVT-R2 处于Ⅰ段），输出轴转速由零连续升高到①状态，然后变量马达 M 从负的最高转速变到正的最高转速（HVT-R2 处于Ⅱ段），输出轴转速由①状态连续升高到②状态，然后变量马达 M 复位，再次从负的最高转速变到正的最高转速（HVT-R2 处于

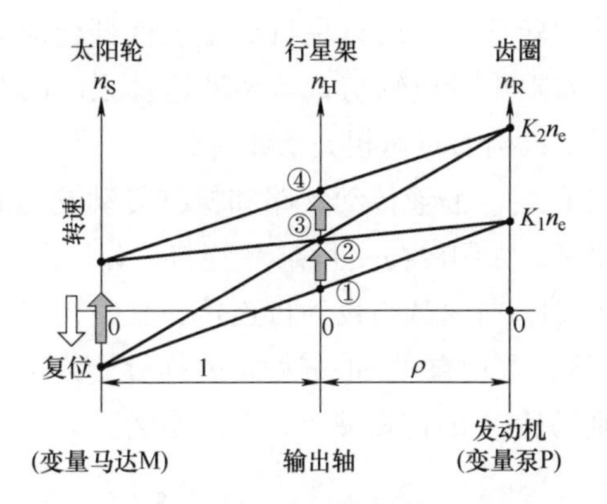

图 4-15　HVT-R2 无级变速器的行星排耦合关系

Ⅲ段)，换段过程满足式（4-33）所描述的条件，该换段过程属于复位式换段，对传动系统冲击较大，输出轴转速由③状态连续升高到④状态，如图 4-15 所示。

3. cPower 无级变速器的传动特性分析

cPower 无级变速器全程均采用静液-机械耦合传动，其结构如图 4-16 所示。当离合器 C_F 和 C_1 同时接合时，cPower 处于前进档第 Ⅰ 段，当离合器 C_R 和 C_1 同时接合时，cPower 处于倒档第 Ⅰ 段，第 Ⅰ 段都采用输出耦合方式；当离合器 C_F 和 C_2 同时接合时，cPower 处于前进档第 Ⅱ 段，当离合器 C_R 和 C_2 同时接合时，cPower 处于倒档第 Ⅱ 段，第 Ⅱ 段都采用复合耦合式。

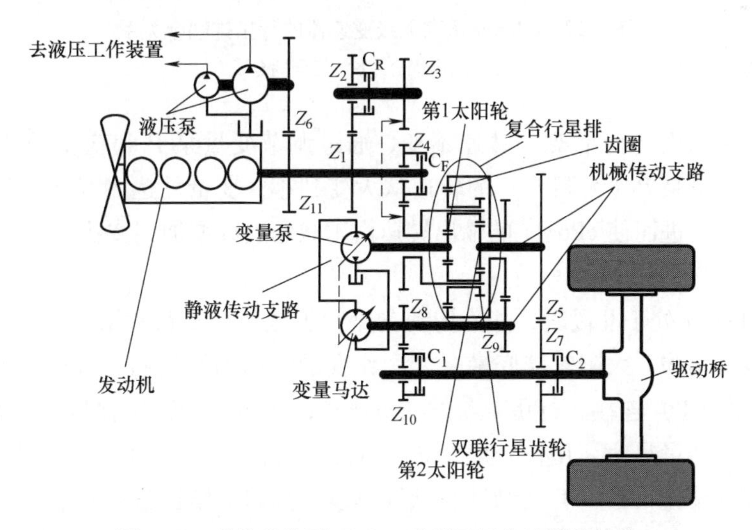

图 4-16　采埃孚公司 cPower 系列无级变速器的结构

cPower 中的复合行星机构共有 4 个端口，图 4-17 中的 4 条纵坐标分别表示每个端口所代表构件的转速，运用行星机构虚拟杠杆合成方法建立各构件的转速关系，其中，第 2 太阳轮转速轴与行星架转速轴之间的距离用 β 表示，即前排行星机构与后排行星机构的转速相关系数为 β。

当 cPower 处于Ⅰ段时，静液传动支路和机械传动支路利用前排行星机构构成输出耦合系统。此时，太阳轮与变量泵 P 连接，齿圈与变量马达 M 连接，同时连接 cPower 的输出轴，行星架与发动机连接，其中，变量泵 P 与变量马达 M 以 45°相位差共轭固联，致使泵 P 和马达 M 的排量始终呈反相位相关变化，即泵 P 的排量增大，则马达 M 的排量减小，反之亦然。

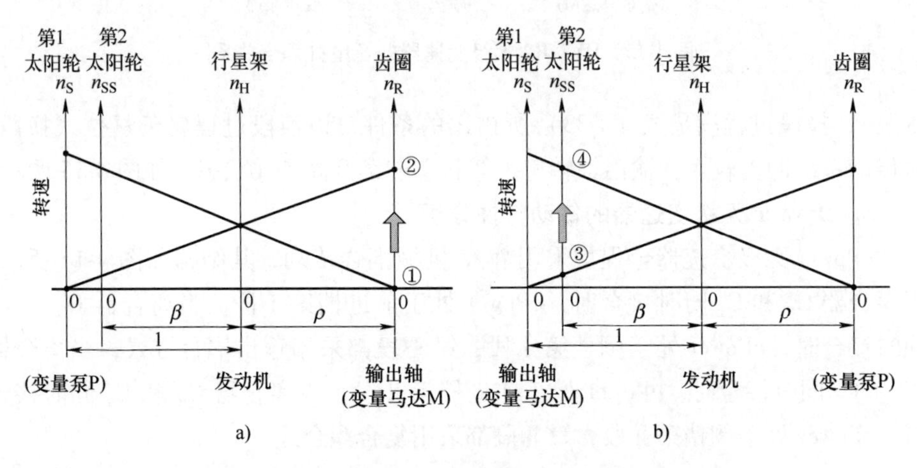

图 4-17　cPower 系列无级变速器的行星排耦合关系

a）输出耦合　b）复合耦合

假设发动机（行星架）转速不变，通过调节变量泵 P 和变量马达 M 的排量，引起变量泵 P（太阳轮）的转速从大变到小，变量马达 M（齿圈）的转速从小变到大，进而使 cPower 的输出转速由①状态连续增加到②状态，如图 4-17a 所示。

当 cPower 处于Ⅱ段时，静液传动支路和机械传动支路利用复合行星机构形成复合耦合结构。太阳轮与变量泵（用作变量马达 M）连接，齿圈与变量马达（用作变量泵 P）连接，行星架与发动机连接，cPower 的输出轴与第 2 太阳轮连接。此时，变量马达（用作变量泵 P）的转速较高（延续Ⅰ段的工作状态），变量泵（用作变量马达 M）的转速较低（延续Ⅰ段的工作状态）。

假设发动机（行星架）转速不变，通过反向调节变量马达（用作变量泵 P）和变量泵（用作变量马达 M）的排量，使变量马达（用作变量泵 P）的转速从大变到小，变量泵（用作变量马达 M）的转速从小变到大，进而使 cPower 在第

2 太阳轮的输出转速由③状态连续增加到④状态，如图 4-17b 所示。

如果适当调整 Z_5 与 Z_7 和 Z_8 与 Z_{10} 的齿数比，就可以使②状态转速刚好衔接③状态的转速，使 cPower 的整个变速区间连贯，满足式（4-32）的要求。由于 cPower Ⅰ段和Ⅱ段采用不同的耦合方式，传动路线不同，且变量泵与变量马达在换段时功能互换，所以该换段过程属于连贯换段，满足式（4-33），对传动系统冲击较小。

4.4.4　装载机静液-机械复合传动系统参数的反求

静液-机械复合传动无级变速系统的系列数学模型与虚拟杠杆分析法相配合，不仅可以互为补充，能够快速、准确地分析现有复合传动系统的无级变速性能，而且还可以根据传动需求，以变速需求为输入条件，反求静液-机械复合传动无级变速的结构参数，为复合传动系统的参数化结构设计提供理论基础和技术支持。

1. 参数反求的步骤

参数反求的步骤：首先根据传动需求确定无级变速系统的速比范围；再根据速比范围的大小确定选取静液传动支路的变量泵和变量马达参数；然后确定静液-机械复合传动无级变速系统的整体方案；根据传动方案、传递功率的需求和静液传动支路零件的性能参数，确定静液传动支路与机械传动支路动力分配的比例以及动力分流的行星机构参数；根据静液-机械复合后的速比变化范围和无级变速系统的速比范围要求，确定无级变速的“段位”数；根据传动方案和静液传动支路的参数确定合适的换段方式；然后，利用数学模型中的速比连续性条件，见式（4-32），连同虚拟杠杆的段位衔接条件，如图 4-16、图 4-18 所示，建立欠定方程；再根据传动系统的边界条件，缩小求解范围；最终确定机械传动支路的齿轮齿数及其他复合传动系统结构参数。

2. 参数反求的仿真验证

利用静液-机械复合传动无级变速系统的参数反求技术，根据德纳-力士乐公司提供的 HVT-R2 结构方案和产品性能参数，及德国采埃孚公司提供的 cPower 结构方案和产品性能参数，成功反求了 HVT-R2 和 cPower 的内部结构参数，为后续的理论分析和仿真研究提供了参数设置依据。

根据参数反求的结构参数，搭建了 HVT-R2 无级变速器变速传动系统的仿真模型，如图 4-18 所示。

仿真模型中，在变速器输入转速不变的情况下，期望车速和仿真车速随时间变化如图 4-19 所示，在 80s 内模拟了从 0 增长到 35km/h，再从 35km/h 下降到 0 的变速过程，在换段过程中并未表现出明显的车速波动，升速和降速过程均较平顺。

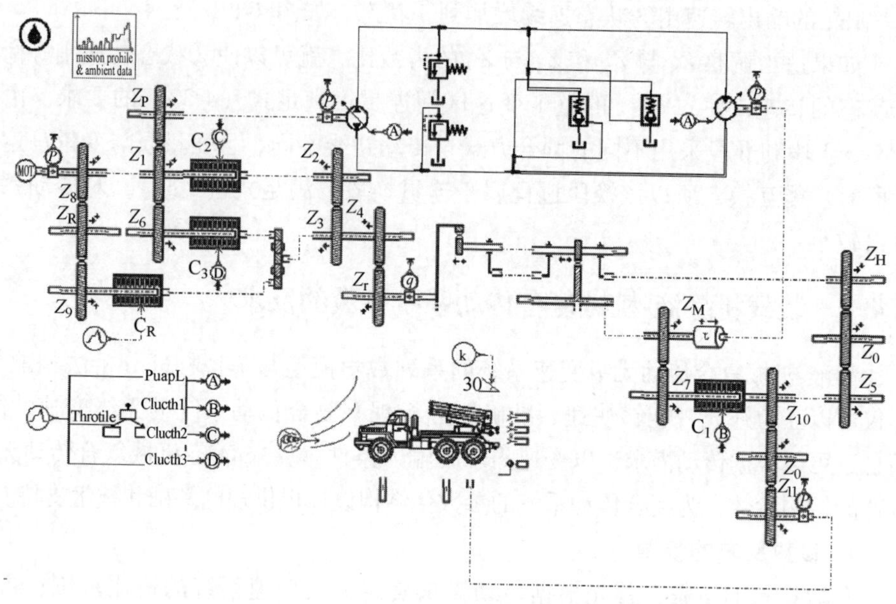

图 4-18　HVT-R2 无级变速器变速传动系统仿真模型

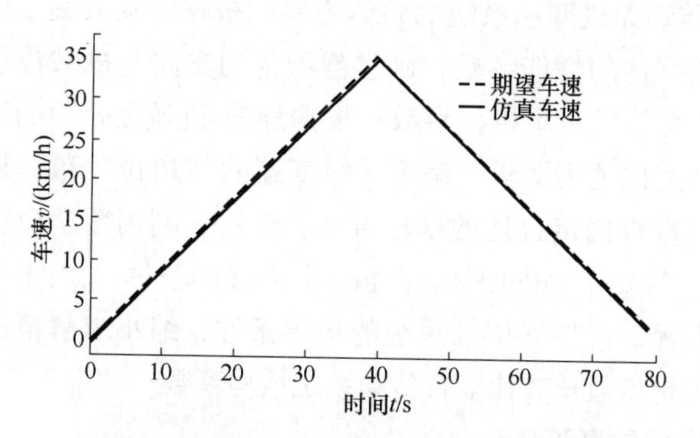

图 4-19　期望车速和仿真车速随时间的变化

在变速器输入转速恒定的条件下，始终与输入转速成正比的 Z_8 齿轮转速恒定在 1120r/min，HVT-R2 机械传动支路中离合器之前的所有齿轮转速均恒定。

随着车速的升高和降低，离合器之后的齿轮 Z_3 随着离合器 C_1、C_2 和 C_3 的接合状态变化，即随着 HVT-R2 的段位在变化，Z_3 的转速变化情况如图 4-20 所示。

车速从 0~35km/h 的仿真过程（0~40s 段）静液传动支路转速随着段位的变化：在其变量泵输入转速不变的情况下，在变量泵和变量马达排量比的调节

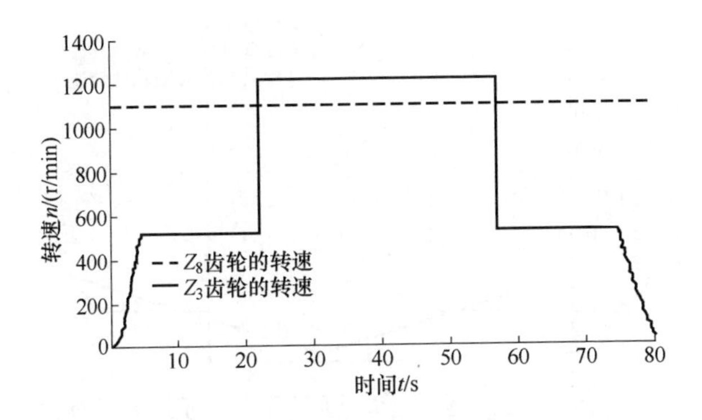

图 4-20　HVT-R2 机械传动支路离合器前后的齿轮转速

下，变量马达的转速先从零下降到负的最高转速后，转而上升，越过零点后达到正的最高转速，后又复位至负的最高转速，随后又逐渐升高至正的最高转速，在此过程中车速持续升高，直至达到最高车速 35km/h。降速过程与升速过程刚好相反，整个循环工况仿真结果如图 4-21 所示。

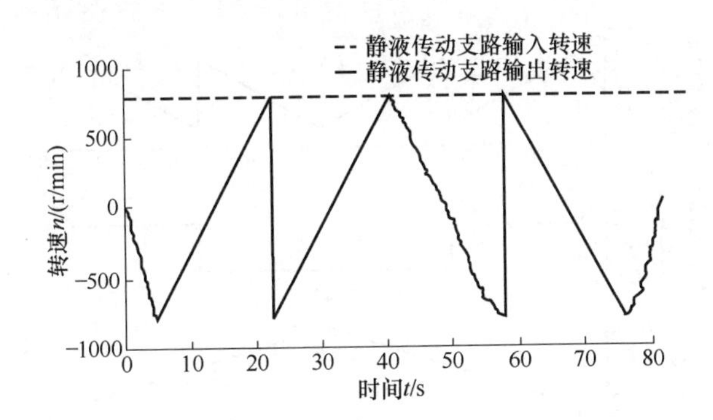

图 4-21　HVT-R2 静液传动支路的输入、输出转速

HVT-R2 机械传动支路和静液传动支路的动力通过行星排动力耦合输出，其中，动力由齿圈输入，Ⅰ段由太阳轮输出，Ⅱ段和Ⅲ段由行星架输出，段间的动力切换由 C_1、C_2 和 C_3 离合器的接合状态控制，传动路线随着离合器接合状态的不同而切换，整个仿真过程中行星动力耦合装置三个构件的转速如图 4-22 所示。

HVT-R2 的总速比由机械传动支路速比和静液传动支路速比共同决定，如图 4-23 所示。

仿真结果再现了复位式换段无级变速器的变速特性，在变速器输入转速不

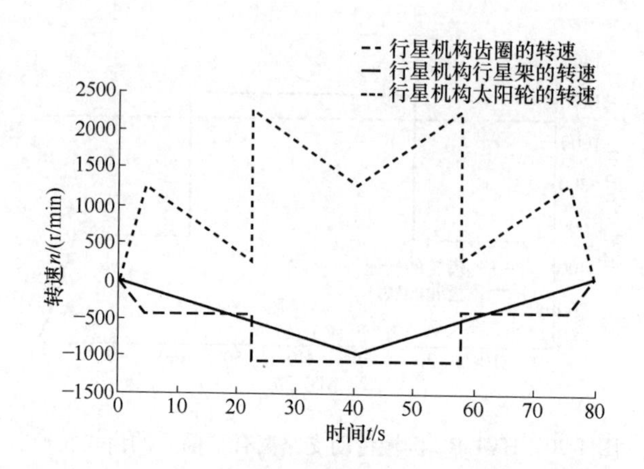

图 4-22　HVT-R2 行星动力耦合装置三个构件的转速关系

变的前提下，车速在离合器和排量比的控制下，实现了从 0～35km/h，再从 35km/h 变回 0 的变速过程。通过反求技术获得的参数搭建的 HVT-R2 仿真模型与德纳-力士乐公司公开的性能相吻合，验证了参数反求方法的正确性。

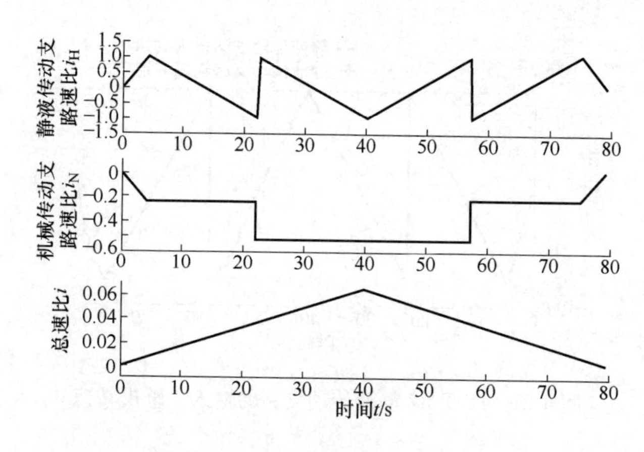

图 4-23　HVT-R2 的速比合成关系

4.5　装载机速比调节功率分配技术

装载机在采用无级变速传动系统后，可以解耦发动机动力供应特性场与装载机负载功率需求特性场之间的关系，利用速比调节功率在装载机行走系统与工作系统之间的分配比例，从而提高装载机的功率利用率和燃油经济性，使装载机整个作业循环的能耗分布更趋于均匀化。

4.5.1　速比调节功率分配的前提与假设

第 2 章的装载机循环工况调查试验数据的统计结果表明，装载机行走系统与液压系统的功率在发动机输出功率的约束下呈互补关系。这一规律不仅适用于传统的液力机械传动装载机，同样也适用于静液-机械复合传动无级变速装载机。

1. 行走系统功率可以间接控制液压系统功率

传统装载机恰恰是由于行走系统与液压系统功率的互补关系，且液力机械传动装载机的牵引力与发动机转速的平方成正比，同时装载机的车速与发动机转速也成正比，造成了装载机行走系统与液压系统功率均与发动机转速相耦合的现象，在铲掘物料和满载举升前进等需要行走系统与液压系统相互配合工作的工况出现抢夺功率的现象，这也是传统装载机功率利用率偏低、油耗偏高和作业效率不易提升的根本原因。

无级变速装载机可以通过调节速比的方法，无论装载机行走系统的负载按何种趋势变化，都能够依靠速比调节作用来满足装载机行走系统车速和牵引力的要求，使发动机工作点稳定在能够提供行走功率的区域内，从而能够解耦发动机动力供应特性场与装载机动力需求特性场之间的矛盾。在满足装载机行走系统动力要求的基础上，发动机的转速还可以再满足液压系统功率输出的要求，这样就可以通过速比调节控制发动机输出功率在行走系统与液压系统之间的分配比例了。

2. 无级变速装载机等功率调节发动机转速

无级变速系统能够在输出功率不变的情况下，通过速比等功率调节发动机工作点，从而调节发动机的目标转速，如图 4-24 所示。

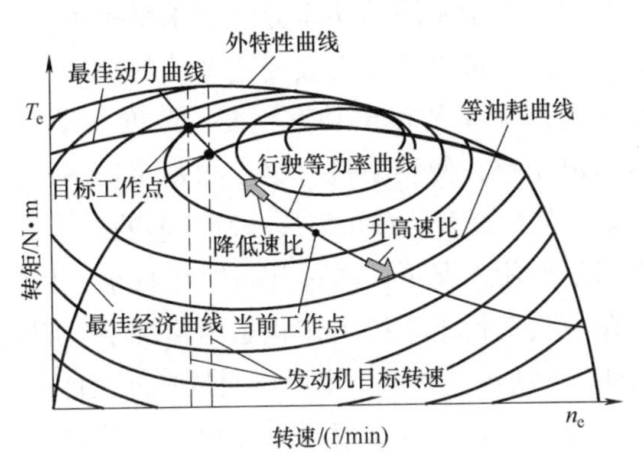

图 4-24　等功率速比调节发动机目标转速的原理

在装载机行走系统输出功率不变的情况下，升高速比则发动机目标转速上升，反之，降低速比则发动机目标转速下降。受此影响，发动机的目标输出功率（位于最佳动力曲线、最佳经济曲线或外特性曲线上对应于目标转速点的发动机输出功率），也将随目标转速的迁移而变化，因此发动机可以用来驱动液压系统的剩余功率也随之变化，即采用此方法可以调节装载机分配给行走系统与液压系统的功率比例。

具体又可分为发动机部分负荷工况和发动机全负荷工况两种情况分别进行讨论。

4.5.2 等功率调节功率分配方案

当发动机处于部分负荷工况，且行走系统与液压系统同时需要较大的功率时，传统装载机容易出现行走系统与液压系统抢夺发动机功率的现象，发动机也将因此而迅速达到最大输出功率值，在铲掘物料和满载举升前进工况都会出现这种现象。根据无级变速系统的等功率调节特性和装载机行走系统与液压系统的功率互补特性，无级变速装载机可以在保持行走系统功率不变的情况下，利用无级变速系统的速比等功率调节特性，通过调节速比将发动机转速调节到能够提供目标输出功率的转速，使发动机在满足行走系统功率需求的同时，还能够利用剩余的发动机功率驱动液压系统完成作业任务，如图 4-25 所示。

最初装载机的功率分配情况如图 4-25a 所示，当发动机转速较低时，发动机目标工作点的功率较低，液压系统的功率需求较低，分得的转矩和功率也均较低，系统的能量分布处于一种均衡状态。

当液压系统需求功率上升，且行走系统工作状态不变时，液压系统分得的转矩和功率需要提升，但行走系统的功率分配要求维持不变，因此发动机的目标需求功率也要提升。此时可以提升无级变速系统的速比，提高发动机目标转速，基本维持装载机行走系统的输出功率不变，改变发动机的目标输出转速，以提升发动机目标输出功率，使发动机有更多的剩余功率，也使液压系统能够获得更大的驱动转矩，从而提升装载机液压系统功率的供给，如图 4-25b 所示。

这样在发动机部分负荷工况下，通过升高速比减小了行走系统与液压系统的功率分配比例，在不改变行走系统工作状态的情况下，满足了液压系统增加的功率需求，如图 4-25c 所示。同样，也可以通过降低速比的方法，增加行走系统与液压系统的功率分配比例，响应液压系统功率需求的减少，其控制的顺序变为从图 4-25c 到图 4-25b，再到图 4-25a。

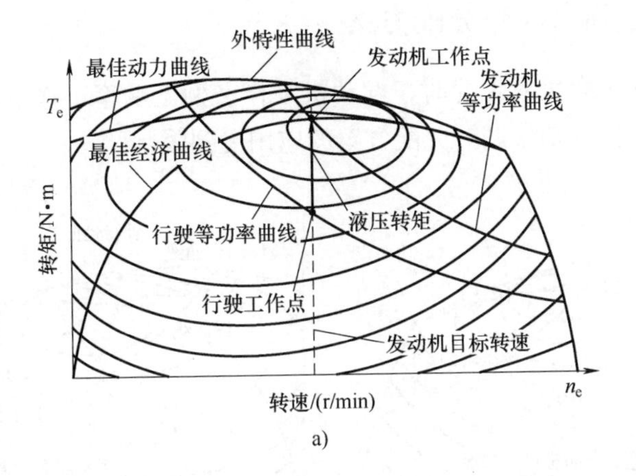

a)

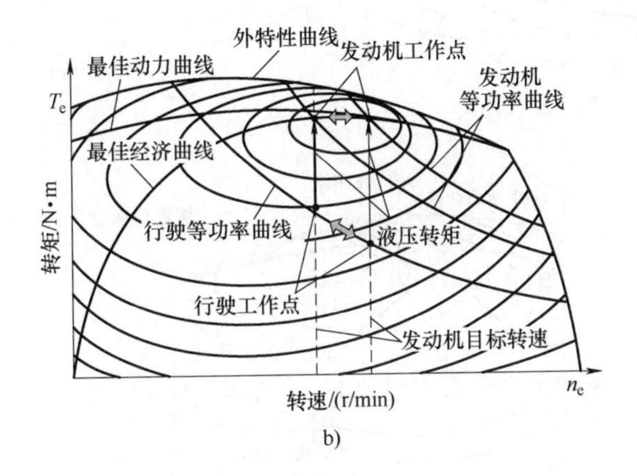

b)

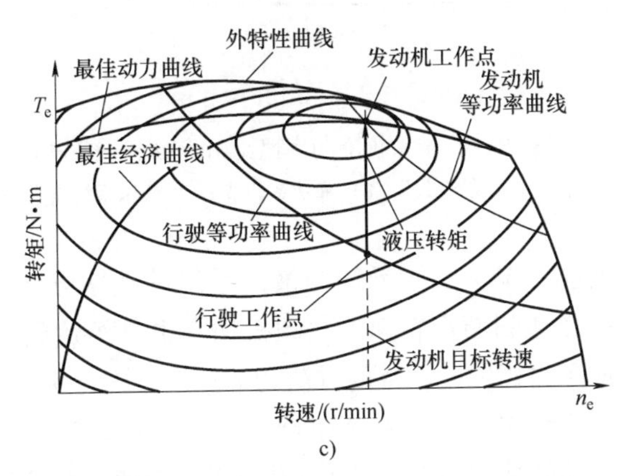

c)

图 4-25　速比等功率调节功率分配方案

a）液压系统需求功率较小　b）等功率调节　c）液压系统需求功率较大

4.5.3 等转速调节功率分配方案

当发动机处于全负荷工况时，发动机工作在额定功率工作点，如图 4-26 所示，行走系统速比等功率调节分配方案的应用受到限制。

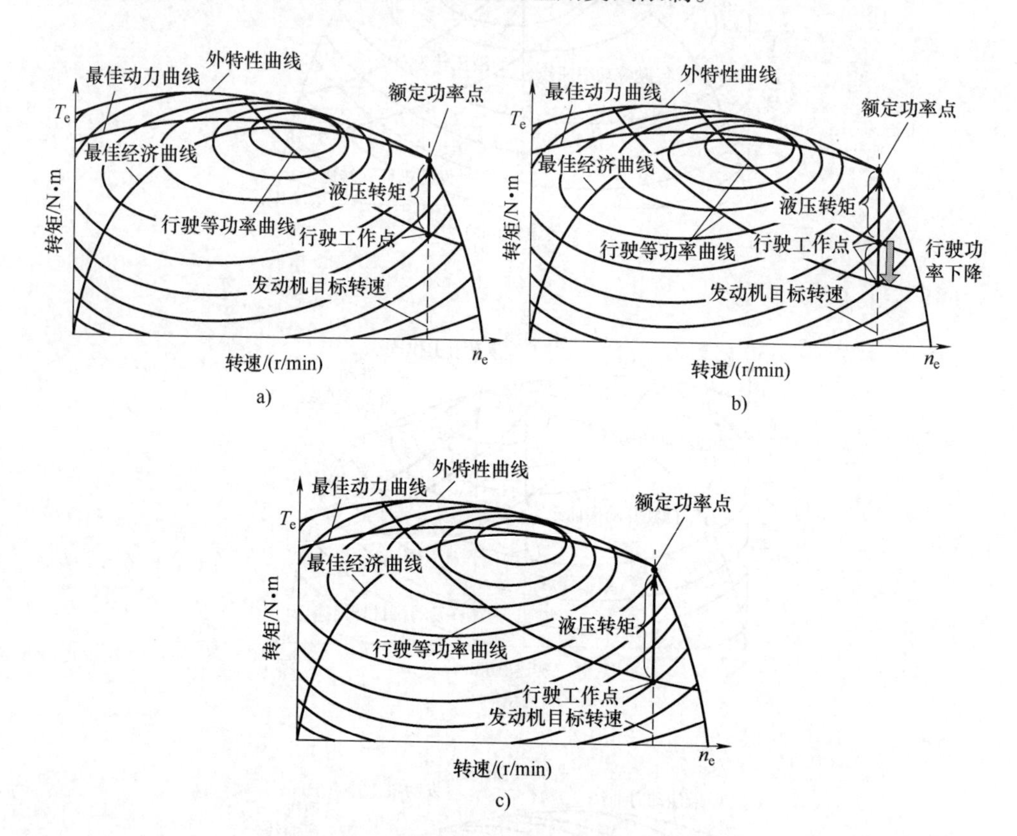

图 4-26 行走系统降功率速比调节功率分配方案

a）液压系统需求功率较小 b）降功率调节 c）液压系统需求功率较大

假设装载机当前工况下行走系统与液压系统的功率分配情况如图 4-26a 所示，发动机转速已经达到额定转速，发动机功率也已经达到额定功率，不能通过提升发动机转速和目标输出功率的方法调节功率分配比例了。

此时，当液压系统需求功率上升而行走系统对功率没有特别要求时，可以通过稳定发动机当前转速（额定转速），升高无级变速系统速比的方法，使装载机行驶车速下降，在发动机额定功率不变的约束条件下，行走系统功率下降，降低的功率用于驱动液压系统，于是液压系统就能够以更大的驱动转矩和更高的功率来克服工作装置的阻力，如图 4-26b 所示，迅速完成作业任务。这样通过升高速比的方法，降低了行走系统与液压系统功率的分配比例，适应了装载机作业工况的要求，如图 4-26c 所示。

当液压系统需求功率下降时，则按照行走系统速比等功率调节功率方案，在不改变行走系统输出功率的前提下，通过降低无级变速系统速比和降低发动机目标转速的方法，使发动机目标输出功率降低，从而降低液压系统的驱动转矩和输出功率，控制流程的顺序变为从图 4-25c 到图 4-25b，再到图 4-25a，最终，提升了行走功率与液压功率分配的比例。

4.5.4　全工况速比调节功率分配策略

在无级变速装载机行走系统与液压系统的不同运行状态下，利用无级变速系统的速比调节功率分配比例的控制及响应流程如图 4-27 所示。

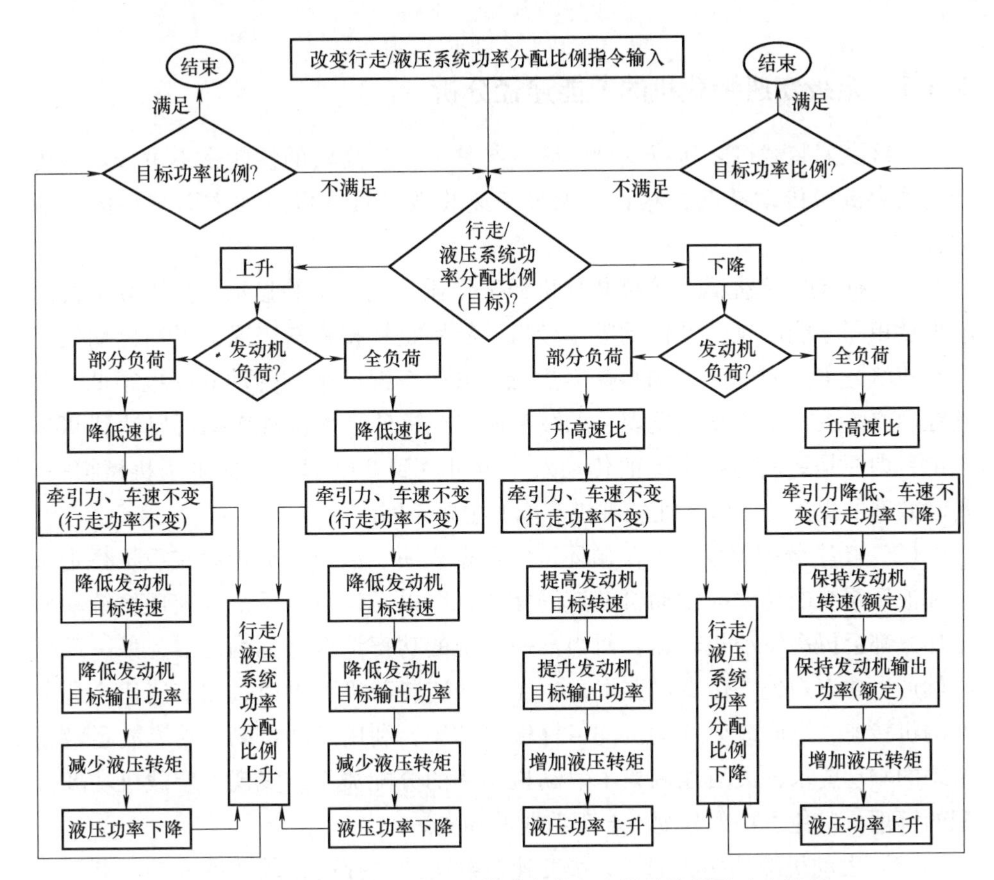

图 4-27　无级变速系统速比调节功率分配比例的控制及响应流程

对应驾驶员输入的调节速比请求，可在无级变速装载机上通过无级变速系统速比微调的方法，调节装载机行走系统与液压系统的功率分配比例，但这需要借助改变功率分配比例指令输入装置，比如在手柄上安装一个滚轮或利用制动踏板和加速踏板的前半程等，手柄或踏板在不同位置反映驾驶员对功率分配比例的不同诉求。

无级变速系统接收调节功率的指令后，首先判断是升高还是降低装载机行走系统与液压系统的功率分配比例，然后再根据发动机负荷状态进入各自的控制子流程，执行功率分配调节。最终，将得到的行走系统与液压系统功率分配比例与目标期望的数值进行比较，如果满足要求则功率调节流程完成，如果不满足则再次执行流程，直到满足要求，或系统接收到流程中断指令才结束流程。

4.6 无级变速装载机节能效果验证

4.6.1 无级变速装载机的节能途径分析

无级变速装载机之所以受到青睐，与其节能、高效的性能密不可分。与传统的液力机械传动装载机相比，无级变速装载机具有以下四方面独特的节能途径。

（1）传动效率提高 传统装载机的工作循环调查试验显示：由于装载机的液力变矩器不能闭锁，其传动效率较低，特别是铲掘物料工况，平均传动效率只有40%左右，对于坚硬物料甚至更低。其余工况的平均传动效率也很低，大约在70%左右。仿真研究发现，无级变速装载机的平均传动效率可以达到90%以上，即便是铲掘物料工况的传动效率也可达到80%以上，减少了机械损失。传动效率的提高是无级变速装载机节能的主要原因。

（2）功率分配解耦 工作循环试验数据表明，液力机械传动装载机行走系统和液压系统的功率与发动机转速强相关，所以无论行走系统或液压系统功率增加，都会提高发动机转速，而当某一系统的功率请求得到满足后，另一系统必然产生功率损失。仿真研究发现，无级变速装载机可以通过调节速比来调节发动机转速，进而改变发动机的目标输出功率，利用发动机剩余功率满足液压系统的驱动要求，灵活地调整了发动机功率的分配关系，实现了装载机功率分配的解耦，避免了功率分配不合理造成的损失。

（3）发动机降功率匹配 无级变速装载机通过提高传动效率和功率利用率两方面实现了节能。另外，用功率平衡匹配法代替牵引力平衡匹配法，无级变速装载机由于取替了液力变矩器，不用考虑提升发动机转速满足牵引力的要求，发动机平均转速降低了，减少了摩擦损失，减小了对发动机功率的要求，因而可以匹配较小功率的发动机。同时，进一步降低了装载机对发动机最高功率和平均功率的要求，因此，同样吨位的装载机可以匹配小功率（小排量）的发动机，降低了发动机本身的功率消耗。

（4）作业效率提升　由于无级变速装载机传动效率提高了，且功率分配可以解耦，发动机功率得到了充分利用，相同作业循环的周期可以缩短，提升了作业效率。最典型的工况是短距离作业循环的满载举升前进工况，传统装载机由于功率的耦合关系，功率不能灵活分配，当装载机接近运输车辆时，动臂尚未完成举升动作，此时需要等待液压系统利用受限的功率将动臂举升到位，延长了作业周期，增加了燃油消耗量。无级变速装载机则可通过速比调节行走系统与液压系统的功率分配比例，使装载机刚好到达运输车辆的时候，动臂完成举升动作，避免了不必要的等待时间，充分利用了发动机功率。另外，无级变速装载机传动效率的提高也加快了装载机的行驶车速，提高了作业效率。作业效率的提高降低了装载机单位工作量的油耗。

仿真和试验均表明，无级变速装载机可比液力机械传动装载机节能 20%以上，这是以上四种节能途径作用的综合结果。

4.6.2　传统装载机仿真平台的搭建

在装载机传动系统数学模型公式（4-1）~式（4-10）的指导下，运用面向对象的 Amesim 软件搭建了装载机仿真平台，仿真平台分为传统装载机仿真平台和无级变速仿真平台，其中，传统装载机仿真平台要与工况调查试验进行对标修正，当传统装载机仿真模型的动力性和经济性指标与装载机工况调查试验数据的差异均控制在可接受范围内时，则认为传统装载机仿真模型已经能够代表传统装载机了，再将其派生成无级变速仿真平台，在无级变速仿真平台上进行无级变速装载机节能潜力研究和速比调节装载机功率分配策略的研究。

基于模块化建模思想，在 Amesim 环境下，遵循传统装载机的结构特点，按照 CLG856H 装载机的结构性能参数（表 4-1）搭建仿真平台。

表 4-1　目标传统装载机结构性能参数

参数	传统装载机
斗容/m^3	3
工作重量/kg	16900

（续）

参数	传统装载机
最大牵引力/kN	150
发动机功率/kW	168
发动机最高转矩/N·m	1180
发动机最高转速/(r/min)	2150
速比范围	12.6~40
液力变矩器转矩比	2.5
档位	前4后4
桥总速比	22.54
液压系统压力/MPa	19.5
液压系统流量/(L/min)	300

仿真平台包括传动链、液压系统和工作装置等几个主要模块，其中，传动链模块基于液力变矩器性能试验数据的非线性映射数值模型搭建，用于模拟行走负载，液压系统和工作装置模块用于模拟液压工作负载，由动力分配模块将发动机动力分配给这两个系统，模型的顶层如图4-28所示。

在循环工况模块中植入根据装载机工况调查数据制定的面向装载机作业终端的工作循环，如图2-36所示，该工作循环明确了装载机仿真平台在各阶段、各种执行终端的动力性能要求指标和功率需求，仿真平台必须满足循环工况的所有动力性能要求才能够顺利地完成仿真。

将仿真平台的燃油经济性输出结果与工况调查得到的数据进行比较，并以此为依据，对仿真平台的动力性和燃油经济性指标进行对标修正，直到偏差小到可以接受的范围，即可认为仿真平台能够反映装载机在动力性和经济性方面的真实性能。传统装载机仿真平台在整个工作循环的动力性输出情况如图4-31所示，循环燃油消耗量为239.1mL/循环，与装载机工况调查数据分析结果基本吻合。

4.6.3 无级变速装载机仿真模型的派生

在传统装载机仿真平台的基础上，运用模型的派生技术，将传动链中的液力机械传动系统改成静液-机械复合无级变速传动系统，并增设CVT控制器，用于控制无级变速系统随装载机工况变化实现不同的速比，最终，搭建成无级变速装载机仿真平台，如图4-29所示。

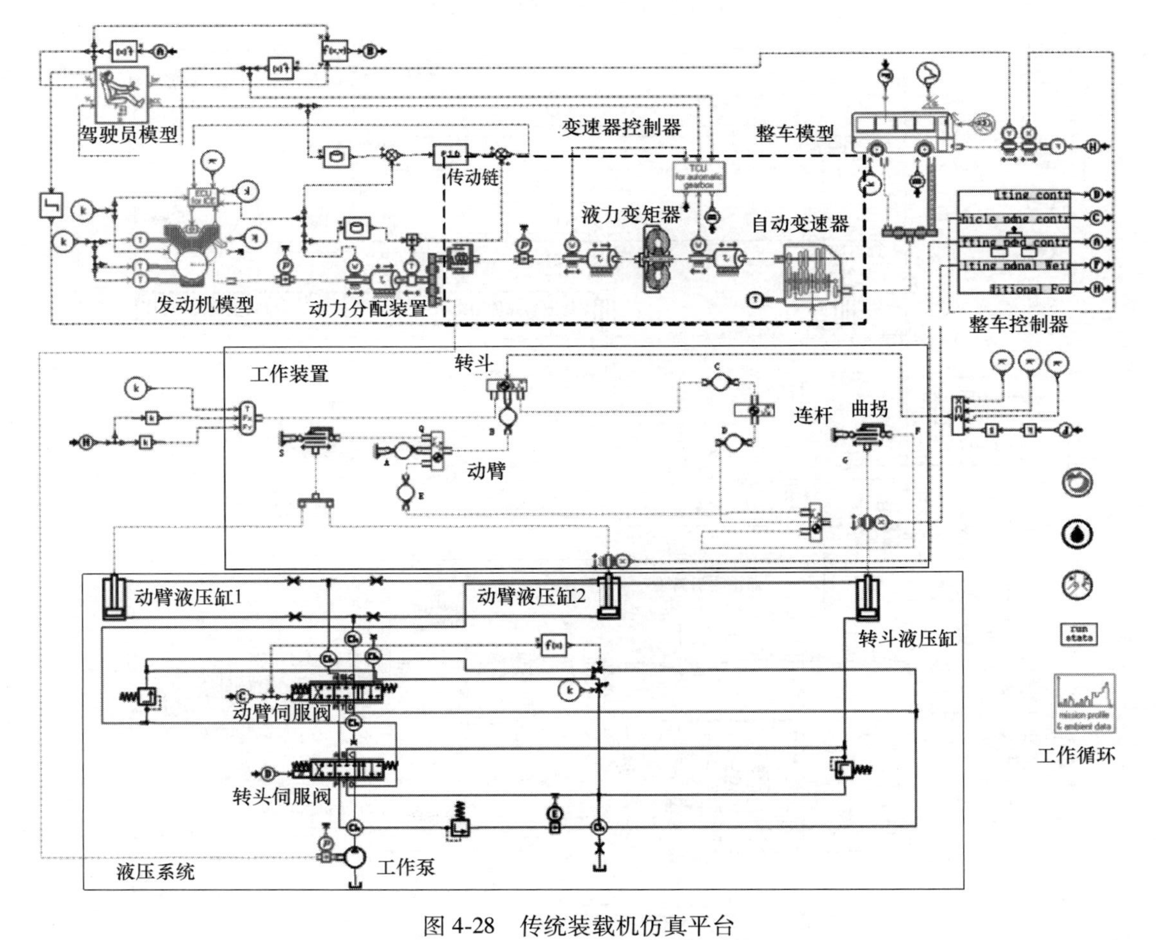

图 4-28　传统装载机仿真平台

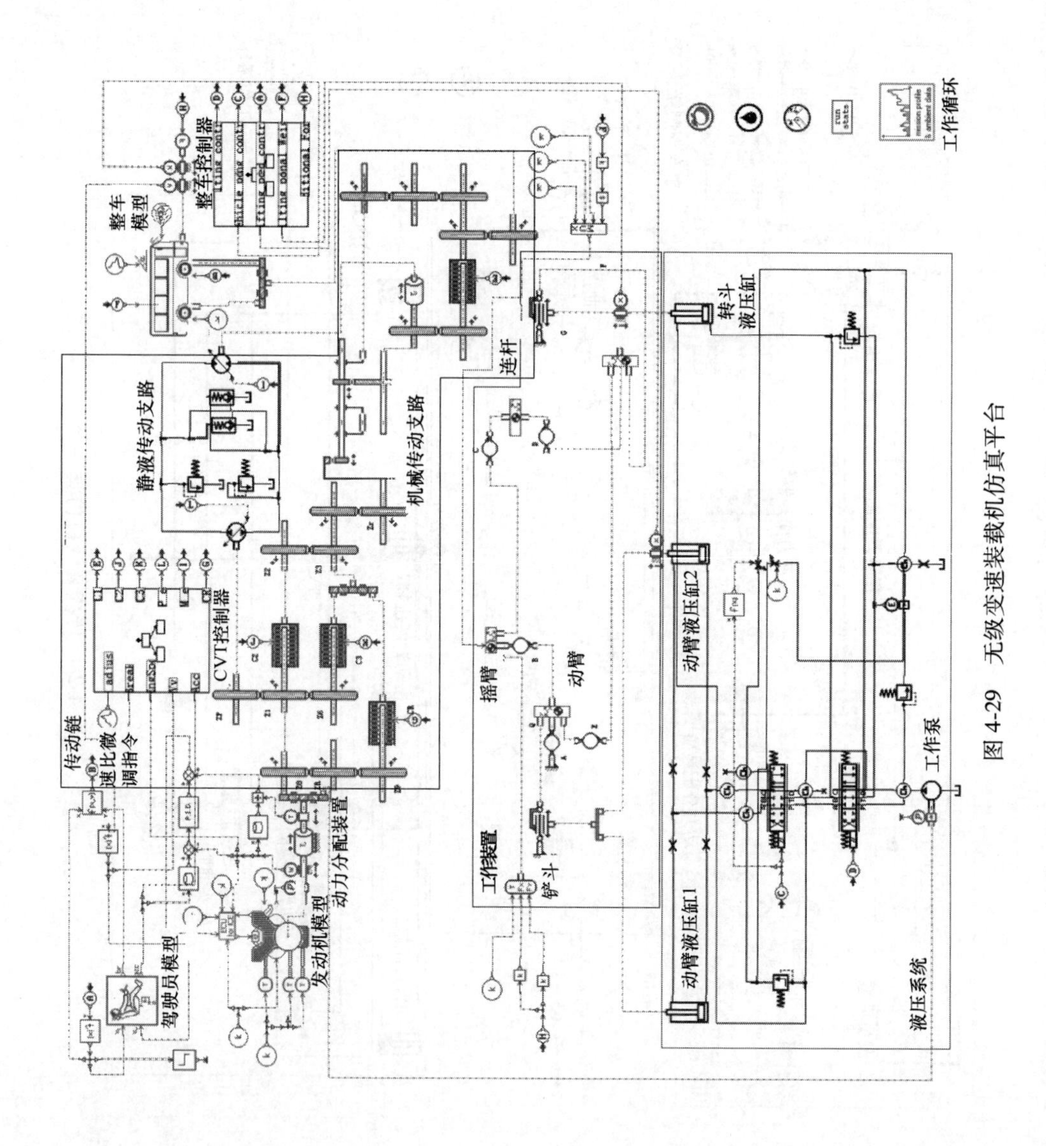

图 4-29　无级变速装载机仿真平台

按照表 4-2 设置无级变速装载机仿真平台的参数，由于静液-机械复合传动无级变速系统的传动效率高于液力机械传动系统，所以将传统装载机仿真平台的 168kW 发动机换成 123kW 发动机，就能驱动无级变速装载机按照循环工况的要求执行完传统装载机的所有任务，这也是装载机降功率匹配的一个体现。

表 4-2　无级变速装载机结构性能参数

项目	参数
斗容/m^3	3
工作重量/kg	16900
最大牵引力/kN	150
发动机功率/kW	123
发动机最高转矩/N·m	890
发动机最高转速/(r/min)	1850
速比范围	10~120
档位	前 3 后 3
桥总速比	22.54
液压系统压力/MPa	19.5
液压系统流量/(L/min)	300

仿真模型只是静液-机械无级变速装载机研究搭建的一个平台，更多的研究内容还是体现在仿真模型的控制策略上。为了检验以上提出的控制方法的有效性，需要编制控制策略，首先能够确保静液-机械复合传动无级变速系统能够忠实地执行速比控制指令，以足够快的响应速度达到期望的速比，然后，在各种典型工况下计算出最佳速比，最后，实现目标速比的实时跟踪。

这些控制算法都要在仿真平台上经过调整测试，才能逐渐完备。

无级变速装载机仿真平台的 CVT 控制器是体现传动系统控制策略的关键模块，不但承担着满足工作循环关于行走功率的动力性要求，而且还要实现通过速比调节行走系统与液压系统功率分配的功能。静液-机械复合传动系统的速比通过离合器接合/分离控制机械传动支路阶跃速比和通过液压泵与马达的排量比控制静液传动支路连续速比共同实现，其中机械传动支路离合器的接合/分离采用有限状态机控制方法，静液传动支路的排量比控制采用模糊 PID 控制算法。

有限状态机根据目标速比与当前速比的差值大小，以及静液传动支路变量系统的当前位置信息，计算是否需要改变离合器的接合状态，切换机械传动路线，如不需要则保持当前的传动路线，根据输入信息微调排量比。

CVT 控制器内部的控制逻辑关系如图 4-30 所示。其输入信号包括：制动踏板开度、加速踏板开度、当前发动机转速、当前车速以及速比微调量请求 5 个变量，其输出信号包括：C_1、C_2、C_3、C_R 4 个离合器的接合状态、变量泵和变量马达的排量共 6 个变量，控制器还要实时监测 6 个输出量的状态，以便对实时控制量进行适当的调整。

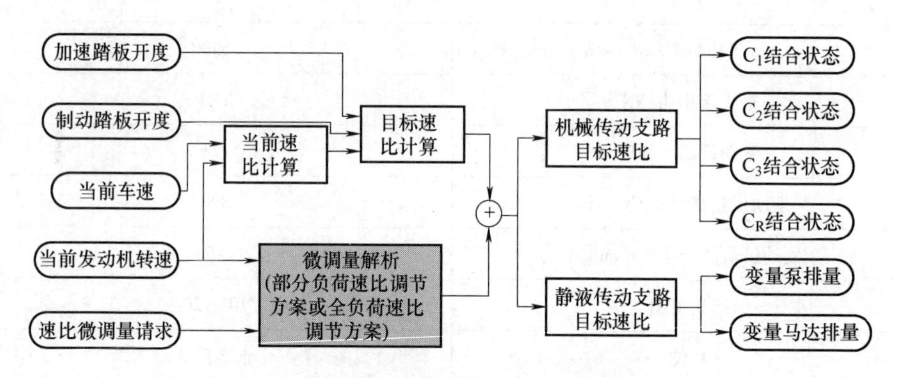

图 4-30　CVT 控制器内部的控制逻辑关系

无级变速装载机通过速比调节功率分配的控制策略集中体现在微调解析模块中，该模块主要包含发动机部分负荷工况传动系统速比调解方案和发动机全负荷工况传动系统速比调解方案，具体按照速比调节功率分配控制策略的控制流程执行。

利用传统装载机仿真平台和派生的无级变速装载机仿真平台的仿真结果对比检验无级变速装载机的性能，如图 4-31 所示。

由装载机仿真平台循环工况动力性仿真结果可知：

1）行驶车速曲线说明传统装载机与无级变速装载机都能跟踪上目标车速，但在起步和铲掘阶段无级变速装载机对目标车速跟踪得更紧密。

2）牵引力曲线说明无级变速装载机比液力机械传动装载机的牵引力更强劲，尤其在铲掘物料工况。

3）液压驱动转矩基本重合（液压驱动转矩是指装载机所有液压系统的驱动转矩之和，无级变速装载机与传统装载机的液压系统完全相同，故在发动机动力充沛的情况下，液压驱动转矩的仿真结果基本重合）。

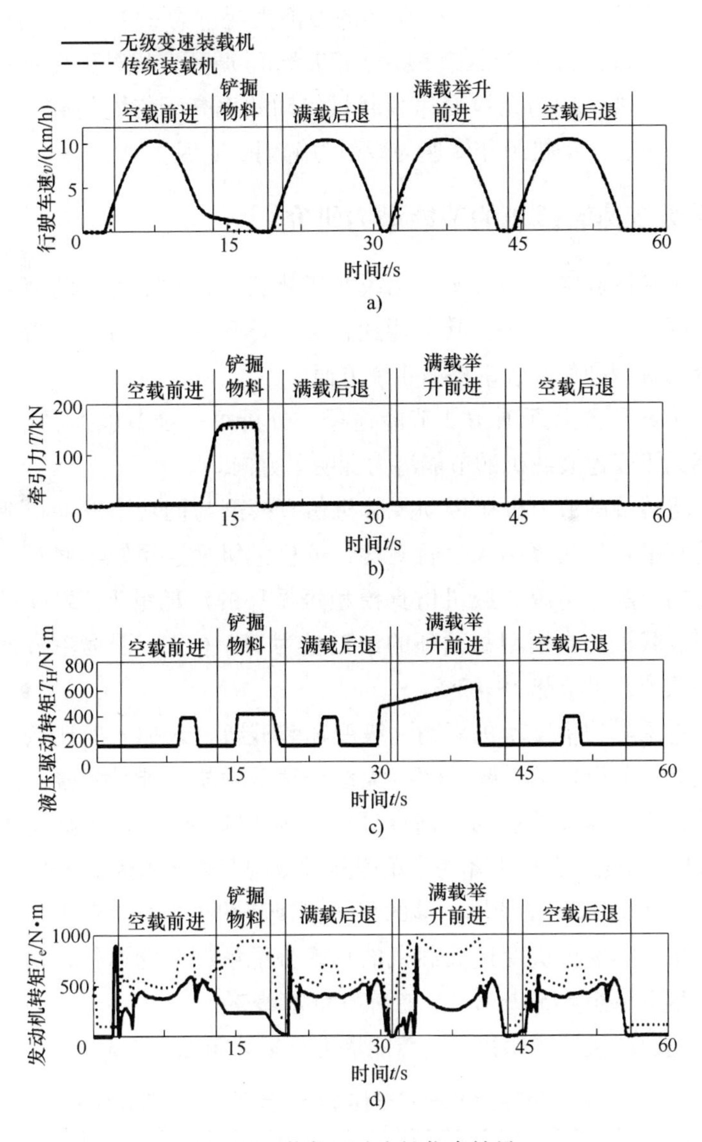

图4-31　装载机动力性仿真结果

a）行驶车速　b）牵引力　c）液压驱动转矩　d）发动机转矩

4）从发动机转矩曲线可以看出，无级变速装载机完成相同的工作任务需要发动机输出的转矩明显低于传统装载机发动机，这说明无级变速器的传动效率远远高于液力机械传动系统，故无级变速装载机的发动机转矩普遍比传统装载机的发动机转矩低，尤其在装载机处于铲掘物料工况时表现最为明显，这也是无级变速装载机可以选配较小功率发动机的原因。

传统装载机仿真平台每个工作循环的燃油消耗量为239.1mL/循环，无级变速装载机仿真平台输出的燃油消耗量为179.3mL/循环，相对于传统装载机下降了25%左右。主要是因为无级变速装载机传动效率高于传统装载机，匹配了较小功率的发动机，发动机工作转速与牵引力解耦等原因。

4.6.4 无级变速装载机的节能潜力研究

仿真分析和试验验证均表明，无级变速装载机相对于传统的液力机械传动装载机具有明显的节能优势，其节能途径主要体现在传动效率提升、降功率匹配、功率分配解耦和作业效率提高4个方面。

通过在仿真平台上逐项增加节能途径，分析每一项节能途径的节能潜力，为日后挖掘无级变速装载机的节能潜力探明了方向。

首先，将传统的液力机械传动装载机仿真模型与同功率发动机驱动无级变速装载机仿真平台的仿真结果进行对比，分析无级变速系统本身传动效率的提高对于节能的贡献。传统装载机仿真模型每循环的油耗量为239.1mL，未降功率无级变速装载机仿真模型每循环的油耗量为193.6mL，因为单方面采用了无级变速传动系统，可节能19.03%。

然后，再用降功率发动机驱动无级变速装载机，未加入速比调节装载机功率分配的策略，分析发动机降功率对无级变速装载机节能的贡献。采用123kW发动机驱动无级变速装载机的每循环油耗量为179.3mL，比未降发动机功率降低了14.3mL，因此，发动机降功率单因素导致的节能潜力为7.39%。

最后，再在123kW发动机驱动的无级变速装载机仿真平台上嵌入速比调节功率控制算法，实现无级变速装载机的功率分配解耦节能途径，仿真结果显示每循环油耗量下降至175.2mL，节能潜力为2.29%。

无级变速装载机节能途径及其节能潜力贡献分布见表4-3。

表4-3 无级变速装载机节能途径及其节能潜力贡献分布

模型	节能途径	油耗量/mL	节能量/mL	节能潜力（%）
传统装载机	—	239.1	—	—
无级变速装载机	提高传动效率	193.6	45.5	19.03
降功率无级变速装载机	发动机降功率	179.3	14.3	7.39
速比调节装载机功率分配	速比调节功率分配	175.2	4.1	2.29

由表4-3可以看出：4种节能潜力中，传动效率提升的贡献最明显，是无级

变速装载机节能的主要原因；发动机降功率的贡献位列其次，也具有非常可观的节能潜力；利用速比调节功率分配比例的节能贡献较小，但该途径属于无级变速装载机相对于液力机械传动装载机一种附加的节能收益，且由于合理的分配功率还能使无级变速装载机的作业效率提升，进一步扩大了节能优势，因此，还是有意义的。但是，由于仿真模型采用的是逆向仿真方法，模型中的仿真任务都按照循环工况中规定的时间完成，因此，未能模拟由无级变速装载机作业效率提高产生的节能潜力，相关研究只能在无级变速装载机上进行实测研究。

4.6.5　速比调节装载机功率分配方案的效果验证

借助仿真平台研究无级变速装载机速比调节功率分配方案的效果，在仿真平台的传统装载机仿真平台和无级变速仿真平台中植入相同的循环工况，令其完成相同的作业任务，分别从行驶车速、发动机转速、发动机转矩、牵引力、传动系统总速比、行走系统与液压系统的功率比、液压驱动力矩和油耗量 8 个方面检验无级变速装载机速比调节功率分配方案的效果。

首先，利用传统装载机仿真模型进行仿真，其各输出终端的动力性和经济性仿真结果如图 4-32 所示。由于发动机的额定功率为 168kW，动力性较强劲，各动力输出端基本上能够按照循环工况的要求完成各项作业任务。发动机转速和转矩在铲掘物料和满载举升前进工况几乎均达到了峰值，且发动机的转速和转矩在数值上波动较大，如图 4-32b 和 c 所示，与工况调查数据相吻合，也体现出了液力机械传动装载机的特点。但由于铲掘物料工况的牵引力上升较快，致使车速在该工况的末端未能跟踪上循环工况的目标车速，如图 4-32a 所示。每循环的油耗量为 239. 1mL，如图 4-32h 所示。

然后，利用无级变速装载机仿真模型进行仿真。先将图 4-30 中的速比微调量指令全程设置为零，仅就无级变速装载机在该工况下进行仿真。在发动机功率下降 45kW 的情况下，无级变速装载机仍能顺利地完成各工况，且在铲掘物料工况能够较好地跟踪循环工况的目标车速，牵引力曲线更加充盈，如图 4-32d 所示，体现出比传统装载机更强劲的动力性。其总速比和功率比波动明显比传统装载机减弱，如图 4-32e 和 f 所示，这是由于无级变速装载机的速比是可控的原因。由于发动机额定功率下降，传动效率提升等原因，无级变速装载机仿真平台的燃油经济性得到了很大改善，每循环的油耗量为 179. 3mL，如图 4-32h 所示。

最后，将无级变速装载机仿真模型的速比微调量指令按照工作循环的时间历程仅在铲掘物料和满载举升前进工况设置成随工况渐变调整。在传统装载机上，这两个工况的行走功率均出现不同程度的过剩现象，造成发动机功率的浪费。通过增加速比微调量指令输入的方法，使无级变速装载机分配给行走系统的功率下降，使发动机功率利用率更趋合理。其总速比和功率比在铲掘物料和满载举升前进工况得到了改善，如图4-32e和f所示，说明了无级变速装载机速比调节功率分配策略的有效性。动力性仿真结果表明发动机在上述两个工况的负荷具有不同程度的下降，如图4-32b和c所示，表明其燃油经济性有所改善，每循环油耗量为175.2mL，如图4-32h所示。燃油经济性仿真结果表明，速比微调后的油耗量有所减少但并不显著。

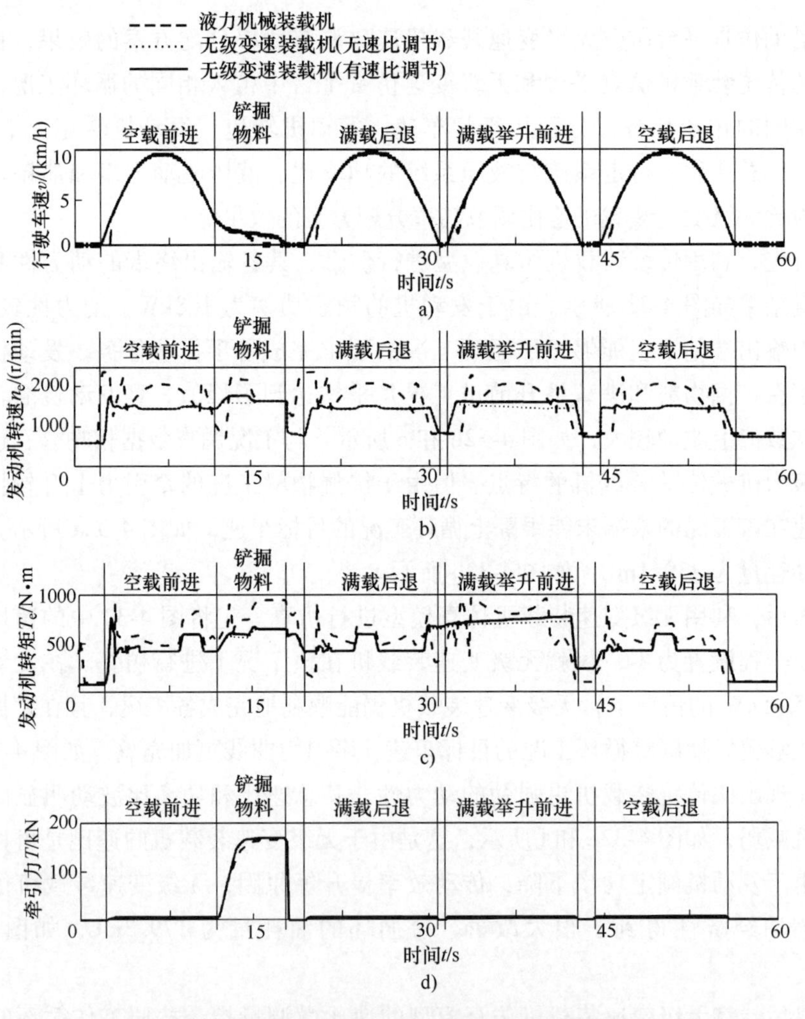

图4-32 仿真平台的动力性和经济性仿真结果

a）行驶车速 b）发动机转速 c）发动机转矩 d）牵引力

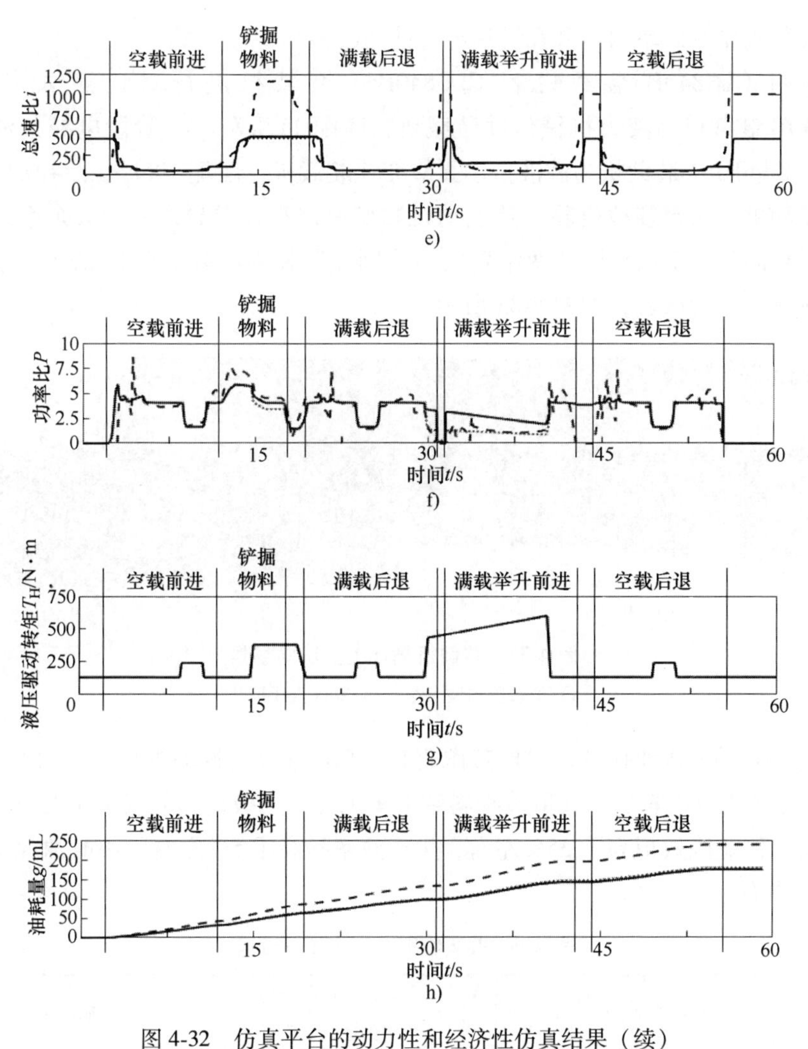

图 4-32　仿真平台的动力性和经济性仿真结果（续）

e）传动系统总速比　f）行走与液压系统的功率比　g）液压驱动转矩　h）油耗量

3 个仿真过程中液压系统输出的液压驱动转矩基本重合，如图 4-32g 所示，这是因为仿真平台中没有对液压系统做过改动，且仿真过程中液压系统所获得的动力较为充沛。

由于采用的是逆向仿真方法，仿真过程要按照事先制定的循环工况所规定的时间序列稳步运行，如图 2-36 所示，所以关于速比调节对无级变速装载机作业效率提升（缩短作业时间）的效果未能体现。

为了补充无级变速装载机在工作效率提升方面的潜力，采用全液压无级变速装载机与相同吨位的液力机械传动装载机进行作业效率对比试验，分析无级变速装载机作业效率的提升和燃油经济性的改善。

选用 CLG840H 装载机和 CLG840HST 装载机进行对比测试。其中，CLG840H 装载机为液力机械传动装载机，匹配 117kW 的 4 阶段电控柴油发动机，CLG840HST 装载机为静液传动无级变速装载机，匹配 105kW 的 4 阶段电控柴油发动机。两台装载机除上述发动机和变速器存在差异之外，其余系统皆相同。在相同条件下由相同的两组驾驶员分别在散装物料装卡车和 20m 直线铲装两种场景下进行试验，如图 4-33 所示。

a)　　　b)

图 4-33　装载机循环工况试验场景

a）散装物料装卡车　b）20m 直线铲装

完成同样的作业任务，对比其作业效率和燃油经济性的提高效果如下：

由表 4-4 可以看出，在散装物料装卡车工况下无级变速装载机比液力机械传动装载机作业能效提高了 35%左右，生产效率提高了 5%左右，小时油耗量降低了 25%左右。

表 4-4　散装物料装卡车工况试验

物料类型		土、粗石混合物（土含量大于粗石）		潮湿细沙	
试验样机		CLG840H	CLG840HST	CLG840H	CLG840HST
原始数据	循环次数/斗	16	16	16	16
	循环时间/s	475.5	467.5	491	444
	物料总重/kg	57973	60155	56115	53820
	油耗量/g	2570	1965	2470	1570
单斗数据	单斗物料重量/t	3.62	3.76	3.51	3.36
	单斗作业时间/s	29.7	29.2	30.7	27.8
	单斗油耗量/g	160.6	122.8	154.4	98.1
小时油耗量	油耗率/(kg/h)	19.5	15.1	18.1	12.7
	节油率（%）	—	-22.6	—	-29.8

（续）

生产效率	斗生产效率/(斗/h)	121.1	123.2	117.3	129.7
	提升率（%）	—	1.7	—	10.6
	重量生产效率/(t/h)	438.9	463.2	411.4	436.4
	提升率（%）	—	5.5	—	6.1
作业能效	作业量/油耗量/(kg/g)	22.6	30.6	22.7	34.3
	提升率（%）	—	35.4	—	51.1

由表 4-5 可以看出，在 20m 直线铲装工况下无级变速装载机比液力机械传动装载机作业能效提高了 30%左右，生产效率提高了 5%左右，小时油耗量降低了 19%左右。

表 4-5　20m 直线铲装工况试验

物料类型		土、粗石混合物（土含量大于粗石）		潮湿细沙	
试验样机		CLG840H	CLG840HST	CLG840H	CLG840HST
原始数据	循环次数/斗	54	55	55	59
	循环时间/s	1800	1800	1800	1800
	油耗量/g	10940	8435	10680	8930
物料估算	单斗物料重量/(kg/斗)	3800	3800	3500	3500
	物料总重/kg	205200	209000	192500	206500
单斗数据	作业时间/s	33.3	32.7	32.7	30.5
	单斗油耗量/g	202.6	153.4	194.2	151.4
小时油耗量	油耗率/(kg/h)	21.9	16.9	21.4	17.9
	节油率（%）	—	-22.8	—	-16.4
生产效率	斗生产效率/(斗/h)	108.0	110.0	110.0	118.0
	提升率（%）	—	1.9	—	7.3
	重量生产效率/(t/h)	410.4	418.0	385.0	413.0
	提升率（%）	—	1.9	—	7.3
作业能效	作业量/油耗量/(t/kg)	18.8	24.8	18.0	23.1
	提升率（%）	—	31.9	—	28.3

利用 CLG840HST 装载机，在散装物料短程装卡车工况下，分别对未实施速比调节功率分配控制和实施了速比调节功率分配控制进行对比试验，两组试验数据结果如图 4-34 所示。

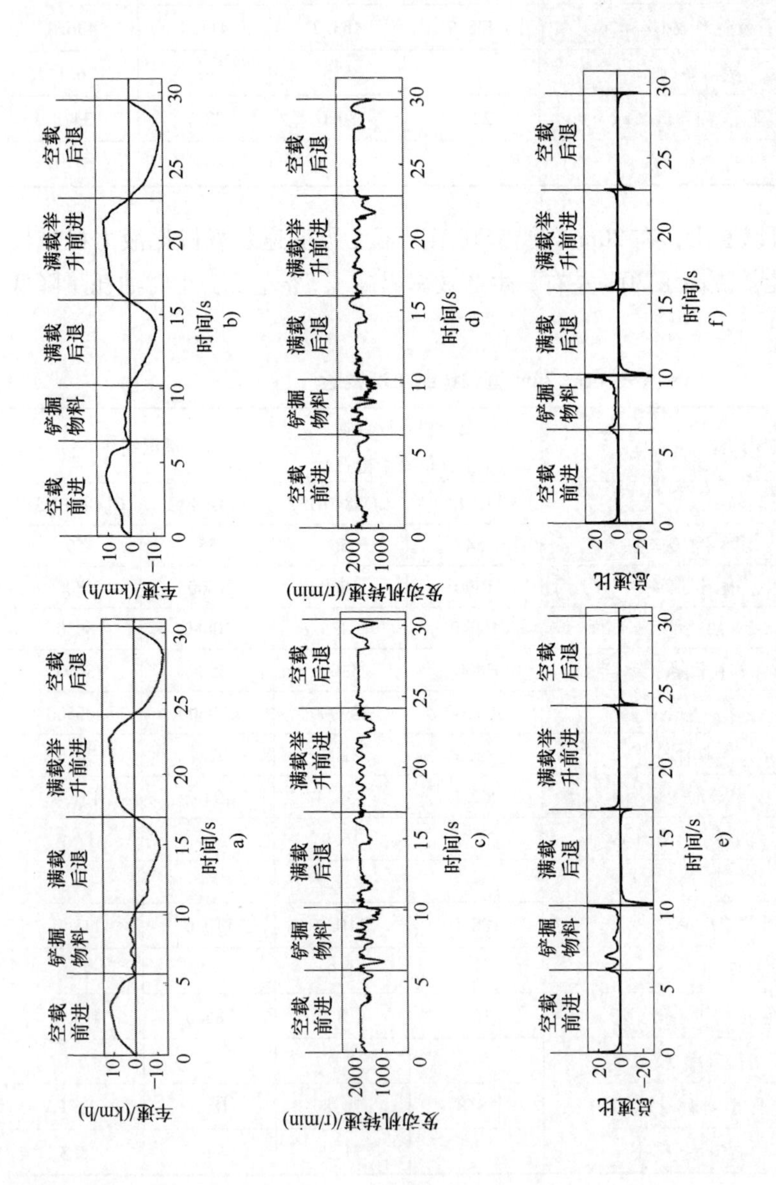

图 4-34 无级变速装载机速比调节功率分配对比试验数据

a）车速（无速比调节功率） b）车速（速比调节功率） c）发动机转速（无速比调节功率）
d）发动机转速（速比调节功率） e）总速比（无速比调节功率） f）总速比（速比调节功率）

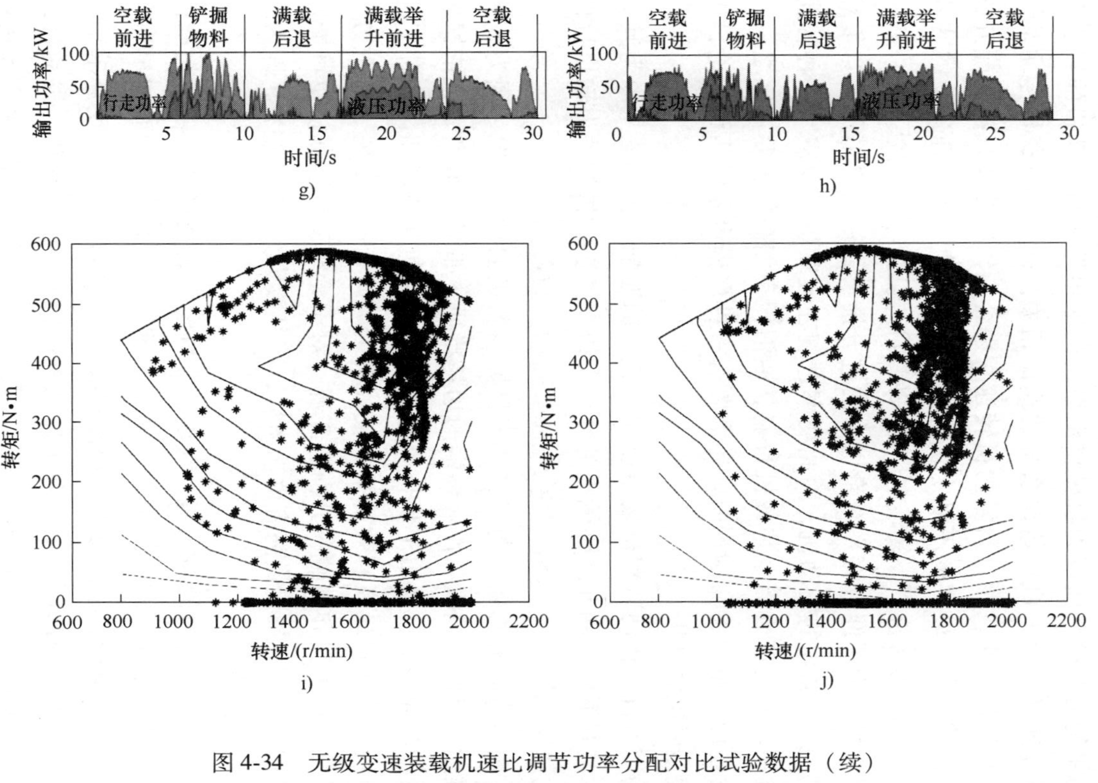

图 4-34　无级变速装载机速比调节功率分配对比试验数据（续）

g）功率分配（无速比调节功率）　h）功率分配（速比调节功率）

i）发动机工作点（无速比调节功率）　j）发动机工作点（速比调节功率）

4.7 无级变速装载机的功率平衡匹配理论

因为装载机的动力性首先体现在牵引特性上，传统装载机动力系统的匹配要以牵引力平衡为基础，而液力机械传动系统的输出转矩与发动机的转速平方有关，行驶车速又与液力机械传动系统的速比相关，即传统装载机传动系统的输出特性具有较强的非线性且与发动机转速相耦合，传统的装载机匹配方法的操作性较差，其中存在较多的不确定性因素，所以一直以来，理论上的装载机参数匹配计算仅有参考价值，实践中广泛采用对标类比匹配的方法。

装载机主机厂为了迎合客户对牵引力的过分推崇，往往要采用比竞争对手（对标机型）更加强劲的发动机，因此功率过剩在装载机行业成为一种普遍现象。功率利用率低是造成当今装载机行业燃油消耗率偏高的主要原因之一，亟待装载机变速传动系统革命的同时，还需要有一种严谨可靠的匹配理论，指导行业按照规范匹配装载机。

传统的液力机械传动装载机之所以缺乏完善的匹配理论，就是因为其关键的传动部件具有不确定和非线性输出特性。无级变速装载机的动力输出特性与传动系统的速比线性相关，其动力系统的匹配简单且规范。

首先，确定装载机的额定功率。基于目标装载机的循环工况，因为该循环工况详细描述了目标装载机各作业终端的功耗特征，如图 2-36 所示，依据循环工况所体现的功耗特征，采用定步长积分法计算装载机作业周期内各种工况的有效功率，经比较确定最高有效功率。装载机工况调查研究发现，最高功率一般出现在铲掘物料工况和满载举升前进工况，对于无级变速装载机更可能发生在满载举升前进工况。确定最高有效功率后，将其放大到 140%左右，即为装载机额定功率的初选值。

其次，确定发动机的最高转速。基于已经暂定的装载机额定功率初选值和目标装载机的最高车速要求，选择合乎要求的无级变速系统，进而初步确定装载机的变速传动比范围，根据最小传动比和最高车速用式（4-8）反算求得发动机的最高转速。遵循当前国际上装载机发动机低转速发展的趋势，发动机最高转速应控制在 1800r/min 左右。根据最终选取的发动机最高转速再确定无级变速系统。

然后，确定发动机的最高转矩。根据目标装载机的牵引力要求和确定下来的无级变速系统最高速比，用式（4-9）反算求得发动机目标最高转矩，计算得到目标最高转矩再放大 130%左右，即为目标发动机的最高转矩。按照静液-机械无级变速系统对动力系统的要求，本着充分利用发动机功率的原则，发动机的功率在转矩达到最大后应尽量保持恒功率。

最后，按照发动机输出功率约束下行走系统与液压系统功率呈互补规律的原则，根据液压系统的功率和驱动转矩要求核算初选的发动机是否会出现功率不足现象，如果功率、转矩均符合要求则匹配合格，如果不符合要求则进一步放大系数，重新匹配。

按照上述功率平衡匹配理论，匹配了 CLG840HST 无级变速装载机的动力系统，其动力性和经济性的试验数据见表 4-4 和表 4-5。按照功率平衡理论匹配了 CLG856H 装载机的对标无级变速装载机参数见表 4-2，其动力性和经济性如图 4-32 所示，上述数据表明按照功率平衡理论匹配的无级变速装载机的发动机转矩功率下降 10%以上，动力性维持在原机型的水平或更高一些，燃油经济性有显著的改善。

4.8　速比调节功率分配方案在其他领域的应用

受无级变速系统通过速比调节装载机功率分配比例提高功率利用率、燃油经济性和作业效率的启示，该方法也可以在其他存在功率分流工况的机械上应用。

大部分农业机械需要自行走，要求边行走边作业。以联合收割机的作业工况为例，其行走系统要克服农田中的行驶阻力以稳定的车速行驶，同时收割和收获工作装置也要完成相应的作业任务，完成收割机行走地段农作物的收割和收获任务。收割和收获系统的作业任务与行驶车速和农作物的长势密切相关。由于收获季节农田的行驶阻力差异很大，往往因为低洼地段存水或坡度倾斜使作用于行驶系统的阻力千变万化；与此同时，农作物的长势也不尽相同，同样一段行驶区域的农作物收获阻力也大相径庭。面对如此复杂的动力分配要求，传统的联合收割机只能靠增加发动机功率来消极应对此类问题，缺乏针对具体问题的灵活应对策略，以致在泥泞、上坡的农田由于行驶阻力增加，联合收割机不能分配更多的功率克服行驶阻力，而使行驶系统“停滞”，或在农作物长势良好的地段因为收割和收获的作业阻力增加和联合收割机行驶速度过快而造成工作系统“堵塞”，均需要暂停收获作业进行相应的处置才能继续作业，不仅影响了作业效率，耽误了农时，而且“停滞”和“堵塞”的处置过程经常会导致对农作物乃至农田本身的破坏。

利用速比调节行走系统与工作系统功率分配比例的方法，就可以随联合收割机的工况变化灵活地调节功率，顺利地完成收割和收获作业任务。在行驶阻力较大的地段，可以降低无级变速系统的速比，增加行走系统功率分配，使克服行驶阻力的牵引力得到提升；在收获阻力较小的地段，可以升高无级变速系统的速比，减少行驶系统的功率分配，让更多的功率分配给工作系统，以便克服作业阻力，提升作业效率。联合收割机应用无级变速系统后可以通过速比调节行走系统与工作系统的功率分配，增强其应对各种农田工况的广泛适应性，同时提高发动机功率利用率、燃油经济性和整机的作业效率。

静液-机械复合传动系统最初应用于农业机械领域，以其出色的无级变速特性、宽广的变速范围和稳定的行驶车速适应了农田对农业机械的各种作业要求，该系统因此也在农业机械领域得到了长足的发展。随后，静液-机械复合传动系统的应用领域逐渐向军事领域和工程机械领域拓展。但是，关于利用速比调节行走系统与工作系统功率分配比例以适应多变农田工况的研究还尚未发现。将静液-机械复合传动无级变速系统在工程机械领域的研究发现反哺给农业机械领域，必将引领农业机械领域关于利用速比调节行走系统与工作系统功率分配的研究热潮，开拓无级变速技术在功率分流领域研究和应用的新篇章。

第 5 章 新能源装载机传动技术

节能与环保是当今全社会正在探寻的发展道路。工程机械作为支撑国民经济建设的主要力量，同时也是化石燃料的主要消费者和有害排放物的制造者，人们也在积极地探索工程机械节能、环保的发展新途径。自从进入 21 世纪以来，各种形式的新能源装载机雨后春笋般地面世，由于动力产生方式不同于传统装载机，新能源装载机对传动系统也提出了新的要求。为了支持装载机沿着节能与环保的道路继续发展，迫切需要研发适合新能源驱动的装载机传动系统。

5.1 混合动力装载机的节能机理

由装载机的循环工况研究可知，装载机具有功率大、作业周期性强、循环时间短和存在规律性剧烈波动等特点。从理论上讲，这样的动力需求最适合应用混合动力技术解决其节能、环保问题。针对装载机的作业特点和混合动力的节能机理，从理论上分析，混合动力装载机具有 7 种节能途径。

1. 优化发动机的工作区域

在装载机的循环工况内，功率需求存在巨大的波动，如图 5-1 所示。

传统装载机为了满足峰值功率和应对过载工况的需求，必须匹配具有一定后备功率的发动机，而装载机在低功率工作时发动机的负荷率很低，致使装载机的油耗和排放性能变差。另外，装载机输出功率波动剧烈，迫使发动机工作点经常处于非稳态工况，使油耗和排放性能进一步恶化，如图 5-2 所示。

混合动力系统至少具有两个动力源，其中一个一般为发动机，作为混合动力系统的主动力源；另一个为可以正向释放能量和反向吸收能量的辅助动力源，辅助动力源可以是电机-电源系统、液压泵（马达)-蓄能器系统或者其他具备能量回收能力的动力装置。

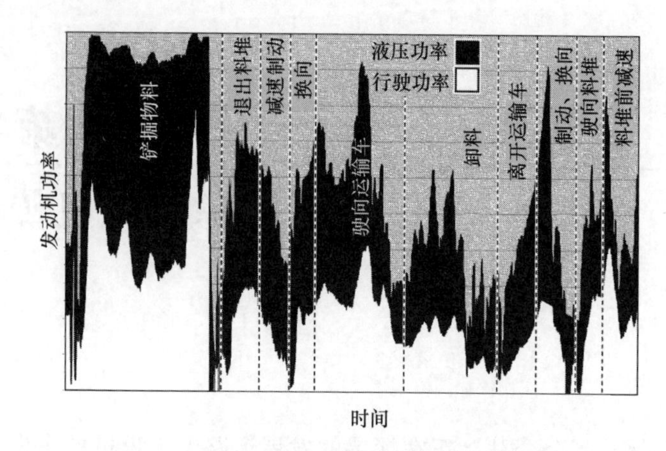

图 5-1　装载机循环工况的需求功率变化情况

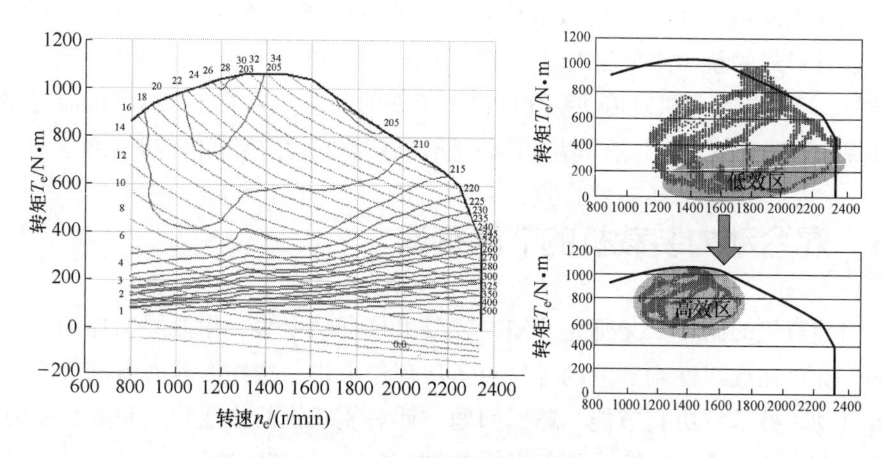

图 5-2　装载机的发动机工作点分布

混合动力装载机的电源系统往往选择超级电容，因为装载机的工作循环较短，周而复始，每个工作循环需要调节的能量较为固定，不像其他混合动力设备，电量恢复的周期不定，为了增强混合动力系统的工况适应能力，只能依靠增加储电设备的容量。另一方面，因为装载机工况切换较为迅速，整机能量需求波动较为剧烈，所以要求相应的储电设备具有较高的功率调节能力，以适应装载机对电能的快速吸收与供给。最适合混合动力装载机的电源设备就是超级电容。超级电容具有优异的功率调节特性，其功率密度较高，具备在短时间内供应或吸收大功率电能的能力，而超级电容的储能能力较差，能量密度较低，持续放电和充电工况维持的时间较短，一般混合动力系统较少应用，但是混合动力装载机的功率调节需求刚好与超级电容的功率调节特性相吻合，所以混合动力装载机的电源系统一般选择超级电容。

混合动力装载机可以控制发动机仅工作在高效区域，辅助动力源负责在发动机输出的平均功率基础上，按照“削峰填谷”的原则，共同拼接出装载机随工况变化的功率需求，如图 5-3 所示。当装载机功率要求较低时，发动机拖动辅助驱动系统储能，以提高发动机的负荷率，控制发动机工作在经济区域；当装载机处于中等负载时，负荷功率刚好要求发动机工作在经济区域，发动机单独驱动；当装载机功率要求较高时，发动机和辅助驱动系统共同驱动装载机，发动机仍工作在经济区域，不足的功率由辅助驱动系统补充。发动机在整个工作循环中均工作于经济区域，提高了一次能源利用率，使装载机的燃油消耗降低。

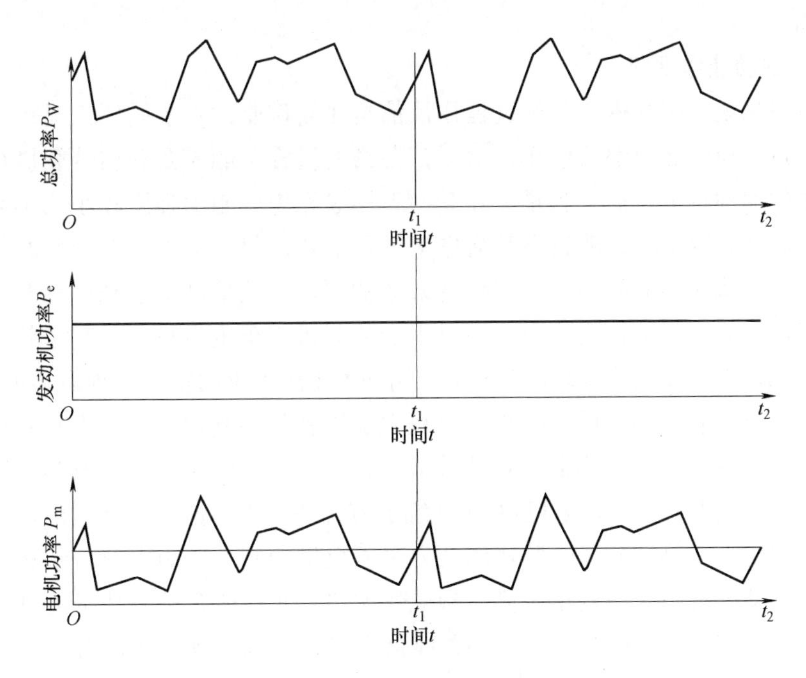

图 5-3　混合动力装载机的功率分配关系

2. 消除发动机怠速

装载机工况调查数据表明，装载机约有 40%的时间处于怠速工况。混合动力装载机在发动机长时间怠速工况时，可以将发动机熄火。当需要装载机输出动力时，辅助动力源迅速将发动机拖动到怠速转速，随后快速达到所需要的工作转速。这种途径可以消除装载机在怠速等待期间内的燃油消耗。如今，汽车上广泛采用的发动机启停技术的节能原理与本节能途径相似。

3. 发动机的降功率

由第 2 章装载机工况调查研究可知，装载机在整个循环工况中，只有在铲掘物料和满载举升前进等工况的功率需求较高，其余工况的功率需求均较低，为了满足全工况的动力要求，传统装载机要按照最高功率匹配发动机，当装载机工作在低功率工况时，发动机的功率利用率就会降低，造成功率的浪费。混合动力装载机可以匹配较小功率的发动机，仅提供装载机循环工况的平均功率，由辅助动力源输出的功率与发动机输出的平均功率共同拼接成装载机作业所需的功率，从而取代传统装载机的大功率发动机。发动机的降功率可以提高发动机的有效功率利用率，避免“大马拉小车”现象引发的发动机自身功率损耗过高问题，提高装载机的一次能源利用率，该节能途径已经在混合动力汽车上广泛采用。

4. 制动能量回收

一般来说，装载机的工作过程往往都是往复作业，一个循环工况包括 4 次换向，每次换向之前都要停车，除了铲掘物料过程可能需要利用装载机行驶车速产生的惯性将铲斗插入料堆，在驶向料堆过程中的制动强度较小或不需要制动外，满载后退工况、满载举升前进工况和空载返程工况等 3 个工况的行驶车速均较高（大于 10km/h）。由于作业效率的要求，从最高车速到停车要求在较短时间内完成，制动强度较大。同时由于装载机整车重量较大，车速较高，制动能量也较大，如能将装载机车轮上的制动力矩用于驱动发电（或者蓄能），充分回收这部分能量并在后续的作业过程中加以释放和利用，将减少装载机对一次能源的需求量，产生非常可观的效益。在这方面，由液压泵（马达)-蓄能器系统构成的辅助动力源比电机-电池系统更有优势，因为液压蓄能器的功率密度较大，液压泵（马达)-蓄能器辅助动力源所提供的制动转矩更符合装载机高能量密度制动要求，且控制精度高，响应速度快，非常适合于装载机的制动能量回收。据研究，以液压泵（马达)-蓄能器系统作为辅助动力源的混合动力装载机制动能量回收率可以达到 70%。因此，油-液混合动力装载机在制动能量回收方面的优势较为突出。

5. 工作装置独立驱动

装载机是一种作业机械，其作业装置一般靠液压系统驱动，液压系统随作业工况变化，功率输出存在周期性的波动。传统装载机的液压泵由发动机直接驱动，在不需要作业装置工作的时候，发动机仍需要驱动液压泵空转，造成能量的浪费，据统计，这部分浪费的功率占据了发动机输出功率的 5%~10%。混合动力装载机可以用辅助动力源驱动液压泵，根据液压系统输出功率的变化实时调整驱动液压泵的功率，在不需要液压能输出的情况下，甚至可以关闭驱动液压泵的辅助动力源，避免了发动机一直驱动液压泵的能量损耗。

6. 铲斗的势能回收

装载机工作过程需要将铲斗举升至车厢高度，铲斗因此具有一定的势能，然后，还要利用液压系统驱动相应的机构将铲斗恢复至铲掘高度和相应的姿态，以便继续下一循环工况的作业。混合动力装载机拥有可以回收能量的辅助动力源，将铲斗的重力势能回收并加以利用，不但可以减少装载机液压系统对一次能源的需求，还能节省铲斗回落过程中的液压能量输出，是混合动力装载机独有的一种节能途径。在铲斗回落过程中，动臂下降，铲斗的势能转化成动臂液压缸无杆腔的液压能，该液压能驱动液压泵（马达）拖动辅助动力源，直接将铲斗的重力势能回收，留待辅助动力源驱动时使用。

7. 取消液力变矩器

液力变矩器是装载机的变矩传动元件，它能很好地协调发动机与负载转矩，避免在某些极限工况下发动机因负荷过大而熄火。但是其传动效率通常较低，某些铲掘物料工况的传动效率甚至趋近于 0。传统装载机采用液力变矩器是因为其在铲掘物料工况下，需要大转矩、低转速的动力输出和良好的载荷自适应特性。混合动力装载机利用发动机、辅助动力源和动力耦合装置相互配合，同样可以发挥液力变矩器的降速、增扭功能，辅助动力源还可以回收发动机的盈余功率，使整个铲掘过程既满足了铲掘物料工况的低转速、大转矩的驱动要求，又能利用辅助动力源回收发动机的盈余功率，在提高装载机功率利用率的同时还有效地提高了传动系统的变矩传动效率。

上述混合动力装载机的 7 种节能途径归根结底主要解决了两类问题：一类是提高装载机一次能源的利用率问题，包括优化发动机工作区域、消除发动机怠速、发动机降功率、制动能量回收和工作装置独立驱动等方面；另一类是提高传动效率，主要是利用混合动力系统各部件之间的协调配合，自适应地发挥降速、增扭的功能，取替传统装载机的液力变矩器。显然，同时从两个方面解决问题的方案更有优势。

5.2　同轴并联混合动力装载机传动技术

自从进入 21 世纪以来，混合动力技术在汽车领域得到了广泛的认可，并获得了极大的成功，随后人们纷纷将目光投向了油耗率更高，理论上更具有节能潜力的工程机械。2006 年，小松公司推出混合动力挖掘机，节能潜力在 30%以上，极大地鼓舞了人们研究混合动力工程机械的热情。装载机是一种比挖掘机使用范围更广、工作效率更高、能耗率更大的工程机械，于是混合动力装载机迅速成为研究的热点。起初，人们并没有认真地研究装载机循环工况的能耗及其分配特性，也就无从设计出真正发挥节能潜力的混合动力装载机，仅仅通过照搬混合动力汽车的结构和理念，虽然取得了一些节能减排的效果，但距离全方位地实现混合动力装载机的各种节能相去甚远，其中，最典型的例子就是同轴并联混合动力装载机。

5.2.1 同轴并联混合动力装载机的结构组成

混合动力系统最基本的特点是动力系统由主动力源和辅助动力源两部分构成，主动力源一般为发动机，辅助动力源一般为电机-电源系统，这里特指永磁同步电机-超级电容。根据发动机与永磁同步电机构成的动力系统结构的不同，混合动力系统又可分为串联混合动力系统、并联混合动力系统和混联混合动力系统，其中，并联混合动力系统根据发动机和电机动力结合方式的不同，又可以细分为同轴并联混合动力系统和双轴并联混合动力系统。

双轴并联混合动力系统的发动机和电机分别处于并排的两条轴线上，一般发动机与变速传动系统在一条轴线上，电机通过一对外啮合齿轮介入传动系统，如图 5-4 所示。

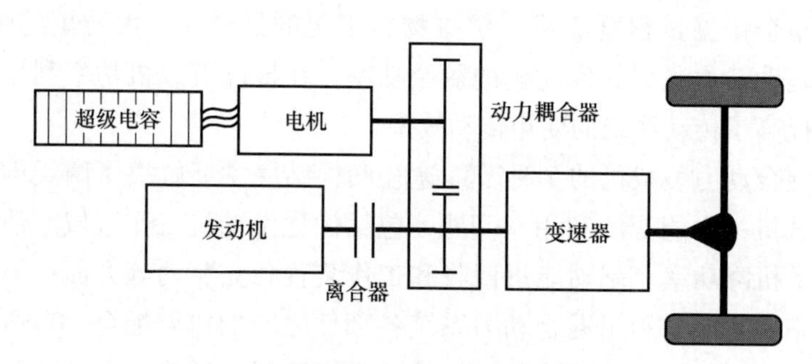

图 5-4　双轴并联混合动力系统结构方案

在发动机与动力耦合器之间设有一个离合器，以便发动机与后面的传动系统能够及时脱开，不影响系统的机动性和方便实现再生制动。电机与动力耦合器刚性连接，因为电机可以通过控制其正、反转来发电和电动，还可以断开电源随动力耦合器空转，理论上没有任何阻力矩，但实际上会增加传动系统的转动惯量，使换档变得困难。

顾名思义，同轴并联混合动力系统就是发动机和电机在同一轴线上，共同输出动力，如图 5-5 所示，为同轴并联混合动力装载机的结构构成。

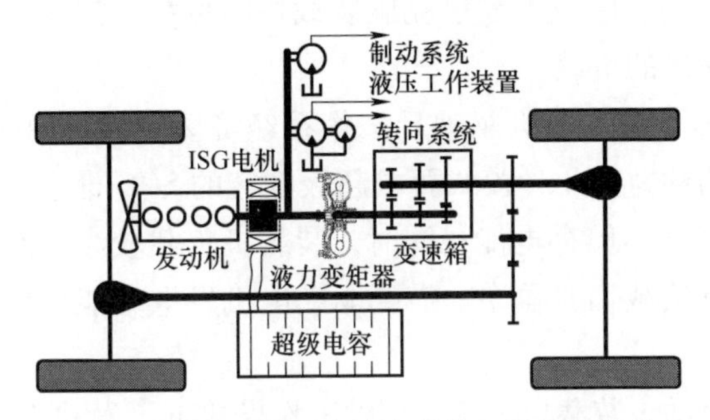

图 5-5　同轴并联混合动力装载机的结构构成

发动机动力输入到电机的转子上，装载机所有动力都经过电机转子输出，电机的定子接超级电容，定子与转子通过电磁力产生驱动的转矩和制动的阻力矩，发动机与电机的动力在电机的转子轴上合成，系统没有独立的动力耦合器。电机转子的加入，增加了发动机曲轴的转动惯量，使得动力系统的响应性能变差，在载荷突变的工况下，动力输出轴需要承受的扭转载荷增加，如果处理不好极易发生断轴事故。

同轴并联混合动力装载机除了动力总成加入了电机-超级电容系统和对发动机做了降功率匹配外，其他系统仍沿用对标机型的结构和部件，包括液压泵向后的所有液压系统和从液力变矩器向后的所有传动系统，以及车身和各种结构件系统。这样有利于在装载机上快速地搭建起混合动力装载机，而且其结构改动较少，有利于降低开发的难度，缩短开发周期。

5.2.2　同轴并联混合动力装载机的工作模式

由于同轴并联混合动力装载机在结构上仅仅是简单地采用降功率的发动机和与发动机曲轴同轴连接的 ISG 电机取代了原机大功率的发动机，其能实现的混合动力工作模式也仅有发动机单独驱动、电机助力和驱动发电三种模式。

发动机单独驱动模式要求发动机驱动，电机断电，电机转子仅仅用作传动轴，电机不输出转矩，所有装载机负载均由发动机动力克服。此种模式在两种情况下出现：当装载机的负载刚好能使发动机工作在经济区域时或当超级电容的荷电状态（State of Charge，SOC）不允许电机进入相应的助力或发电状态工作时。

电机助力模式要求发动机驱动且工作在经济区域内，电机驱动，补充发动机不足的动力，装载机的负载由发动机和电机共同承担。此种模式要求超级电容的SOC处于下限之上，即电机有条件向外输出动力；同时，装载机的负载较大，发动机工作在经济区域不足以克服装载机的负载，需要电机与发动机共同驱动方能克服装载机的负载。

驱动发电模式要求发动机驱动且工作在经济区域内，同时驱动电机发电，吸收发动机盈余的动力。此种模式要求超级电容的SOC处于上限之下，即电机可以发电并向超级电容储存电能；同时，装载机负载较小，发动机工作在经济区域时克服装载机负载仍有盈余，需要驱动电机发电方能使发动机稳定工作在经济区域内。

同轴并联混合动力装载机无论在哪种工作模式下，发动机始终都需要驱动，因此动力系统的匹配是该类型混合动力装载机节能的关键。最理想的匹配就是发动机提供装载机工作所需的平均功率，不足或盈余的功率由电机-超级电容系统补充或吸收，如若匹配不合理，要么节能效果不理想，要么功率不足，生产效率降低。混合动力装载机动力系统参数合理匹配的关键在于准确地估算目标装载机循环工况的能耗规律，根据循环工况体现的能耗规律适度地匹配动力系统是保证混合动力装载机节能的关键，否则将直接影响节能效果，或影响装载机的动力性能。

5.2.3 装载机的载荷感知方案

传统装载机靠发动机的调速特性，根据驾驶员的加速踏板输入信号自动调节发动机的负荷，使之与装载机的载荷相适应。混合动力装载机需要准确地感知载荷的大小，并根据装载机的载荷、超级电容的SOC和发动机当前工作点等信息决定混合动力系统的工作模式。同轴并联混合动力装载机，受到其结构形式的限制只有发动机单独驱动模式、电机助力模式和驱动发电模式3种工作模式，各工作模式对驾驶员的操作指令响应策略各不相同。发动机单独驱动模式要求发动机动力克服装载机的全部载荷；电机助力模式要求发动机保持在经济负荷运转，不足动力由电机功率补充；驱动发电模式要求发动机保持在经济负荷运转，发动机的功率除了驱动装载机外，盈余的功率拖动电机为电容补充电量，以备电机助力时使用。

综上，装载机的载荷感知是混合动力装载机工作模式划分、确定发动机和电机工作状态和工作负荷的重要依据，也是混合动力装载机实现节能减排控制目标的先决条件。

1. 加速踏板与车速感知方案

混合动力汽车普遍通过加速踏板反映驾驶员对动力的要求，为了更真实地反映车辆的运行状态，还需要选取车速作为辅助控制信号。图 5-6 所示为装载机对松散物料作业时的车速、发动机转速和加速踏板开度变化情况，可见加速踏板开度除了短暂停车时间外，始终维持较大的开度，几乎全部处于 100% 负荷。如果混合动力装载机仅采用加速踏板信号作为载荷感知量，那么将有超过 80% 的时间需要电机助力，将导致整个工作循环超级电容的 SOC 难以平衡。所以采用加速踏板感知混合动力装载机载荷的变化有一定的局限性。

参考混合动力汽车联合采用加速踏板开度与车速作为控制信号的策略，混合动力装载机也可以加入车速作为辅助控制信号，这样能够更真实地反映装载机的载荷变化情况。

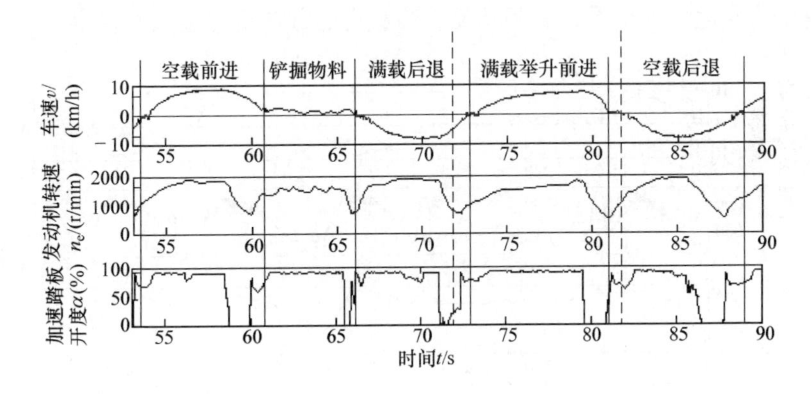

图 5-6　装载机工作循环与加速踏板开度

2. 液力变矩器转速比感知方案

同轴并联混合动力装载机保留了液力变矩器，液力变矩器的转速比在一定程度上能够反映载荷的变化情况。如图 5-7 所示，当液力变矩器转速比 i 减小时，其变矩系数 K 变大，表示外界载荷变大，动力系统需要输出更大的功率克服载荷；反之，当液力变矩器转速比 i 增大时，其变矩系数 K 变小，表示外界负

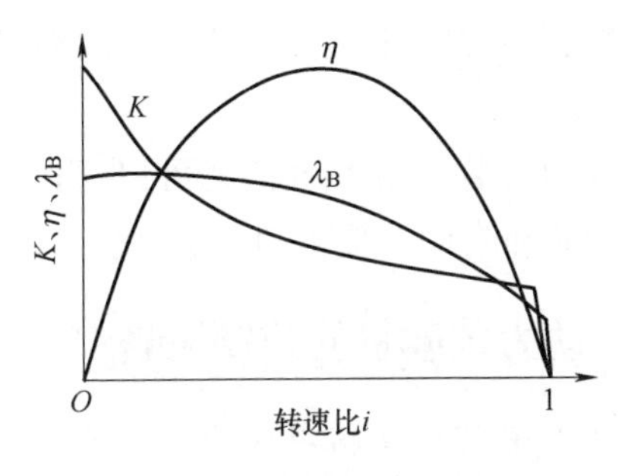

图 5-7　液力变矩器外特性图

载减小，动力系统需要输出较小的功率克服负载。

但是，液力变矩器的转速比仅能反映传动系统的载荷变化，装载机除了驱动传动系统外还要驱动液压系统，且液压泵的驱动转矩较大，变化范围很宽，变矩器的转速比无法感知这部分载荷，因此也不能全面反映载荷的变化情况。

另外，装载机液力变矩器转速比是一个间接变量，由液力变矩器涡轮转速与泵轮转速之比表示，见式（3-11）。

受到装载机载荷突变的影响，变矩器涡轮转速和泵轮转速经常大范围地频繁波动，致使液力变矩器转速比 i 呈现剧烈波动，如图 5-8 所示。因此，从变矩器转速比的变化特性来看，利用其反映装载机的载荷变化会极不稳定。

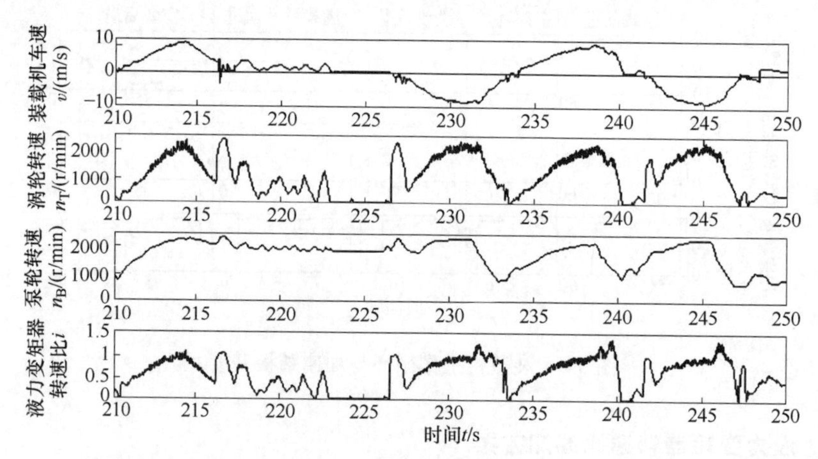

图 5-8 装载机循环工况中的液力变矩器转速比 i、泵轮转速 n_B、涡轮转速 n_T、装载机车速 v 的变化规律

3. 需求转矩在线估计方案

装载机的动力输出包括行走系统、液压系统和附件系统三部分，因此，要想全面反映载荷变化情况，必须将这三部分驱动转矩累加，见式（4-3）、式（4-5）和式（4-6）所示。

如此，同轴并联混合动力装载机的载荷就可以通过液压泵出口压力、液力变矩器泵轮转速、涡轮转速和附件系统驱动转矩等变量感知。

5.2.4 同轴并联混合动力装载机的控制策略

控制策略是混合动力装载机的关键技术之一，它关系到混合动力装载机能否达到预期的性能要求和节能减排效果。控制策略要生成程序代码并下载到混合动力装载机整车控制器内。控制器一方面实时监测混合动力装载机各动力总成的运行信号和装载机的动力负荷，根据监测反馈得到的信息，控制策略会判断混合动力装载机应进入的工作模式，并按控制策略对动力分配的要求在电机动力和发动机动力间进行合理分配；另一方面，根据工作模式和工作负荷的要求，控制器向各动力总成发出相应的运行指令，如图5-9所示，使混合动力装载机在满足装载机工作循环要求的前提下消耗的燃油最少，排放最少。

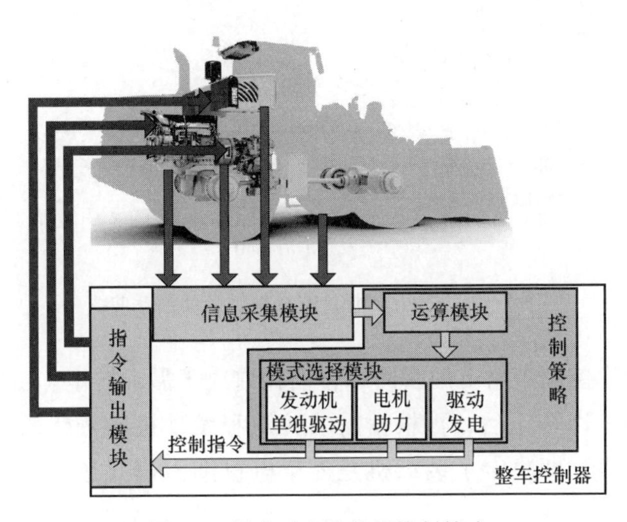

图5-9　混合动力装载机控制策略

混合动力装载机控制器需要输入的信号包括：发动机转速、电机转速、超级电容SOC、实时车速、加速踏板开度、当前档位、电机温度、超级电容温度、电机当前负荷、发动机当前负荷、电机输入电流以及超级电容放（充）电电流等。

混合动力装载机控制器需要输出的指令包括：发动机工作状态（驱动/关机）、发动机负荷率、电机工作状态（驱动/空载/发电）、电机负荷率、电机电流输出指令及超级电容控制指令等。

1. 发动机最优控制策略

发动机最优控制策略是让发动机工作在最优燃油消耗曲线上。在装载机不同的需求转矩下，让电机助力来补充不足的转矩，或让电机发电吸收盈余的转矩，即以发动机提供主要动力，且发动机尽量工作在经济区域内，电机对其进行辅助以满足装载机的动力需求。这种情况的特点是，一旦发动机转速确定，发动机的转矩可依据最优油耗曲线而唯一确定，如图5-10中的曲线1所示。在一定的需求转矩下，根据同轴并联混合动力装载机的力矩叠加关系，电机的转矩也就唯一确定下来了。

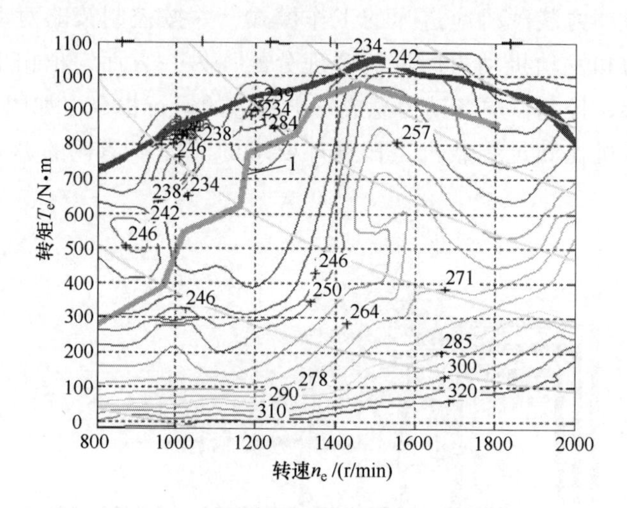

图 5-10　发动机 MAP 图及最优燃油消耗曲线

发动机最优控制策略下的瞬时综合油耗取决于需求转矩。由发动机转速确定了发动机的工作转矩后，再根据需求转矩和发动机的最优转矩计算电机的工作状态和转矩，即决定了装载机是处于电机助力模式还是发动机驱动发电模式。

发动机最优控制理论是让发动机工作在最优工作曲线上，但还需要考虑超级电容的 SOC 等因素对电机输出转矩的影响。同轴并联混合动力装载机有发动机单独驱动、电机助力驱动和驱动发电三种工作模式，发动机最优控制策略中驱动模式的划分如图 5-11 所示。

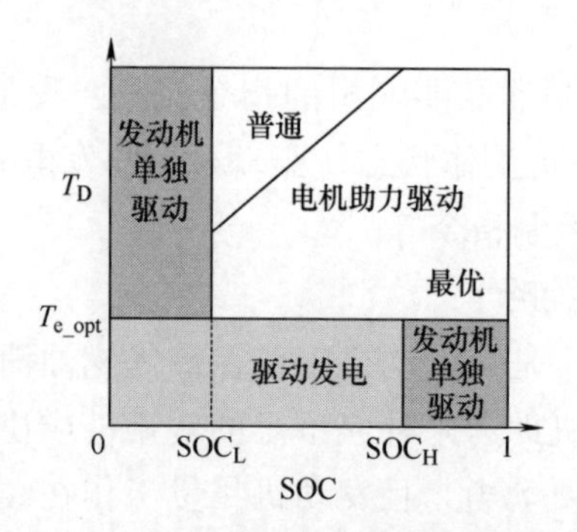

图 5-11　发动机最优控制策略中驱动模式的划分

当需求转矩 T_D 大于发动机当前转速最优转矩 T_{e_opt}，且超级电容的 SOC 小于下限值 SOC_L 时，或者需求转矩 T_D 小于最优转矩 T_{e_opt}，且 SOC 大于上限值 SOC_H（SOC_H>SOC_L）时，同轴并联混合动力装载机处于发动机单独驱动模式；当需求转矩 T_D 小于发动机当前转速最优转矩 T_{e_opt}，且超级电容的 SOC 小于上限值 SOC_H 时，同轴并联混合动力装载机处于发动机驱动发电模式；其他情况则是电机助力模式。

在电机助力模式中又可分为两种情况，一种是超级电容 SOC 较低的情况，电机提供的转矩与发动机当前转速最优转矩 T_{e_opt} 的耦合值不足以满足当前装载机的需求转矩时，发动机的工作点相应上移，此电机助力模式称为普通联合驱动工况；另一种工况是电机能够提供足够大的转矩，致使发动机工作在最优点处也能满足装载机的动力需求，这时候的电机助力模式称为最优联合驱动工况。

最优控制策略的主旨是控制发动机工作在最优曲线上，不足或盈余功率由电机补充或吸收。该控制策略理论上能够使发动机油耗最少，但该策略要求电机经常参与工作以弥补发动机动力，实现“削峰填谷”，机械能经常需要二次转化才能够得到利用，导致整机油耗上升。因此，该策略虽然能使发动机的工作效率得到提高，但由于机械能-电能-机械能的二次能量转化过程影响了同轴并联混合动力装载机总体的节能效果。

2. 加速踏板开度控制策略

根据加速踏板开度和发动机当前转速计算当前载荷，结合加速踏板与车速载荷感知方案，再结合超级电容 SOC 将同轴并联混合动力装载机的工作状态划分为发动机驱动、电机助力和发动机驱动并发电三种工作模式，如图 5-12 所示。

控制器首先监测电机和电容温度（T_C 与 T_M），如果温度过高则直接进入发动机驱动模式；否则进入正常的混合动力装载机工作程序。

控制器根据当前的发动机与电机转速（n_e 与 n_m）、发动机与电机的外特性及电机工作状态，计算发动机与电机在当前转速下的最高转矩（T_e 与 T_m），二者求和得到当前转速下混合动力装载机的理论最高转矩（T_{max}）。该理论最高转矩与加速踏板开度相乘得到装载机当前需求转矩（T_D）。控制策略根据电容 SOC 及其允许工作区间（SOC_L，SOC_H）、需求转矩 T_D 和发动机经济负荷区间（T_{e_min}，T_{e_max}）判断混合动力装载机当前所处的工作模式并计算控制器的各种输出指令。

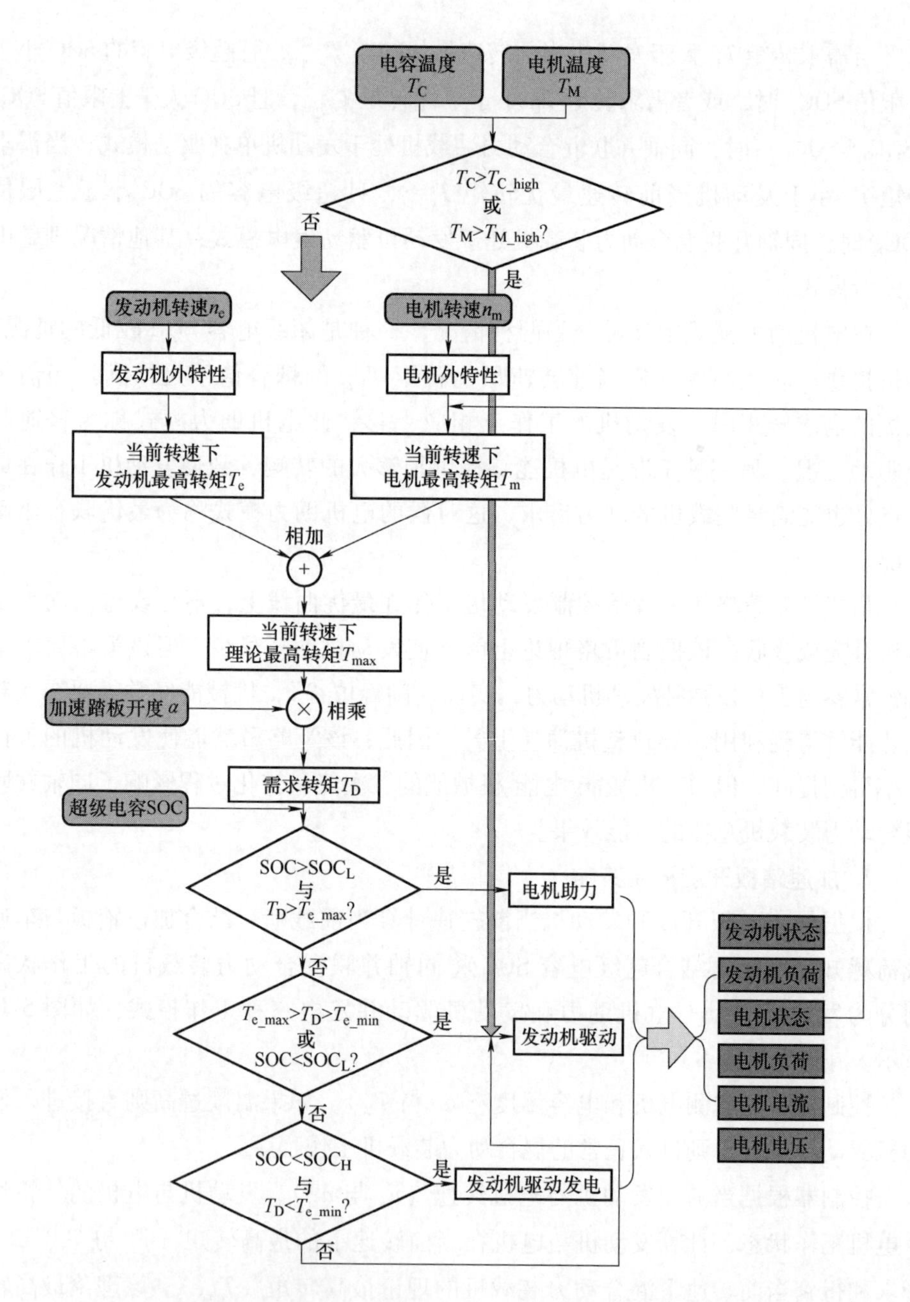

图 5-12　同轴混合动力装载机加速踏板开度控制策略

T_{C_high}—电容最高允许工作温度　T_{M_high}—电机最高允许工作温度

SOC_H—超级电容的 SOC 上限　SOC_L—超级电容的 SOC 下限　T_{e_max}—发动机经济转矩上限

T_{e_min}—发动机经济转矩下限

3. 需求转矩在线估计控制策略

将装载机载荷在线估算方案得到的装载机总驱动转矩在发动机工作区域划分出同轴并联混合动力装载机的三种工作模式，可以表达为式（5-1）。

$$\begin{cases} T_e = T_{e\_opt}(n_e), T_m = T_{e\_opt}(n_e) - T_D & T_D < T_{e\_opt}(n_e) - \Delta T_e \\ T_e = T_D, T_m = 0 & T_{e\_opt}(n_e) - \Delta T_e > T_D > T_{e\_opt}(n_e) + \Delta T_e \\ T_e = T_{e\_opt}(n_e), T_m = T_D - T_{e\_opt}(n_e) & T_D > T_{e\_opt}(n_e) + \Delta T_e \end{cases} \quad (5\text{-}1)$$

式中　$T_{e\_opt}(n_e)$——发动机的经济工作转矩，该最优转矩随发动机转速 n_e 变化；

ΔT_e——发动机最优工作转矩的容差；

T_e——发动机实际工作转矩；

T_m——电机实际工作转矩；

T_D——装载机的需求转矩，根据驾驶员的加速踏板行程计算得到。

式（5-1）所表达的同轴并联混合动力装载机工作模式划分区域如图 5-13 所示。需求转矩在线估计控制策略的基本思想就是让发动机运行在效率较高的工作区间，工作效率较低的区域通过电机助力或拖动电机发电的方式将发动机工作点拉回到高效区域。根据发动机的经济特性制定经济转矩，加上一定的容差便形成了发动机的经济工作区域，混合动力装载机要力争将发动机控制在经济区域工作。

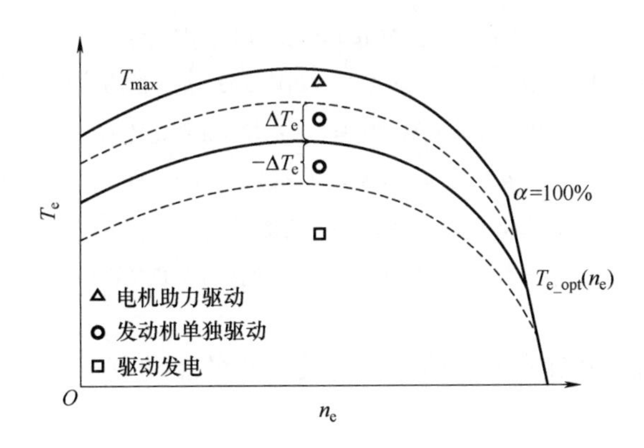

图 5-13　同轴并联混合动力装载机工作模式划分

结合超级电容的 SOC 并参考加速踏板输入所反映的转矩要求，最终形成同轴并联混合动力装载机的完整控制策略，如图 5-14 所示。

4. 发动机最佳工作区域控制策略

发动机最佳工作区域控制策略的主旨是使发动机尽量工作在经济负荷区域，当装载机需求转矩 T_D 落在发动机经济负荷区域外时，混合动力装载机通过电机

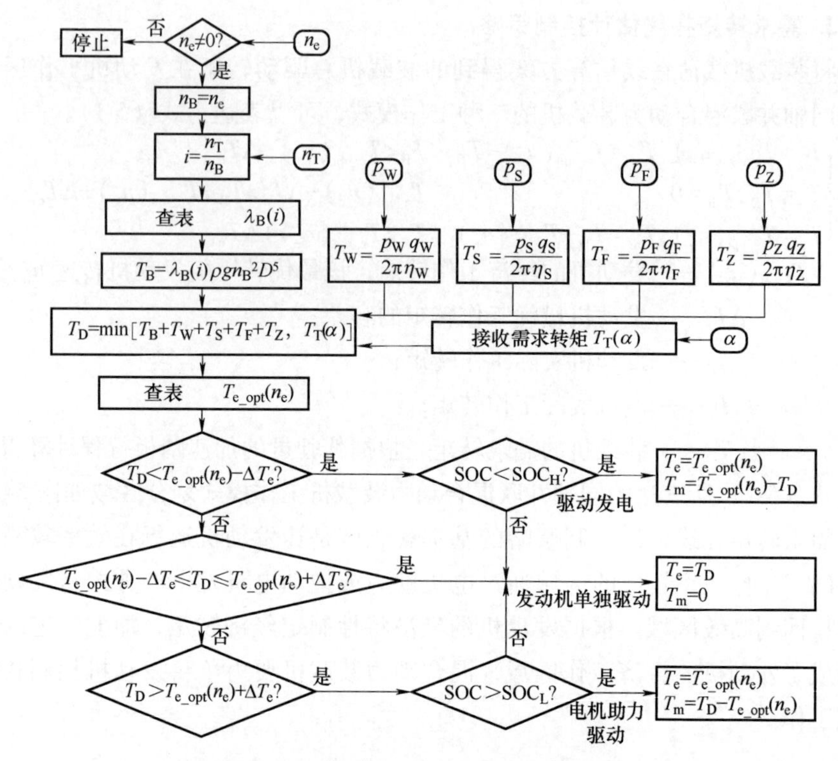

图 5-14　需求转矩在线估计控制策略框图

p_W—工作泵出口压力　p_S—转向泵出口压力　p_F—散热泵出口压力
p_Z—制动泵出口压力　T_W—工作泵驱动转矩　T_S—转向泵驱动转矩　T_F—散热泵驱动转矩
T_Z—制动泵驱动转矩　q_W—工作泵流量　q_S—转向泵流量　q_F—散热泵流量
q_Z—制动泵流量　η_W—工作泵的机械效率　η_S—转向泵的机械效率
η_F—散热泵的机械效率　η_Z—制动泵的机械效率

发电增加发动机的负荷或电机助力降低发动机的驱动负荷，仍使发动机工作在经济负荷区域。

下面以某同轴并联混合动力装载机的动力系统配置参数来说明该控制策略工作模式的划分。该混合动力装载机相对于对标机型的发动机采取了降功率处理。对标机型采用的是 8.3L 六缸发动机，最大转矩出现在 1500r/min，最大转矩为 1085N · m，最高功率出现在 2200r/min，最高功率为 179kW；同轴并联混合动力装载机采用的是 6.7L 六缸发动机，最大转矩也出现在 1500r/min，但最大转矩仅为 949N · m，最高功率出现在 2000r/min，最高功率仅为 172kW。同轴并联混合动力装载机发动机的油耗 MAP 图如图 5-15 所示。

由图 5-15 可知，混合动力装载机所采用的发动机没有明显的经济区域。这里所指的发动机最佳工作区域是指发动机消耗单位燃油产生有效功的能力，即做相同有效功消耗燃油更少的能力，或以最少的燃油消耗做最多的有效功。在发动机油耗 MAP 图上等油耗曲线数值最小的区域，表示发动机工作在该区域时燃油消耗最少，做的有效功最多，该区域的经济性是最好的。

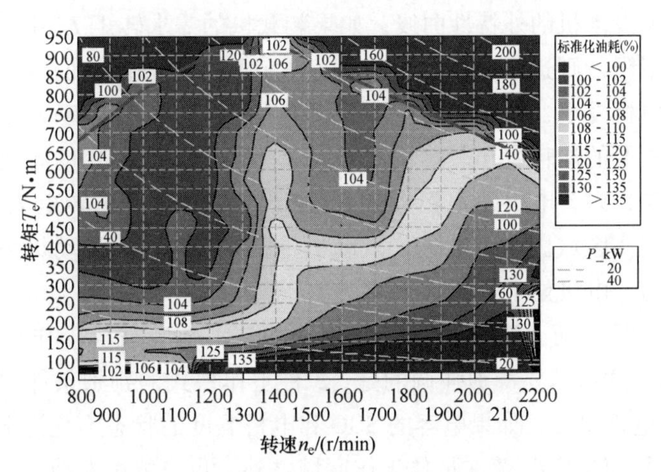

图 5-15　同轴并联混合动力装载机发动机的油耗 MAP 图

此混合动力装载机采用的发动机的经济工作区域大致可以确定为：发动机转速在 800~1200r/min 之间，其最优工作区间在发动机负荷的 30%~100%之间；发动机转速在 1400~2200r/min 之间，其最优工作区间在发动机负荷的 90%~100%之间；发动机转速在 1200~1400r/min 之间，用直线将 30%负荷与 90%负荷连接起来，这样从 800~2200r/min 就形成了一个连贯的发动机经济区域了，如图 5-16 所示。

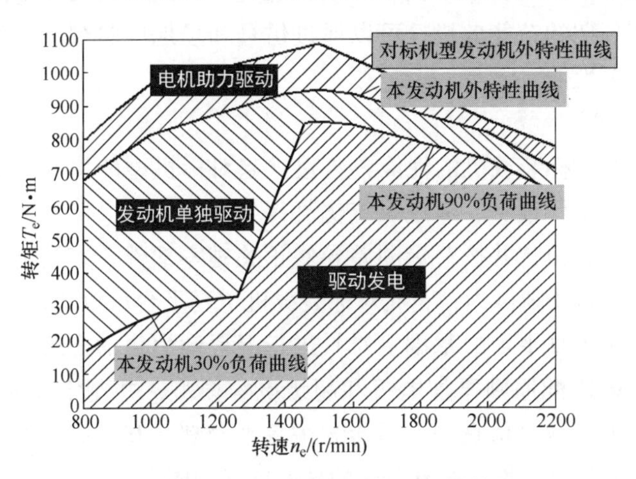

图 5-16　发动机最佳工作区域控制策略

至此，发动机的最佳工作区域就确定下来了，根据混合动力系统的控制原理，应该尽量使发动机工作在最佳工作区域内，如图 5-16 所示。如果装载机的需求转矩 T_D 大于发动机的外特性曲线，则进入电机助力驱动模式，发动机工作在外特性曲线上，不足的转矩由电机补充，为了使混合动力装载机表现出与原机型相同的动力性，在电机转矩的协助下，动力源在发动机外特性曲线外侧重构了对标机型发动机的外特性曲线；如果装载机的需求转矩 T_D 小于发动机最佳工作区域的下限，则进入驱动发电模式，发动机工作在经济曲线上，盈余的动力用于拖动电机发电，这样可以提高发动机的负荷率，使发动机工作在最佳工作区域，以较低的油耗发出较多的有效功，不能直接被利用的有效功被转化为电能储存起来，以备电机助力驱动时使用；当装载机的需求转矩 T_D 刚好落在发动机的最佳工作区域内时，则进入发动机单独驱动模式，发动机为装载机提供全部驱动动力，电机处于空转状态。

同轴并联混合动力装载机的 3 种工作模式，在装载机工作空间的划分如图 5-16 所示。这里需要特别强调的是，3 种工作模式的判别条件中还要增加电容的 SOC 和电机温度，如果电容的 SOC 和电机温度的状态不允许电机工作，即便是装载机需求转矩 T_D 落在最佳工作区域之外，也只能由发动机单独驱动，此时，混合动力装载机蜕化成传统装载机。

5.2.5 同轴并联混合动力装载机的性能测试

从理论上讲，混合动力装载机具有 7 种节能途径，同轴并联混合动力装载机由于结构的原因，仅实现了两条半节能途径，即控制发动机工作区间、发动机降功率匹配和部分地实现了消除发动机怠速。因此，同轴并联混合动力装载机并没有收到预期的节能效果，可以通过仿真和场地试验测试同轴并联混合动力装载机的各项性能。

1. 仿真测试

首先，按照对标装载机的性能参数建立起对标机型的仿真模型，在虚拟的环境下设定循环工作任务，经过系统仿真得到仿真结果，再与相应条件下的试验数据进行对标分析，并按对标的差异修正关键零部件，直至仿真结果与试验数据的误差在可接受范围内，至此对标装载机仿真平台可以代表传统装载机了。然后，再在传统仿真平台的基础上对其进行混合动力化的升级和改造，按照混合动力装载机的匹配原则添加电机和超级电容模型，并制定相应的控制策略，这样的混合动力装载机仿真平台与传统仿真平台都是基于同样的精度，也可以确保其仿真结果的真实性。仿真研究的技术路线如图 5-17 所示。

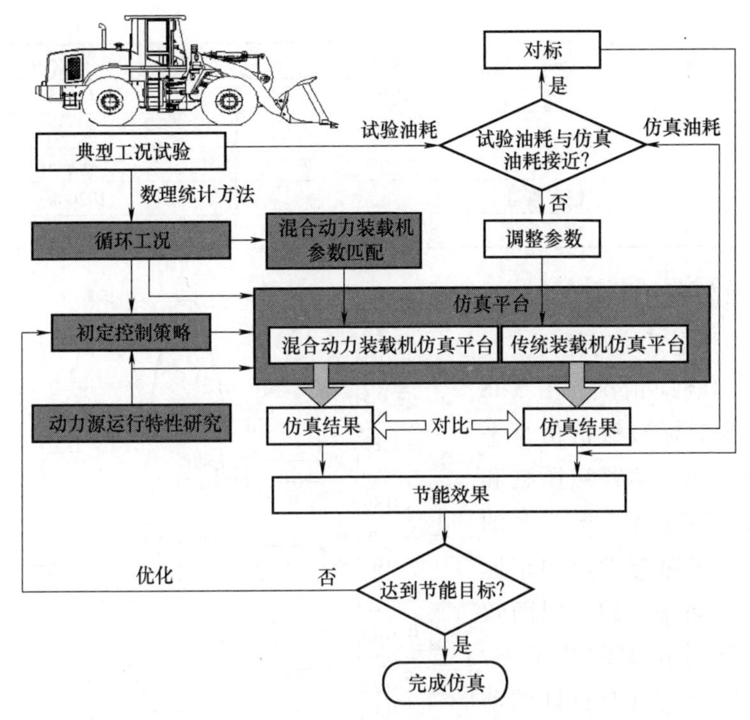

图 5-17　混合动力装载机仿真研究的技术路线

装载机的仿真研究还需要建立循环工况模型。循环工况不仅需要规定好在整个仿真期间每个时刻的车速，还应规定各个时刻的液压阻力和整机载荷，用第 2 章中建立装载机循环工况的方法，根据装载机工况试验数据建立循环工况数值文件嵌入仿真模型。装载机的工作载荷分为重载（原生土）和轻载（松散土）两种，其各自的能量需求不同，重载工况能量耗散更多。

在 Cruise 软件环境下，按照模块化建模思想，按照某 6t 装载机的结构性能参数（表 5-1），搭建传统装载机仿真模型。

表 5-1　某国产 6t 装载机的结构性能参数

部件	项目	参数
发动机	最高转速	2350r/min
	最高功率@ 转速	179kW@ 2200r/min
	最大转矩@ 转速	1085N · m@ 1500r/min
液力变矩器	变矩比	2. 55
变速器	前进（倒）Ⅰ档速比	0. 648
	前进（倒）Ⅱ档速比	1. 126
	前进（倒）Ⅲ档速比	2. 368
	前进Ⅳ档速比	4. 278

（续）

部件	项目	参数
主减速器	速比	4.625
轮边减速器	速比	5.294
车轮半径		750mm
整车重量		19200kg
额定载荷		6000kg

装载机的动力性仿真主要指工作装置和行走系统对循环工况动作指令的响应情况。图 5-18 所示分别为对标装载机仿真平台的行驶车速、动臂液压缸和转斗液压缸对循环工况指令的跟随情况，车速与设定的车速也能够基本保持一致，跟随效果良好，同时在加载情况下，装载机工作装置具有良好的动作跟随特性，传统仿真平台的动臂液压缸和转斗液压缸的仿真伸长量与其工况设定值跟随情况良好，体现了对标装载机仿真模型具有良好的动力性。

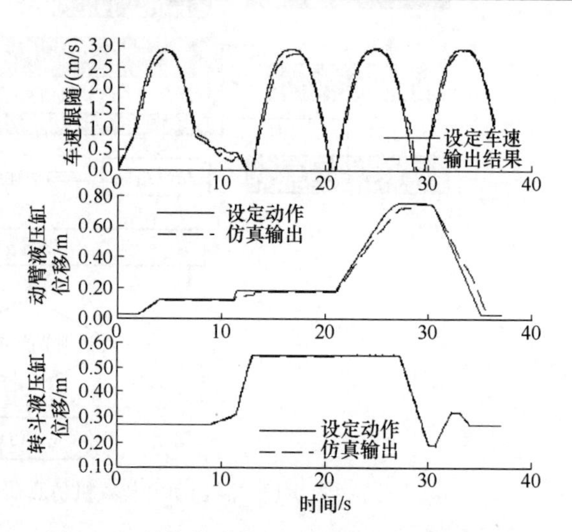

图 5-18　传统仿真模型对循环工况的跟随情况

对标装载机仿真模型的动力性仿真结果如图 5-19 所示，曲线 1 为发动机输出转矩，曲线 2、3 分别为装载机工作转矩和液力变矩器输入转矩，曲线 4 为整车需求转矩之和，发动机输出的动力能够满足装载机的动力需求。

在满足动力性要求的前提下，经济性仿真结果最能反映仿真平台的精度。采用经济性仿真结果与工况试验经济性测试数据对标修正的方法，校正仿真平台的精度，即根据仿真油耗结果与试验油耗数据偏差程度的大小，逐步修正仿真平台的非线性环节，通过调整可以将仿真平台的油耗仿真结果与装载机真实油耗的差异稳定在误差的范围内，从而保证了仿真平台的仿真精度。

传统装载机仿真模型对标机型的试验数据见表 5-2。

由表 5-2 可知，对标机型实车试验物料分为松散土和原生土。由于松散土的作业阻力较低，油耗量稍低，为 288～291g/循环；原生土的作业阻力较大，油耗量较高，为 320～367g/循环。经过模型的调校，传动装载机仿真模型针对松散土的经济性仿真结果为 290g/循环。

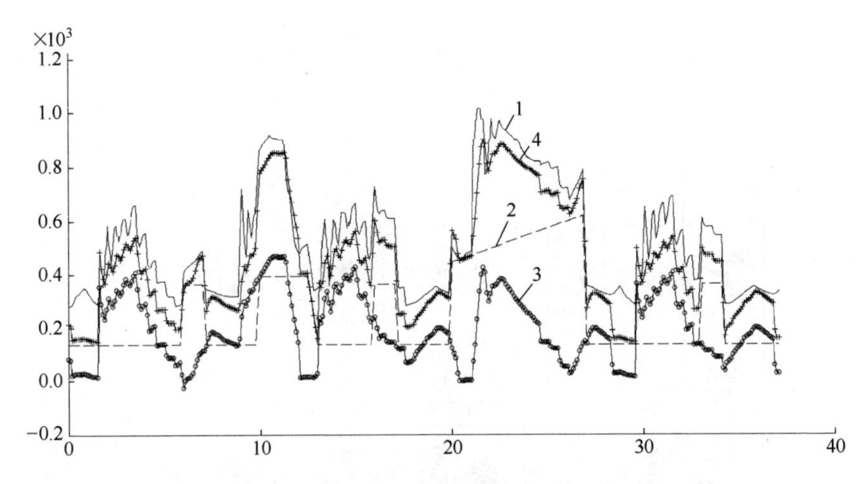

图 5-19　对标装载机仿真模型的动力性仿真结果

表 5-2　某 6t 装载机试验数据

项目	松散土 1	松散土 2	原生土 1	原生土 2
作业量/斗	52	52	20	30
作业距离/m	13	16	15	15
作业效率/(s/循环)	33	35	42.2	43.19
单斗油耗量/(g/循环)	0.288	0.291	0.320	0.367
制动时间占比（%）	7.02	7.4	2.85	8.70
满负荷时间占比（%）	57.85	38.35	45.25	54.45

至此，对标装载机仿真模型在动力性和经济性方面都与对标机型的性能相吻合，可以认为传统仿真模型在一定程度上反映了对标机型的性能。在传统仿真模型的基础上运用模型的派生技术升级的同轴并联装载机模型的精度也应该与目标机型相差不大。

运用模型派生技术将对标装载机的结构改为同轴并联混合动力系统，将对标机型的发动机（1085N · m@ 1500r/min，179kW@ 2200r/min）改为混合动力装载机的发动机（920N · m@ 1500r/min，149kW@ 2000r/min）的性能参数，并增加同轴并联电机驱动系统（额定 240N · m/50kW@ 2000r/min，峰值 530N · m/100kW@ 1800r/min）和超级电容（21.5F/(320～420) V），而且要增加混合动力装载机控制策略模型。Cruise 软件搭建的同轴并联混合动力装载机仿真模型如图 5-20 所示。

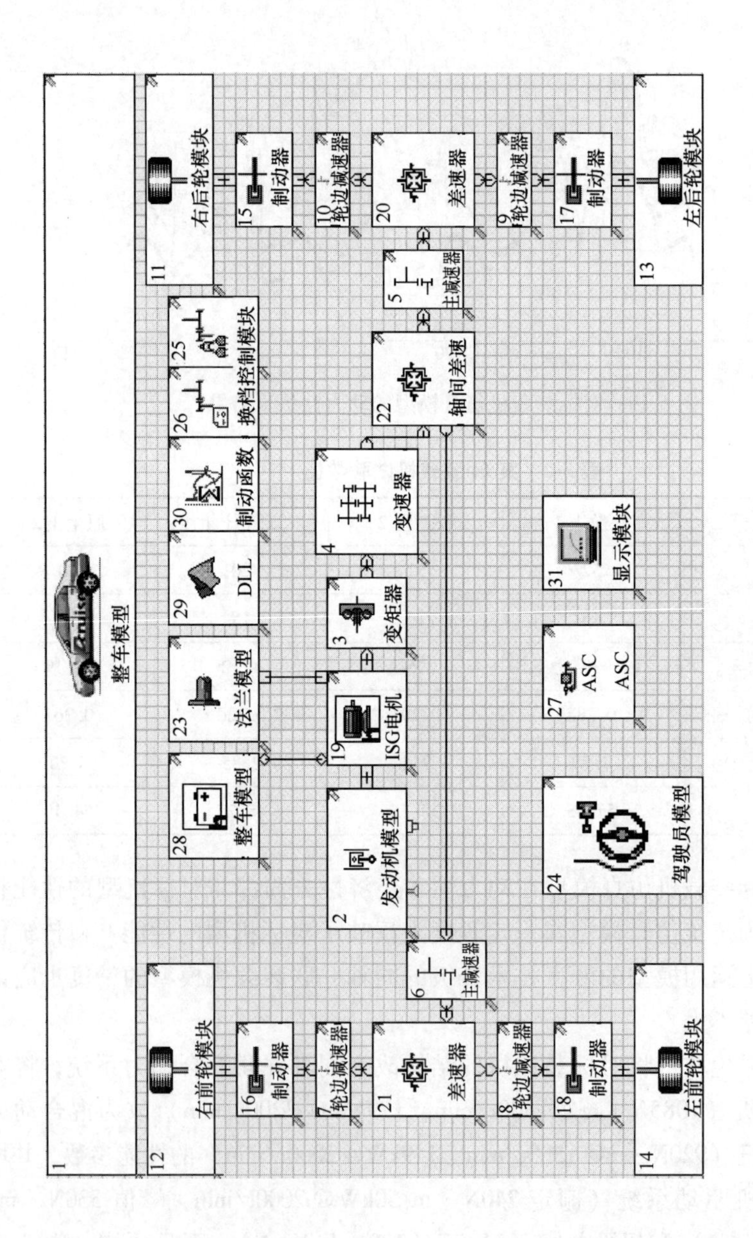

图 5-20 同轴并联混合动力装载机仿真模型

将上面讨论过的各种控制策略采用动态系统仿真工具 Matlab/Simulink 搭建同轴并联混合动力装载机的控制策略模型，如图 5-21 所示。生成 DLL 文件嵌入到混合动力装载机模型，实现 Matlab 与 Cruise 软件的联合仿真。

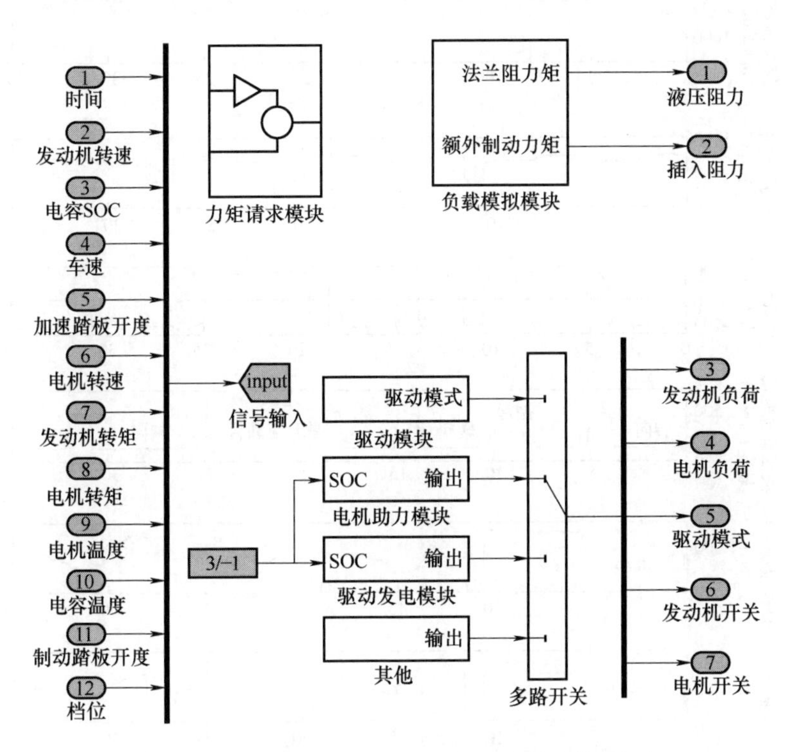

图 5-21　同轴并联混合动力装载机控制策略模型框架

控制策略模型中可写入不同的控制策略，控制着仿真模型按照不同的控制策略运行，模型的仿真结果也将存在一定的差异。就同轴并联混合动力装载机而言，由于该混合动力系统结构的节能潜力有限，仅能够实现 3 种混合动力工作模式，因此，各种控制策略的节能效果差异不大。下面以需求转矩在线估计控制策略为代表介绍一下仿真结果。

仿真平台按照装载机“V”形作业循环运行，将作业距离调整为 14m，将工作循环的载荷按照时间序列加载到仿真平台上，动力性仿真结果如图 5-22 所示。

根据以上提出的混合动力装载机控制策略划分发动机的工作区域，在发动机和电机之间合理分配驱动转矩，整个循环工况内发动机和电机工作情况及液压系统驱动转矩和泵轮驱动转矩随时间的变化情况如图 5-22 所示。

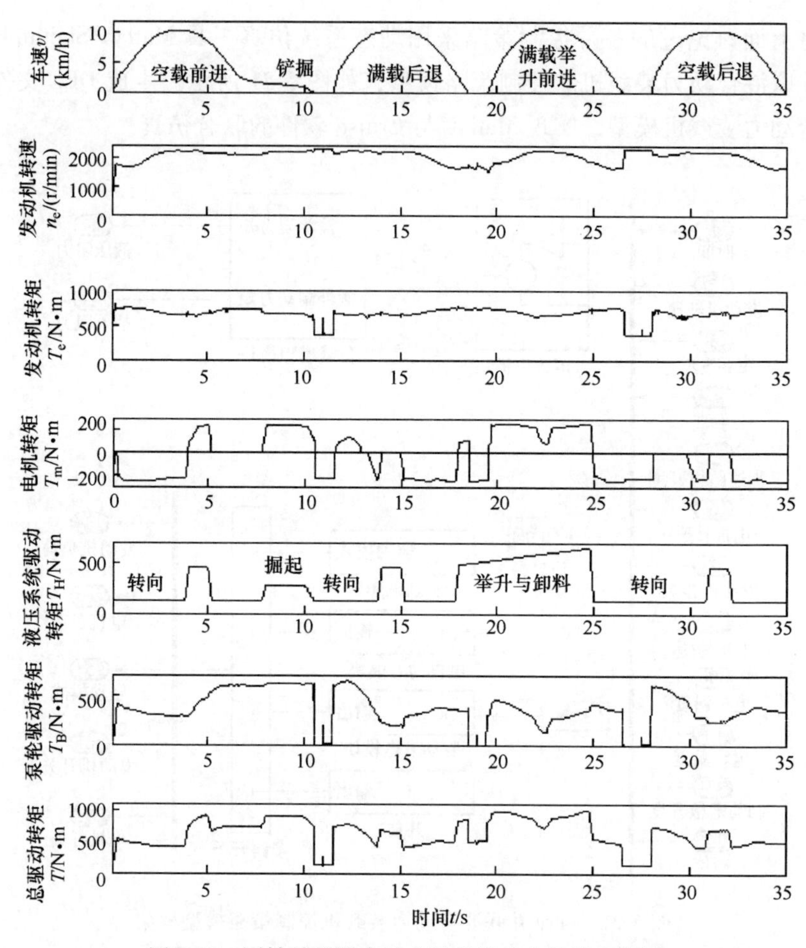

图 5-22　同轴并联混合动力装载机动力性仿真结果

发动机转矩仅工作在经济燃油区域，如图 5-23 所示，不足的转矩或盈余动力均由电机来平衡，使总的输出转矩刚好满足驱动转矩的需求。

最终的同轴并联混合动力装载机仿真模型在需求转矩在线估计控制策略时，针对松散土，作业距离为 14m 的“V”形作业模式的油耗量为 258g/循环，超级电容的 SOC 在仿真开始时为 0.7，在仿真结束时为 0.68，电量消耗基本平衡，所以不必进行当量油耗的换算。将同轴并联混合动力装载机与对标装载机仿真模型经济性仿真数据进行对比计算得出整机节油 11%左右。

2. 场地试验测试

为了与同轴并联混合动力装载机进行对比，首先需要针对对标机型的装载机做场地试验，测试在相同情况下对标装载机的单次循环油耗和生产效率等指标，以便形成比较的目标数据。

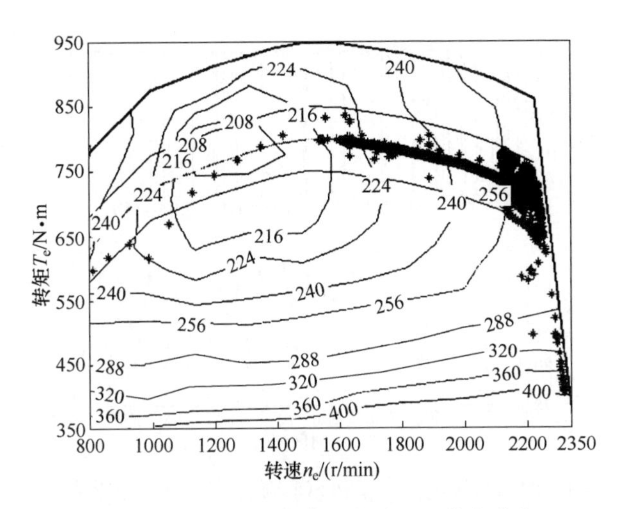

图 5-23　混合动力装载机发动机工作点分布

为了使对标装载机场地试验数据与同轴并联混合动力装载机油耗数据形成对比，必须使两组试验条件严格一致，试验采取在同一个试验场地、同一驾驶员、按照相同的操作规程、针对相同的物料做对比油耗及生产效率试验，将试验的差异限制到最小范围内。试验测试数据见表 5-3。

表 5-3　混合动力装载机与对标装载机的油耗试验数据对比

项目	同轴并联混合动力装载机	CLG862Ⅲ型装载机
作业物料	松散土	松散土
作业模式	“I”形作业模式	“I”形作业模式
作业距离/m	20	20
作业量/斗	50	30
总耗时	28min35s	17min52s
总油耗/kg	11. 524	8. 77
作业效率/(s/循环)	34. 3	35. 73
单斗油耗量/(g/循环)	230. 5	292. 3

由表 5-3 可知，同轴并联混合动力装载机比对标装载机作业效率提高了 4%，油耗量降低了 21. 14%，试验结束时超级电容的 SOC 与试验开始时相差 2%，如图 5-24 所示，可以认为基本持平，因此不必进行当量油耗换算。

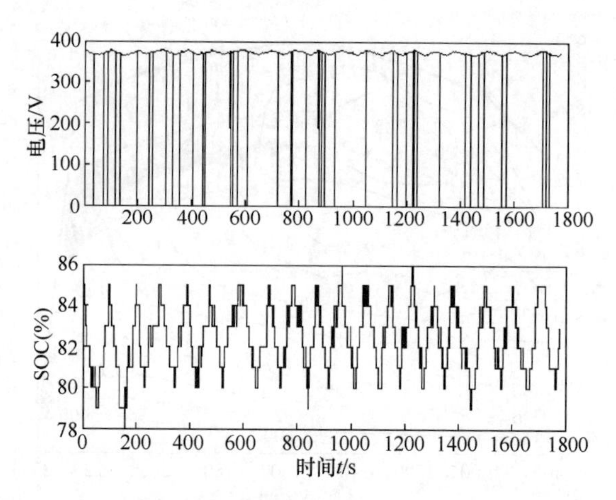

图 5-24　超级电容电压和 SOC 随循环工况的变化情况

试验数据表明，试验结果优于仿真结果，这是因为该工况专门为突显同轴并联混合动力装载机的节能优势而设计的，因此节能效果突出，而仿真是针对标准工况的，因而更客观一些。

为了验证混合动力系统对节油率的贡献率，还特意设计了混合动力系统关闭与混合动力系统开启的一组对比试验，试验结果见表 5-4。

表 5-4　混合动力关闭与开启试验数据对比

项目	混合动力系统关闭	混合动力系统开启
作业物料	松散土	松散土
作业模式	“V”形作业模式	“V”形作业模式
作业距离/m	20	20
作业量/斗	50	50
总耗时	32min42s	29min54s
总油耗/kg	10. 398	9. 920
作业效率/(s/循环)	39. 42	35. 88
单斗油耗量/(g/循环)	208	198. 4

由表 5-4 可见，混合动力系统开启比混合动力系统关闭时单次循环油耗量可减少 4. 6%，且由于关闭了混合动力系统，动力不足，因装载机的动力不足，造成工作效率下降了 9%。

同轴并联混合动力装载机之所以有如此节能的表现，发动机工作点可以在一定程度上反映混合动力系统控制的效果，图 5-25 所示为对标装载机发动机的工作点分布情况。

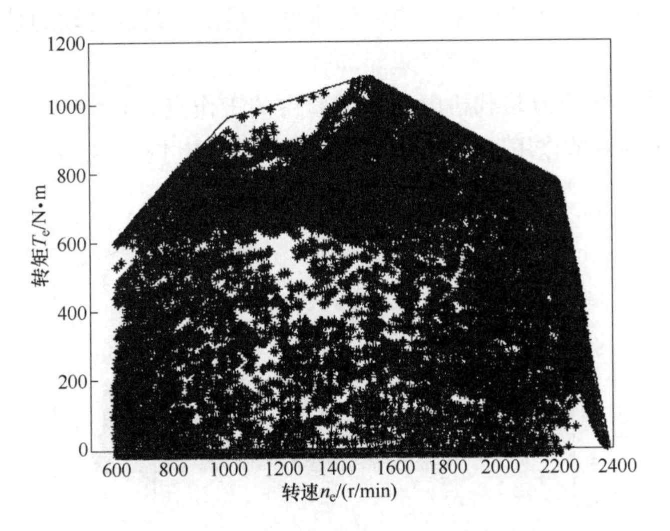

图 5-25　对标装载机的发动机工作点分布

由图 5-25 可见对标装载机的发动机在整个试验过程中工作点的分布情况，可以看出工作点比较分散，没有加以控制和限制，在高油耗区分布的工作点较多，这也是对标装载机油耗较高的原因所在。

同轴并联混合动力装载机发动机的工作点分布如图 5-26 所示，由于有电机

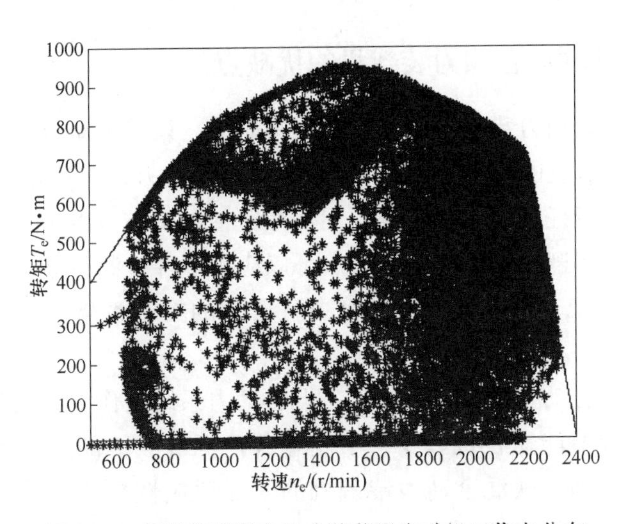

图 5-26　同轴并联混合动力装载机发动机工作点分布

的调节作用，发动机工作点多数分布在比较经济的工作区域，这是同轴并联混合动力装载机节油的主要原因。另外，同轴并联混合动力装载机发动机工作点的稳定性也比对标装载机好很多，发动机工作点多数均收缩到有限的经济工作区域内，这也使工作点“迁移”的距离缩短了很多，是混合动力装载机节油的另一个原因。

同轴并联混合动力装载机电机在试验中的工作点分布情况如图 5-27 所示，正是由于电机的调节作用，混合动力装载机的工作点才得以稳定在经济区域内。

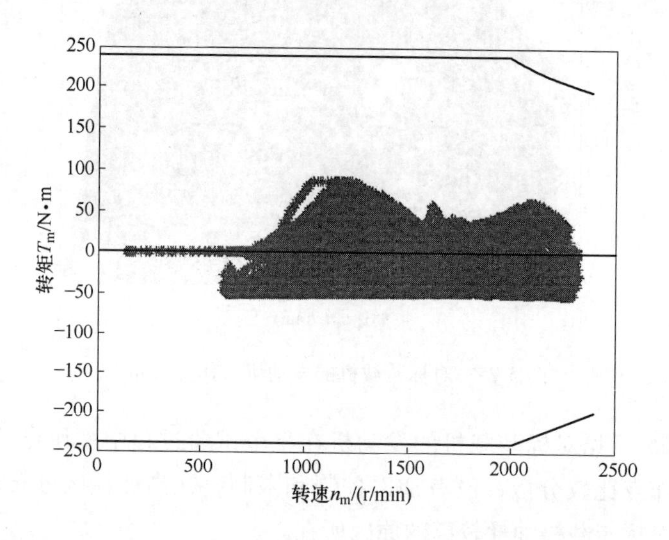

图 5-27　同轴并联混合动力装载机电机在试验中的工作点分布

5.2.6　同轴并联混合动力装载机的优缺点

同轴并联混合动力装载机的优点是结构简单，只需对动力系统加以改造就能够快速实现装载机的混合动力驱动，仍然保留有液力变矩器和整个传动系统，液压系统也没进行任何改动，整机不用做颠覆性的调整。由于结构简单，工作模式少，因此控制逻辑也很简单，虽然可以应用多种控制策略，但仿真验证的节能效果相差不大，所以可以用最简单且有效的控制策略，实现预期的控制效果。

同轴并联混合动力装载机的缺点是混合动力系统工作模式太少，能够实现的混合动力系统节能途径也较少，不能充分挖掘装载机的节能潜力。受系统结构的限制，同轴并联混合动力装载机的工况适应性较差，其节能效果取决于动力系统的匹配与工况的适应程度。如果适应度好，系统的节能效果就好，如果适应度差，则系统的节能效果就会很差，甚至不节能或增加能耗，最严重的情况可能还会导致作业效率下降，严重挫伤终端客户对新科技理念的信心和热情。

同轴并联结构在汽车上能够应用是因为汽车电机的转动惯量较小，扭振问题没有那么突出，且多数情况由扭转减振设备缓解了较为突出的扭振。如果在装载机上实现这种结构，由于电机要发挥较大的转矩，因此电机转子的转动惯量往往很大，电机与发动机曲轴之间又没有足够的减振措施，模式切换过程中产生了较大的冲击，该冲击都要作用到电机转子与发动机曲轴的连接轴上，会引发电机转子与发动机曲轴连接部位的早期失效。

2008年，沃尔沃公司在美国拉斯维加斯COMEXPO工程机械博览会上展出了首款同轴并联混合动力装载机L220F Hybrid，如图5-28所示。

图5-28　L220F Hybrid同轴并联混合动力装载机

由于该机在传动系统中保留了液力变矩器，因此也未能实现发动机的降功率，能实现的混合动力工作模式有限，对装载机节能潜力挖掘不够深入，使其节能效果大打折扣，与对标机型相比仅节能10%左右。由于节能潜力不大和成本增加过多等原因，后来沃尔沃公司也放弃了对该方案进一步的研究。

5.3　电力变矩混合动力装载机传动技术

自从液力机械传动被应用到装载机的传动领域以来，就以其良好的自适应性得了业界的广泛推崇。随着能源危机的出现，人们虽然逐渐认识到了液力机械传动系统传动效率偏低的缺陷，但是出于保护传动系统其他部件免于破坏和保持装载机顺畅的铲掘操作体验的目的，仍然不忍舍弃这种古老的传动方式。不但如此，就连在高速工况将液力变矩器短时间闭锁也是到了近十几年才有人敢于提出，足见液力机械传动系统在装载机行走系统中根深蒂固的地位。装载机功率的60%以上都消耗在传动系统上，而装载机的液力变矩器大部分工况的传动效率低于75%，如此看来，装载机的传动系统蕴含着巨大的节能潜力。液力变矩器在装载机传动领域的作用如此重要，无非是它能够自动增扭、降速以克服突然增加的负载阻力，且转矩增加到一定程度就不再增加了，保护了传动系统的其他部件。其实，混合动力系统利用增加的辅助动力源和动力耦合装置，再通过适当的控制完全也可以实现这种功能。

5.3.1　电力变矩混合动力装载机的结构组成

电力变矩混合动力装载机最大的特点就是取替了液力变矩器，利用发动机、行星机构动力耦合器和电机的相互协作，发挥增扭、降速功能，实现电力变矩，同时，在变矩传动过程中利用电机回收发动机的盈余功率。电力变矩混合动力装载机的结构方案如图5-29所示。

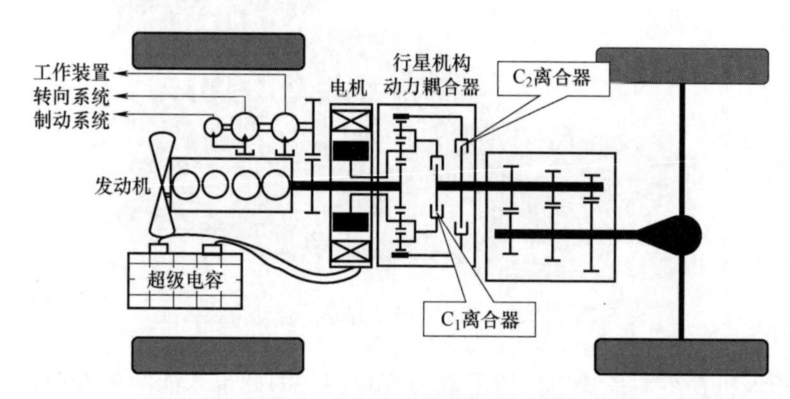

图5-29　电力变矩混合动力装载机的结构方案

电力变矩混合动力装载机与传统装载机最显著的差异就在于行星机构动力耦合器，动力耦合器的核心部件为双星行星机构动力耦合装置，它的控制元件为两组湿式多片离合器 C_1 和 C_2，发动机与行星机构动力耦合器的太阳轮连接，电机与行星机构动力耦合器的行星架连接，同时行星架的另一端还与 C_1 离合器的主动部分连接，行星机构动力耦合器的齿圈与 C_2 离合器主动部分连接，C_1、C_2 离合器的从动部分均与变速器的输入轴连接。混合动力装载机的动力传动路线由 C_1、C_2 的接合状态控制，只要 C_1、C_2 两个离合器中的一个接合，行星机构动力耦合器上的动力就会传递到变速器输入轴上，当然 C_1、C_2 离合器同时接合也会将动力反向传递到变速器输入轴上，只有 C_1、C_2 离合器同时分离才会切断动力耦合器与装载机传动系统的传动路线。

除了传动路线的切换，发动机和电机的工作状态也决定着电力变矩混合动力装载机的工作模式。

5.3.2　电力变矩混合动力装载机的工作模式

电力变矩混合动力装载机通过行星机构动力耦合器的两组离合器控制两个动力源的工作状态，共可以实现 7 种工作模式的切换，见表 5-5。

表 5-5　行星耦合式混合动力装载机的工作模式

工作模式	动力源工作状态		离合器接合状态		整机工况
	发动机	电机	C_1	C_2	
电力变矩	驱动	反转发电	分离	接合	低转速、大转矩
电机单独驱动	关闭	驱动	接合	分离	小负载
发动机单独驱动	驱动	断电	接合	接合	中负载
驱动发电	驱动	发电	接合	接合	小负载
电机助力驱动	驱动	驱动	接合	接合	大负载
再生制动	关闭	发电	接合	分离	制动
机械制动	关闭	断电	分离	分离	制动

利用第 4 章采用过的虚拟杠杆分析工具，同样可以分析电力变矩混合动力装载机各种工作模式下行星机构各构件的转速、转矩关系和发动机、电机与装载机传动系统的功率传递关系。

1. 电机单独驱动模式

当装载机行驶负载较小，液压系统为空载时，且超级电容的 SOC 处于下限值之上时，混合动力装载机进入电机单独驱动模式。电力变矩混合动力装载机的动力耦合器 C_1、C_2 离合器的接合状态和发动机与电机的工作状态，如图 5-30 所示，上方为电力变矩混合动力装载机的结构简图，下方为行星机构各构件之间的转速及功率传递状态在虚拟杠杆下的分析情况。

进入电机单独驱动模式要求 C_1 离合器接合，C_2 离合器分离；发动机关闭，电机驱动，电机单独为装载机行走系统提供驱动力。由于发动机关闭，发动机曲轴在气缸的阻力下不能转动，受此影响，太阳轮也不能转动，即 $n_S=0$，将其代入双星行星机构转速方程

$$n_R=\rho n_S+(1-\rho)n_H \tag{5-2}$$

则此时齿圈与行星架的转速关系为 $n_R=(1-\rho)n_H$，齿圈处于随动状态，齿圈输出的转矩为 0。

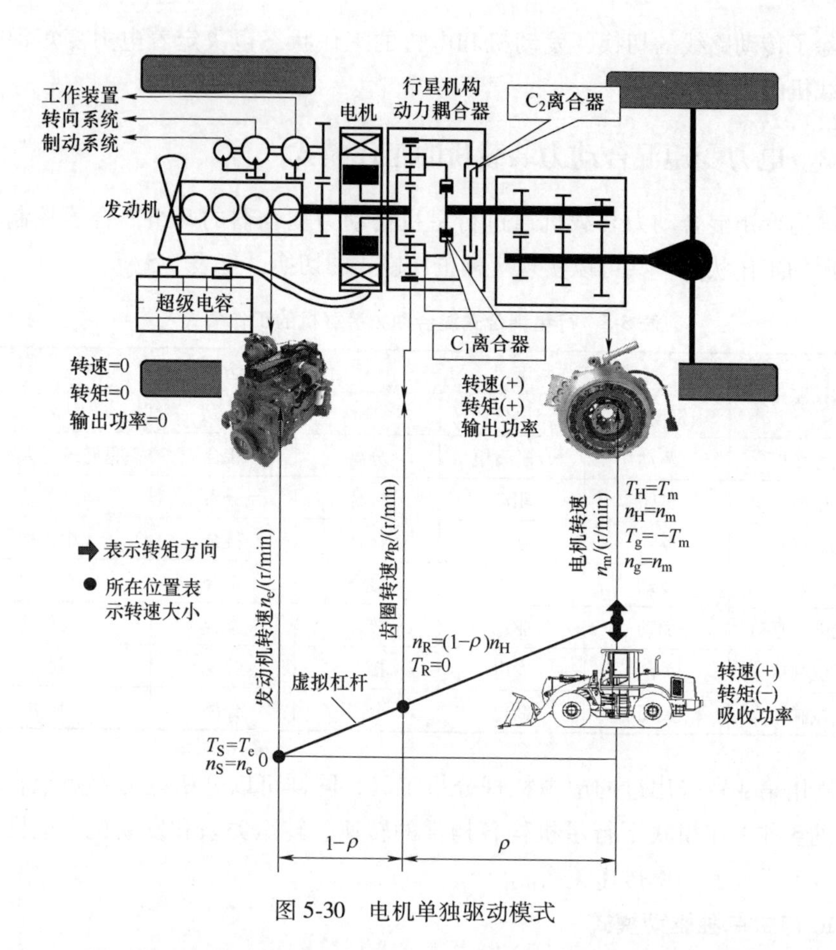

图 5-30　电机单独驱动模式

电机直接通过 C_1 离合器驱动变速器输入轴，变速器输入轴的转速与电机转速一致，变速器的转矩方向与电机转矩方向相反，变速器输入轴吸收了电机输出的所有功率，如图 5-30 所示。

2. 发动机单独驱动模式

当装载机行驶阻力达到中等负载，液压系统有负载，且不需要电机参与驱动时，或超级电容的 SOC 处于下限值之下或上限值之上时，装载机进入发动机单独驱动模式，电力变矩混合动力装载机的动力耦合器 C_1、C_2 离合器的接合状态和发动机与电机的工作状态，以及行星机构动力耦合器在虚拟杠杆下的运动和动力状态分析，如图 5-31 所示。

进入发动机单独驱动模式要求 C_1、C_2 离合器都接合；电机断电，发动机单独为装载机行走系统提供驱动力。由于 C_1、C_2 离合器都接合，行星机构动力耦合器成为一个刚体，所有部件（太阳轮、行星架和齿圈）的转速一致，发动机

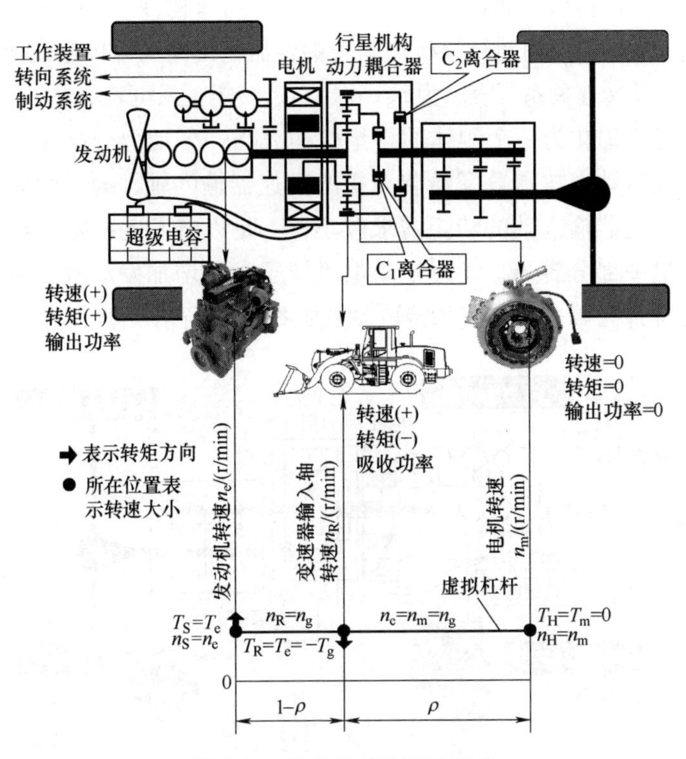

图 5-31　发动机单独驱动模式

对行星机构动力耦合器输入的动力全部传递给变速器输入轴，即 $n_S=n_H=n_R$，$T_S+T_H+T_R=0$。

此时，行星架处于空转状态，转速与太阳轮和齿圈相同，电机既不输出转矩也不输入转矩。

此模式下的发动机动力被分成两部分，一部分用于驱动液压系统产生液压能，另一部分通过太阳轮传递到行星机构动力耦合器，再通过 C_1、C_2 离合器驱动行走系统克服装载机的行驶阻力。

3. 驱动发电模式

当装载机行驶负载较小，液压系统有负载时，且超级电容的 SOC 处于上限值之下时，装载机进入驱动发电模式，电力变矩混合动力装载机的行星机构动力耦合器 C_1、C_2 离合器的接合状态和发动机与电机的工作状态，以及行星机构动力耦合器在虚拟杠杆下的运动和动力状态分析，如图 5-32 所示。

进入发动机驱动且发电模式要求 C_1、C_2 离合器都接合；发动机为装载机提供动力，且带动电机发电，电机在发动机驱动下工作在发电状态。由于 C_1、C_2 离合器都接合，行星机构动力耦合器成为一个刚体，所有构件（太阳轮、行星架和齿圈）的转速一致，发动机对行星机构动力耦合器输出的动力传递到变速器输入轴和电机转子，其转速关系可表示为$n_S=n_H=n_R$，转矩关系可表示为$T_S+T_H+T_R=0$。

此时，已经退化为一个刚体的行星机构充当一个动力分配元件，将从太阳轮输入的发动机动力按需分配给装载机的变速器输入轴，剩下的驱动电机转子发电，其中变速器输入轴的转矩需求较小，不足以将发动机拖入经济负荷，需要分配给电机一部分转矩，通过拖动电机转子发电增加发动机的负荷，使发动机进入经济符合区域，其转速和转矩关系如图5-32所示。

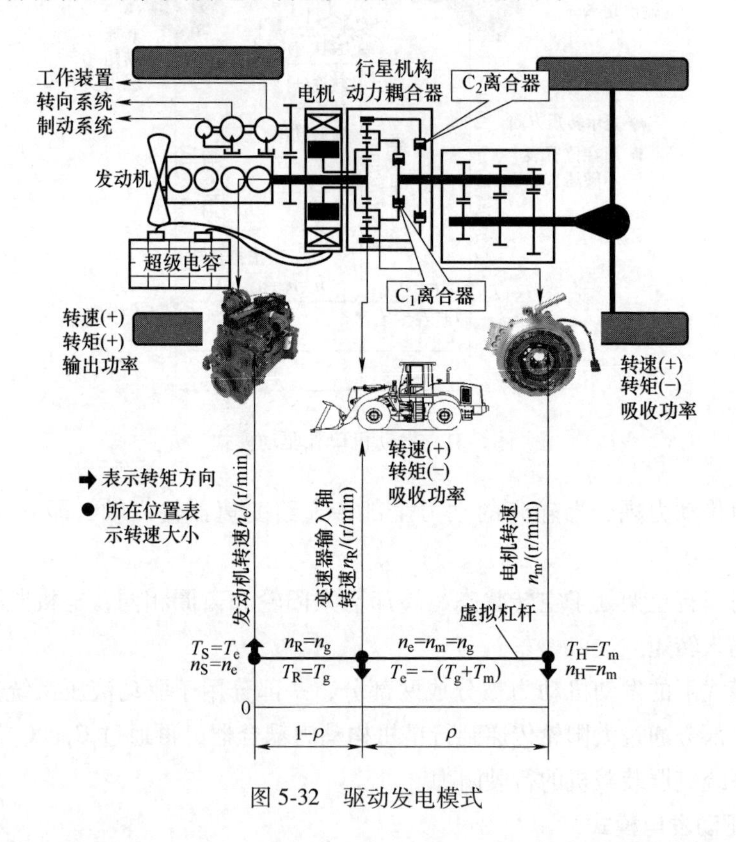

图5-32　驱动发电模式

此模式下的发动机动力首先被分成两部分，一部分用于驱动液压系统产生液压能，另一部分通过太阳轮传递到行星机构动力耦合器，再通过C_1、C_2离合器驱动行走系统克服装载机的行驶阻力，余下的动力再拖动电机发电，目的是使发动机工作在经济区域内，为超级电容补充电能。

4. 电机助力驱动模式

当装载机行驶负载较大，液压系统有负载时，且超级电容的SOC处于下限值之上时，装载机进入电机助力驱动模式，电力变矩混合动力装载机的动力耦合器 C_1、C_2 离合器的接合状态和发动机与电机的工作状态，以及行星机构动力耦合器在虚拟杠杆下的运动和动力状态分析，如图 5-33 所示。

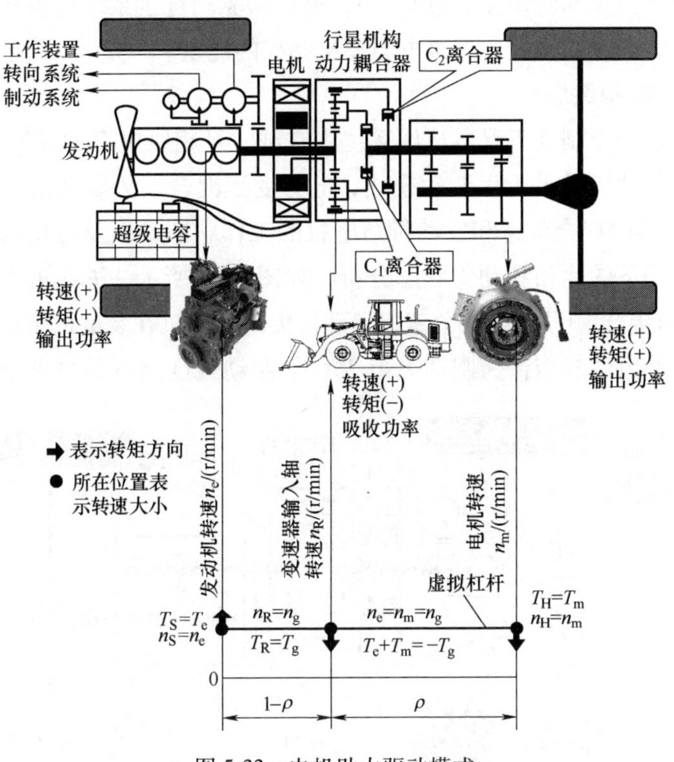

图 5-33　电机助力驱动模式

进入电机助力驱动模式要求 C_1、C_2 离合器都接合；发动机工作在经济负荷区域，电机补充不足的动力，电机工作在驱动状态。由于 C_1、C_2 离合器都接合，行星机构动力耦合器成为一个刚体，所有构件（太阳轮、行星架和齿圈）的转速均一致，发动机和电机对行星机构动力耦合器输出的动力被变速器输入轴所吸收，用于克服装载机的行驶阻力，行星机构动力耦合器的部件之间的转速关系可表示为 $n_S=n_H=n_R$，转矩关系可表示为 $T_S+T_H+T_R=0$。

此时，已经退化为一个刚体的行星机构充当一个动力合成元件，将从太阳轮输入的发动机动力和从行星架输入的电机动力合成并传递给装载机的变速器输入轴。此时，变速器输入轴的转矩所面临的负载较大，单靠发动机动力不足以克服或能够克服但将使发动机运转在油耗率较高的区域。混合动力装载机使发动机仍运转在经济负荷区域，动力不足部分由电机补充，避免了发动机工作在大负荷的非经济区域，其转速和转矩关系如图 5-33 所示。

此模式下的发动机动力仍被分成两部分，一部分用于驱动液压系统产生液压能，另一部分通过太阳轮传递到行星机构动力耦合器，再与经行星架输入的电机转矩合成为驱动转矩，通过 C_1、C_2 离合器驱动行走系统克服装载机遇到的较大行驶阻力，在此模式中超级电容输出储存的能量。

5. 再生制动模式

当装载机处于制动工况，液压系统为空载，且超级电容的 SOC 处于上限值之下时，则装载机进入再生制动模式，电力变矩混合动力装载机的动力耦合器 C_1、C_2 离合器的接合状态和发动机与电机的工作状态，以及行星机构动力耦合器在虚拟杠杆下的运动和动力状态分析，如图 5-34 所示。进入再生制动模式要求 C_1 离合器接合，C_2 离合器分离；发动机关闭，电机在装载机传动系统拖动下发电，电机发电的转矩作为制动力矩 T_Z，如制动强度达不到要求则由机械制动

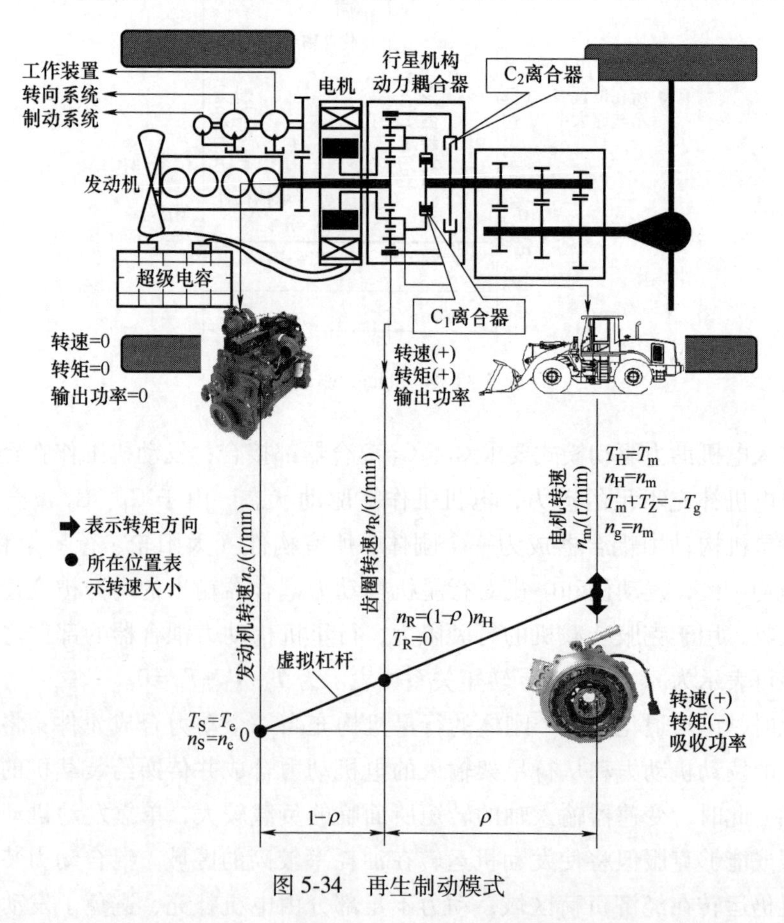

图 5-34　再生制动模式

系统补充，发电产生的电能为超级电容充电。由于发动机关闭，发动机曲轴在气缸的阻力下不能转动，受此影响太阳轮也不能转动，即 $n_S=0$，将其代入双星行星机构转速方程（5-2）。

则此时齿圈与行星架的转速关系为 $n_R=(1-\rho)n_H$，齿圈处于随动状态，齿圈输出的转矩为 0，如图 5-34 所示。

正在行驶的装载机的动能沿着传动系统逆向传动，通过传动变速器输入轴，经过 C_1 离合器拖动电机转动，电机的转速为正，转矩为负，对外表现为吸收功率。电机发电的转矩通过变速器输出轴表现为阻碍装载机行驶的制动力矩。

6. 机械制动模式

当装载机处于制动工况，且超级电容的 SOC 处于上限值之上时，即：超级电容不允许再对其充电时，或其他因素导致混合动力装载机不符合进入再生制动模式的要求时，则混合动力装载机进入机械制动模式，行星机构动力耦合器 C_1、C_2 离合器的接合状态和发动机与电机的工作状态，以及行星机构动力耦合器在虚拟杠杆下的运动和动力状态分析，如图 5-35 所示。

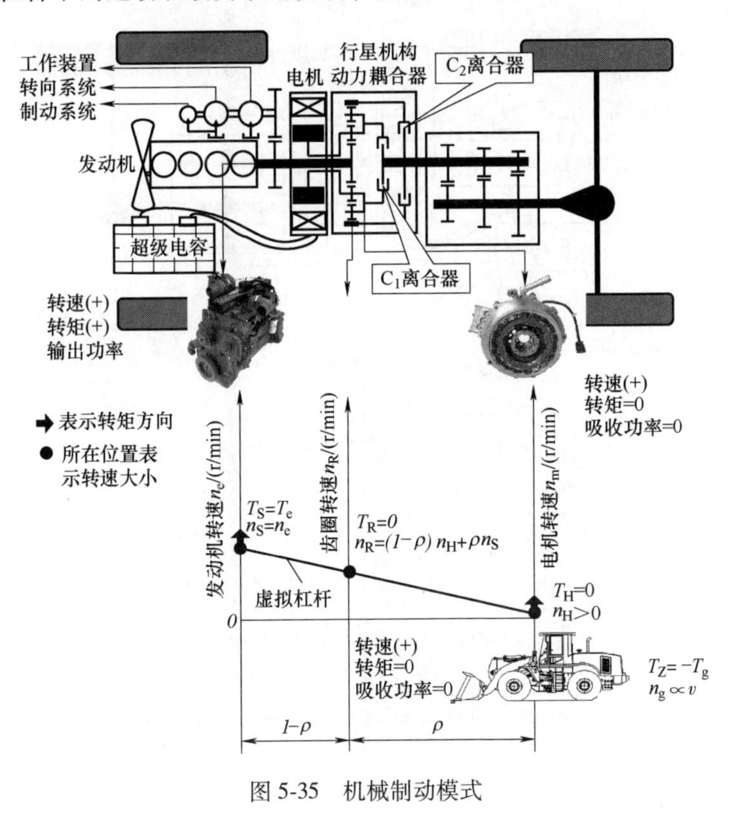

图 5-35　机械制动模式

进入机械制动模式要求 C_1、C_2 离合器均分离；发动机驱动，电机断电，装载机传动系统与动力耦合器完全断开，发动机仍然驱动液压系统工作（如果需要的话），受此影响行星机构太阳轮仍在转动，即 $n_S>0$，将其代入双星行星机构转速方程（5-2）。

则此时齿圈与行星架的转速关系为 $n_R=(1-\rho)n_H+\rho n_S$，齿圈和行星架处于随动状态，齿圈和行星架输出的转矩均为 0，如图 5-35 所示。

此模式下，变速器输入轴的转速不再与行星机构动力耦合器相关，此处假设在虚拟杠杆上变速器输入轴与行星架相关，如图 5-35 所示。正在行驶的装载机的动能完全由机械制动系统吸收，超级电容的 SOC 不变化。

7. 电力变矩模式

电力变矩模式是该结构混合动力装载机最具特色的工作模式，一般出现在装载机起步或铲掘等低转速、大转矩的工况，电力变矩混合动力装载机的动力耦合器 C_1、C_2 离合器的接合状态和发动机与电机的工作状态，以及行星机构动力耦合器在虚拟杠杆下的运动和动力状态分析，如图 5-36、图 5-37 所示。

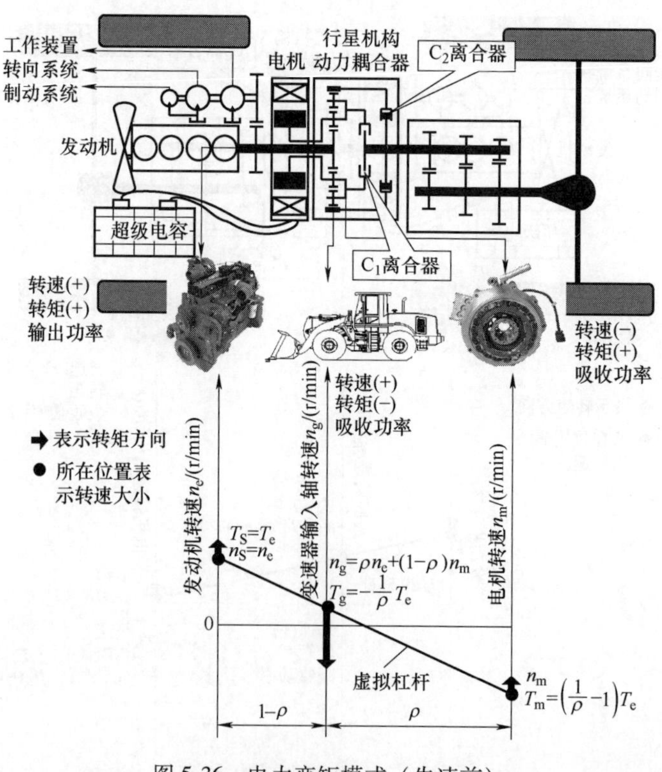

图 5-36　电力变矩模式（失速前）

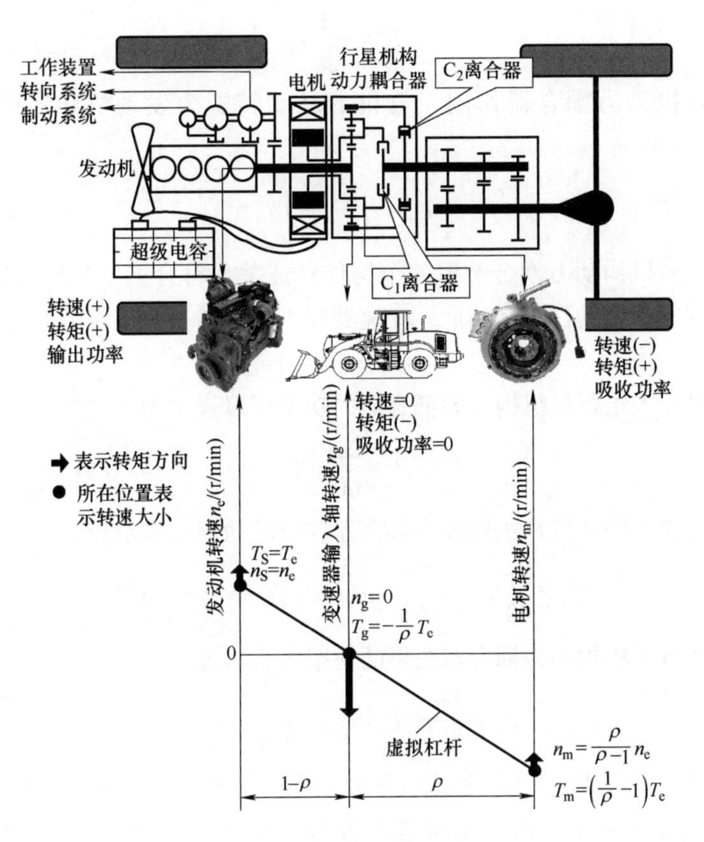

图 5-37　电力变矩模式（失速工况）

进入电力变矩模式要求 C_2 离合器接合，C_1 离合器分离；发动机工作在经济负荷区域，随着装载机车速的急速降低，电机由正转驱动状态迅速过渡到反转发电状态，回收发动机盈余功率，同时利用行星机构的转矩放大功能，满足装载机低转速、大转矩的驱动要求。

此时，行星机构动力耦合器恢复二自由度状态，太阳轮随发动机转动，行星架随电机转动，齿圈带动变速器输入轴转动，并将动力耦合器的动力传递到变速器输入轴上。由于行星机构处于二自由度状态，则三个构件的转矩分配关系符合式（5-3）。

$$\frac{T_S}{\rho}=\frac{T_H}{1-\rho}=-T_R \tag{5-3}$$

行星机构动力耦合器作用于变速器输入轴的转矩为发动机输入行星机构动力耦合器转矩的 $1/\rho$ 倍（$0<\rho<1$），即

$$T_{g}=-\frac{1}{\rho}T_{e} \tag{5-4}$$

行星机构动力耦合器作用于电机的驱动转矩为发动机转矩的 $1/(1-\rho)$ 倍，即

$$T_{m}=-\left(1-\frac{1}{\rho}\right)T_{e} \tag{5-5}$$

双星行星机构动力耦合装置三个构件转速关系符合式（5-2），转化成与它们相连接的装载机构件的转速后，变速器输入轴的转速可以表示为式（5-6）。

$$n_{g}=\rho n_{e}+(1-\rho)n_{m} \tag{5-6}$$

发动机输入给行星机构动力耦合器的功率可以表示为

$$P_{e}=\frac{2\pi}{60}n_{e}T_{e} \tag{5-7}$$

变速器输入轴从行星机构动力耦合器获得的功率可表示为

$$P_{g}=\frac{2\pi}{60}n_{g}T_{g}=\frac{2\pi}{60}[\rho n_{e}+(1-\rho)n_{m}]\left(-\frac{1}{\rho}\right)T_{e} \tag{5-8}$$

电机从行星机构动力耦合器获得的功率可表示为

$$P_{m}=\frac{2\pi}{60}n_{m}T_{m}=\frac{2\pi}{60}n_{m}\left(\frac{1}{\rho}-1\right)T_{e} \tag{5-9}$$

将式（5-7）、式（5-8）和式（5-9）所表示的行星机构动力耦合器三个部件的功率，按照功率平衡的原则进行分析，发现刚好构成功率平衡方程，见式（5-10）。

$$P_{e}+P_{g}+P_{m}=\frac{2\pi}{60}n_{e}T_{e}+\frac{2\pi}{60}[\rho n_{e}+(1-\rho)n_{m}]\left(-\frac{1}{\rho}\right)T_{e}+\frac{2\pi}{60}n_{m}\left(\frac{1}{\rho}-1\right)T_{e}=0 \tag{5-10}$$

即发动机输入到行星机构动力耦合器的功率被分配给了变速器输入轴和电机，且在发动机转速不变的情况下，随着变速器输入轴转速的降低（对应着装载机车速的降低），变速器输入轴吸收的功率在逐渐下降，电机反转的转速在升高，电机回收发动机的盈余功率也在逐渐增加。当变速器输入轴转速降为 0 时（对应着装载机车速为 0 时），变速器输入轴吸收的功率降为 0，电机反转的转速达到最高，电机完全回收了发动机的功率，如图 5-37 所示。

电力变矩模式通过发动机、电机和行星机构动力耦合器等零部件的协调控制，实现了液力变矩器的增扭、降速的功能，同时还通过电机反转回收了发动机的盈余功率，避免了传统装载机在铲掘物料工况液力变矩器的液力损失，既提高了装载机的传动效率，又提升了装载机的功率利用率。

5.3.3　行星机构动力耦合器的动力学模型

电力变矩混合动力装载机的各种工作模式主要依靠行星机构动力耦合器的接合状态实现各种传动路径，这里将行星机构动力耦合器作为研究对象，建立起动力学模型，为进行深入的动力学分析和后续的仿真研究奠定基础。

在电力变矩混合动力装载机上，行星机构动力耦合器的太阳轮与发动机曲轴相连接，行星架与电动机的转子相连接，由双星行星机构三个构件之间的转速关系式（5-2）可以得到与行星机构相连接的动力源的角速度关系，见式（5-11）。

$$\omega_R=\rho\omega_e+(1-\rho)\omega_m \tag{5-11}$$

式中　ω_R——齿圈角速度，单位为 rad/s；

ω_e——发动机曲轴角速度，单位为 rad/s；

ω_m——电机转子角速度，单位为 rad/s；

ρ——双星行星机构结构参数，$\rho=Z_R/Z_S$，Z_R 为齿圈齿数，Z_S 为太阳轮齿数。

对式（5-11）两边进行微分得式（5-12）。

$$\dot{\omega}_R=\rho\dot{\omega}_e+(1-\rho)\dot{\omega}_m \tag{5-12}$$

式中　$\dot{\omega}_R$——齿圈角加速度，单位为 rad/s^2；

$\dot{\omega}_e$——发动机曲轴角加速度，单位为 rad/s^2；

$\dot{\omega}_m$——电机转子角加速度，单位为 rad/s^2。

对太阳轮建立动力学方程得式（5-13）。

$$T_e-T_S=\dot{\omega}_eI_e \tag{5-13}$$

式中　T_e——发动机对行星机构动力耦合系统输出的转矩，单位为 N · m；

T_S——太阳轮的内转矩，单位为 N · m；

I_e——发动机曲轴+太阳轮的转动惯量，单位为 kg · m^2。

对行星架建立动力学方程得式（5-14）。

$$T_m-T_H-T_{C_1}=\dot{\omega}_mI_m \tag{5-14}$$

式中　T_H——行星架的内转矩，单位为 N · m；

T_m——电机的转矩，单位为 N · m；

T_{C_1}——C_1 离合器传递的转矩，单位为 N · m；

I_m——电机转速+行星架+C_1 离合器主动部分的转动惯量，单位为 kg · m^2。

对齿圈建立动力学方程得式（5-15）。

$$-T_{R}-T_{C_2}=\dot{\omega}_{R}I_{R} \tag{5-15}$$

式中 T_R——齿圈的内转矩，单位为N·m；

T_{C_2}——C_2离合器传递的转矩，单位为N·m；

I_R——齿圈+C_2离合器主动部分的转动惯量，单位为$kg \cdot m^2$。

对装载机变速器输入轴建立动力学方程得式（5-16）。

$$T_{C_1}+T_{C_2}-T_{g}=\dot{\omega}_{g}I_{g} \tag{5-16}$$

式中 T_g——变速器输入轴上的转矩，单位为N·m；

$\dot{\omega}_g$——变速器输入轴的角加速度，单位为rad/s^2；

I_g——变速器输入轴+C_1、C_2离合器从动部分的等效转动惯量，单位为$kg \cdot m^2$。

式（5-3）、式（5-11）~式（5-16）共同构成了电力变矩混合动力装载机行星机构动力耦合器的动力学方程，其中式（5-13）~式（5-16）为四个主要部分的受力方程，构成动力学方程的主方程，其余三个方程为约束方程，可以将上述动力学方程写成状态方程的形式。

$$\begin{aligned}\dot{\omega}\boldsymbol{I}&=\boldsymbol{A}\omega+\boldsymbol{B}u\\Y&=\boldsymbol{C}\omega+\boldsymbol{D}u\end{aligned} \tag{5-17}$$

式中 ω——状态变量，$\omega=(\omega_e,\omega_m,\omega_R,\omega_g)^T$；

$\dot{\omega}$——状态变量的一阶导数，即为上述状态变量的角加速度，$\dot{\omega}=(\dot{\omega}_e,\dot{\omega}_m,\dot{\omega}_R,\dot{\omega}_g)^T$；

u——输入变量，$u=(T_e,T_m,T_S,T_H,T_R,T_{C_1},T_{C_2},T_g)$；

Y——输出变量；

$\boldsymbol{I}$——转动惯量矩阵，$\boldsymbol{I}=\begin{bmatrix}I_e&0&0&0\\0&I_m&0&0\\0&0&I_R&0\\0&0&0&I_g\end{bmatrix}$；

$\boldsymbol{A}$——系数矩阵，$\boldsymbol{A}=\begin{bmatrix}B_e&0&0&0\\0&B_m&0&0\\0&0&B_R&0\\0&0&0&B_g\end{bmatrix}$，$B_e$为发动机曲轴+太阳轮的转动阻尼系数，$B_m$为电机转子+行星架的转动阻尼系数，$B_R$为齿圈+$C_2$离合器主动部分的转动阻尼系数，$B_g$为变速器输入轴+$C_1$、$C_2$离合器从动部分的等效转动阻尼系数；

$\boldsymbol{B}$——系数矩阵，$\boldsymbol{B}=\begin{bmatrix}1 & 0 & -1 & 0 & 0 & 0 & 0 & 0\\ 0 & 1 & 0 & -1 & 0 & -1 & 0 & 0\\ 0 & 0 & 0 & 0 & -1 & 0 & -1 & 0\\ 0 & 0 & 0 & 0 & 0 & 1 & 1 & -1\end{bmatrix}$；

$\boldsymbol{C}$——系数矩阵，$\boldsymbol{C}=\begin{bmatrix}1 & 0 & 0 & 0\\ 0 & 1 & 0 & 0\\ \rho & 1-\rho & 0 & 0\\ 0 & 0 & 0 & 1\end{bmatrix}$；

$\boldsymbol{D}$——系数矩阵，$\boldsymbol{D}=0$。

5.3.4　电力变矩与液力变矩的区别

液力变矩器的变矩比 K 随着转速比 i（转速比定义为：涡轮转速与泵轮转速之比）的减小而增大，变矩能力逐渐增强。当装载机行驶阻力增加时，液力变矩器泵轮转速不变，但涡轮转速降低，转速比 i 减小，转矩比 K 随之上升，涡轮输出转矩增加，克服增加的行驶阻力，即转矩比 K 可以随装载机负载变化实时调节，这是液力变矩器的优势所在。当液力变矩器失速时，其转速比 i 为 0，转矩比 K 也变为最大，但涡轮输出的转速为 0，因此，液力变矩器的输出功率为 0，传动效率也为 0，即：发动机输出的全部功率均转化为液力变矩器的液力损失，即便液力变矩器不在失速工况，其传动效率也较低，这是液力变矩器的劣势所在，如图 5-7 所示。

行星排的变矩能力取决于行星排的结构参数 ρ，一旦 ρ 确定下来，转矩比就不能变了，因此，行星排的结构参数 ρ 是电力变矩混合动力装载机匹配的重要参数，需要根据装载机的动力需求和发动机及电机的性能综合确定。

行星排的转矩比虽然不可调节，但在行星机构动力耦合器二自由度状态下，行星机构 3 个构件的转速是可以根据工况变化调节的，通过转速的调节可以实现功率的调节，进而达到适应装载机负载变化的目的，盈余或不足的功率还可以由第 3 构件来吸收或补充。因此，混合动力装载机的电力变矩实质上就是行星机构的转矩放大功能和二自由度结构功率分流功能的有机组合，并以此来模拟液力变矩器的变矩传动特性从而适应发动机与负载之间的转矩和功率平衡。

5.3.5　电力变矩混合动力装载机的控制策略

电力变矩混合动力装载机通过对行星机构动力耦合器 C_1、C_2 离合器接合状态的控制与发动机和电机两个动力源工作状态的控制，总共可以实现 7 种工作模式。各种工作模式之间的划分条件如何？最具特色的电力变矩模式要怎样实现？以及当超级电容的 SOC 不满足电力变矩模式的工作条件时又将如何继续实现电力变矩功能？这都是控制策略将要解决的问题。

1. 工作模式的划分

根据装载机的行驶车速、加速踏板开度、发动机转速、变速器档位及超级电容的 SOC 等变量划分混合动力装载机的 7 种工作模式，如图 5-38 所示。

当行驶车速低于铲掘车速 v_{shovel} 且驱动力矩大于铲掘力矩 T_{shovel} 时，混合动力装载机进入电力变矩模式。要求离合器 C_1 分离，离合器 C_2 接合，行星机构动力耦合器进入二自由度状态，发动机驱动，电机反转发电回收发动机的盈余功率，通过行星机构降速、增扭来满足装载机低转速、大转矩的动力要求。

当行驶车速高于铲掘车速 V_{shovel} 时，混合动力装载机的工作模式由驱动力矩和超级电容的 SOC 值决定。当驱动转矩大于上临界值 $T_H(v)$（该临界值是以装载机车速为变量的函数）且 SOC 高于最低放电临界值 SOC_L 时，混合动力装载机进入电机助力驱动模式，要求离合器 C_1 和 C_2 都接合，行星机构蜕化为单自由度的刚体，发动机以经济负荷工作，电机辅助发动机驱动，用于弥补发动机动力的不足；当驱动转矩小于下临界值 $T_L(v)$ 且 SOC 低于最高充电临界值 SOC_H 时，混合动力装载机进入驱动发电模式，要求离合器 C_1 和 C_2 都接合，行星机构蜕化为单自由度的刚体，发动机以经济负荷工作，电机发电，吸收发动机盈余的功率为超级电容充电；当驱动转矩介于上下临界值之间或超级电容 SOC 不满足目标工作模式要求时，混合动力装载机进入发动机单独驱动模式，要求离合器 C_1 和 C_2 都接合，行星机构蜕化为单自由度的刚体，电机断电空转，装载机完全由发动机驱动。

当驱动转矩较小，行驶车速较低且超级电容的 SOC 高于最低放电临界值 SOC_L 时，混合动力装载机进入电机单独驱动模式，离合器 C_1 接合，C_2 分离，发动机关闭，电机驱动，动力通过行星架和离合器 C_1 驱动装载机行驶，太阳轮被发动机制动，齿圈空转。

当装载机处于制动工况且超级电容的 SOC 低于最高充电临界值 SOC_H 时，混合动力装载机进入再生制动模式，离合器 C_1 接合，C_2 分离，电机利用制动转矩拖动电机发电，回收制动能量为超级电容充电，行星机构的工作状态与电机驱动模式相同；当超级电容的 SOC 高于最高充电临界值 SOC_H 时，则进入机械制动模式。

通过控制离合器 C_1、C_2 的接合状态配合发动机、电机的工作状态控制，可以实现混合动力装载机的各种工作模式，见表 5-5。

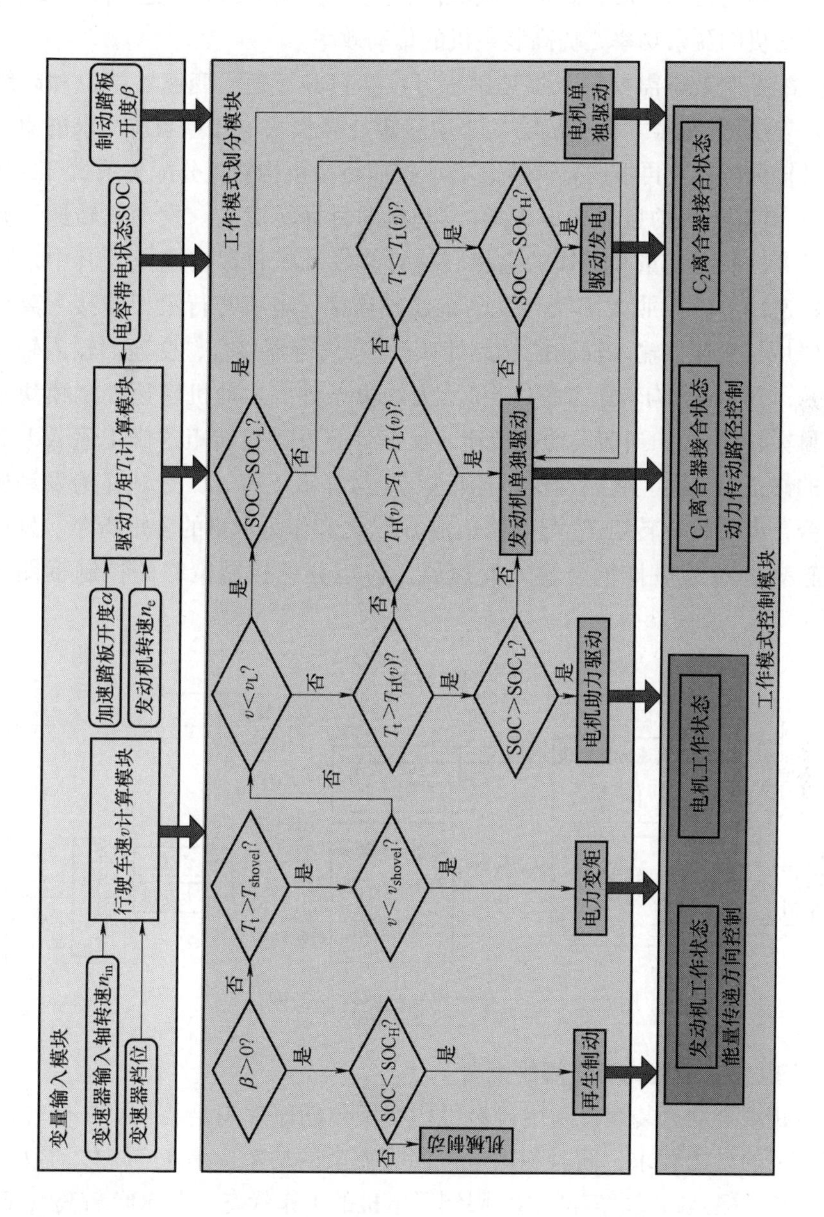

图 5-38　电力变矩混合动力装载机工作模式的划分

2. 转矩分配控制策略

该控制策略主要通过对电机和发动机的转矩分配控制以及转速协调控制，模拟液力变矩器的传动性质，满足装载机低转速、大转矩工况的变矩传动要求，同时回收发动机的盈余功率，提高装载机的传动效率。

转矩分配控制策略需要输入加速踏板开度、行驶车速、变速器档位和超级电容的 SOC 等状态变量。将变量输入驱动转矩计算模块，计算当前需求的驱动转矩 T_g；转矩分配模块再根据需求转矩 T_g，按照行星机构转矩分配关系式（5-4）和式（5-5）计算电机的目标转矩 T_m 和发动机的目标转矩 T_e。发动机转速计算模块根据输入的状态变量和反馈的电机转速计算发动机目标转速 n_e，其中发动机的目标转速计算，按照太阳轮与发动机曲轴连接、电机与行星架连接、离合器从动摩擦片与变速器输入轴连接（此处认为 C_2 离合器接合，变速器输入轴与齿圈连接），以行星机构转速方程（5-2）为约束条件。发动机转速控制模块根据发动机目标转速 n_e 和当前发动机转速，反馈计算发动机转矩的修正值 ΔT_e 和电机转矩的修正值 ΔT_m。将发动机目标转矩 T_e 与其修正值 ΔT_e 之和作为发动机的转矩指令，电机目标转矩 T_m 与其修正值 ΔT_m 之和作为电机的转矩指令。发动机和电机转矩经过行星排耦合输入变速器。转矩分配控制策略的控制框图如图 5-39 所示。

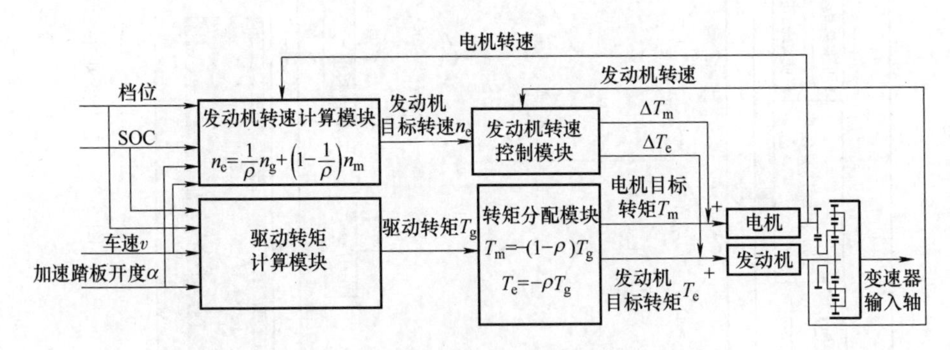

图 5-39　转矩分配控制策略控制框图

3. 拓宽电力变矩模式工作阈的策略

电力变矩混合动力装载机利用行星机构变矩传动原理满足装载机在低转速、大转矩工况下的动力要求，同时利用电机回收盈余的功率，提高变矩传动效率，降低燃油消耗。但是超级电容的 SOC 限制了电机的工作状态，当 SOC 较高（低）时，为防止因过充（放）电而损坏，应停止电能回收（释放）以保护超级电容。可以通过匹配大容量超级电容来减小此现象发生的概率，但会增加成本。

此时，可以通过变速器升（降）档控制和发动机降（升）速控制，使电机的工作状态在发电和电动之间切换，使行星机构动力耦合器仍处于二自由度状态，混合动力装载机继续工作于电力变矩模式，发挥行星机构的降速、增扭传动功能。

电力变矩模式要求发动机输出功率，为了满足装载机在铲掘或起步工况下低转速、高转矩的动力需求，变速器输入轴转速较低、转矩较高，电机工作在反转发电状态，吸收发动机在电力变矩模式下输出的盈余功率，如图 5-40a 所示。但当超级电容的 SOC 处于饱和状态时，电机需要退出反转发电状态，以保护超级电容。

此时，可以通过提升变速器档位的方法使电机工作在电动状态下，由于装载机仍处于较低的车速，在发动机转速不变的前提下，因为变速器的档位升高了，所以变速器输入轴的转速必须提高，以保持装载机的车速，为了满足行星机构转速方程（5-2）的约束，保证电机转速、变速器输入轴转速和发动机转速处在虚拟杠杆上，电机将工作于正转驱动状态，如图 5-40b。此时，行星机构仍处于二自由度状态，行星机构动力耦合器仍工作在电力变矩模式下，变速器输入轴的输入转矩依然为发动机转矩的 $1/\rho$ 倍。

当超级电容的 SOC 较低，且不足以维持电机电动状态时，电机需要再次进入反转发电状态。由于装载机仍保持较低的车速，所以变速器需要降档，以降低变速器输入轴转速，来满足方程（5-2）的约束。电机转速、变速器输入轴转速和发动机转速仍处于虚拟杠杆上。此时，电机要工作在反转发电状态下，如图 5-40a 所示。这样无论超级电容的 SOC 值如何变化，通过电机在反转发电与正转电动状态之间切换，配合变速器降档与升档控制，均能使混合动力装载机工作于电力变矩模式下，保证了在低转速、大转矩工况的牵引性能，且满足了装载机作业的车速要求。

当混合动力装载机需要工作在电力变矩模式下通过行星机构动力耦合器的二自由度结构实现降速、增扭功能，装载机行驶车速较高且超级电容的 SOC 值较低，但变速器已经降至最低档位，无法通过变速器降档的方式使变速器输入轴的转速降低，进而使电机由正转驱动状态切换至反转发电状态时，则可以通过提升发动机转速的方法，同样能使电机进入反转发电状态。在行星机构转速方程（5-2）的约束下，发动机转速、变速器输入轴转速和电机转速处于一条虚拟杠杆上，因此，需要强制提升发动机转速，在变速器输入轴转速不变的情况下，电机转速必然会下降，当电机转速穿越 0 速线就进入反转发电状态，如图 5-41a 所示。此时，电机吸收因发动机转速提升而多输出的盈余功率给超级电容补充电量，使超级电容的 SOC 值升高。

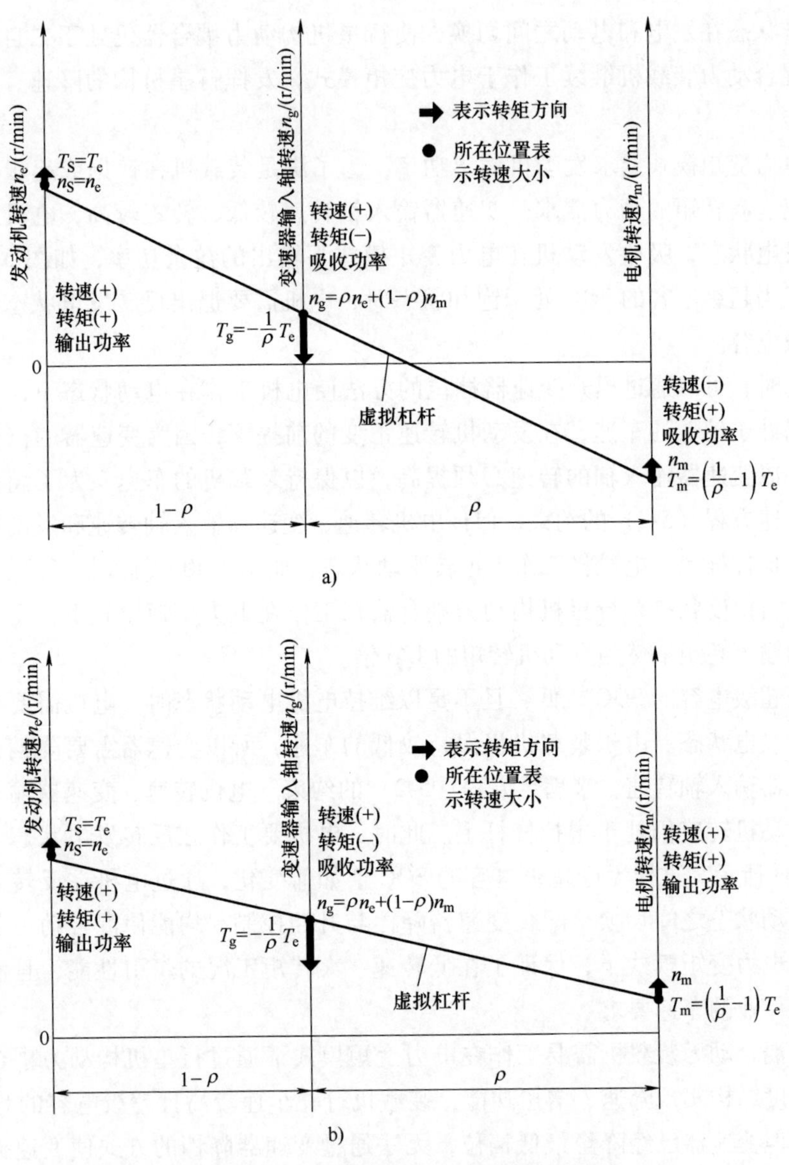

图 5-40　通过换档保持电力变矩模式的策略

a）变速器降档与电机发电状态　b）变速器升档与电机电动状态

反之亦然，当装载机车速较低且超级电容的 SOC 值较高，变速器已经升至最高档位，无法通过变速器升档的方法使变速器输入轴转速升高，再次使电机由反转发电切换至正转电动状态时，则可以通过降低发动机转速的方法，强制提升电机转速使其进入正转电动状态，电机消耗超级电容的电量以弥补发动机转速降低而少输出的功率，使其 SOC 值降低，如图 5-41b 所示。

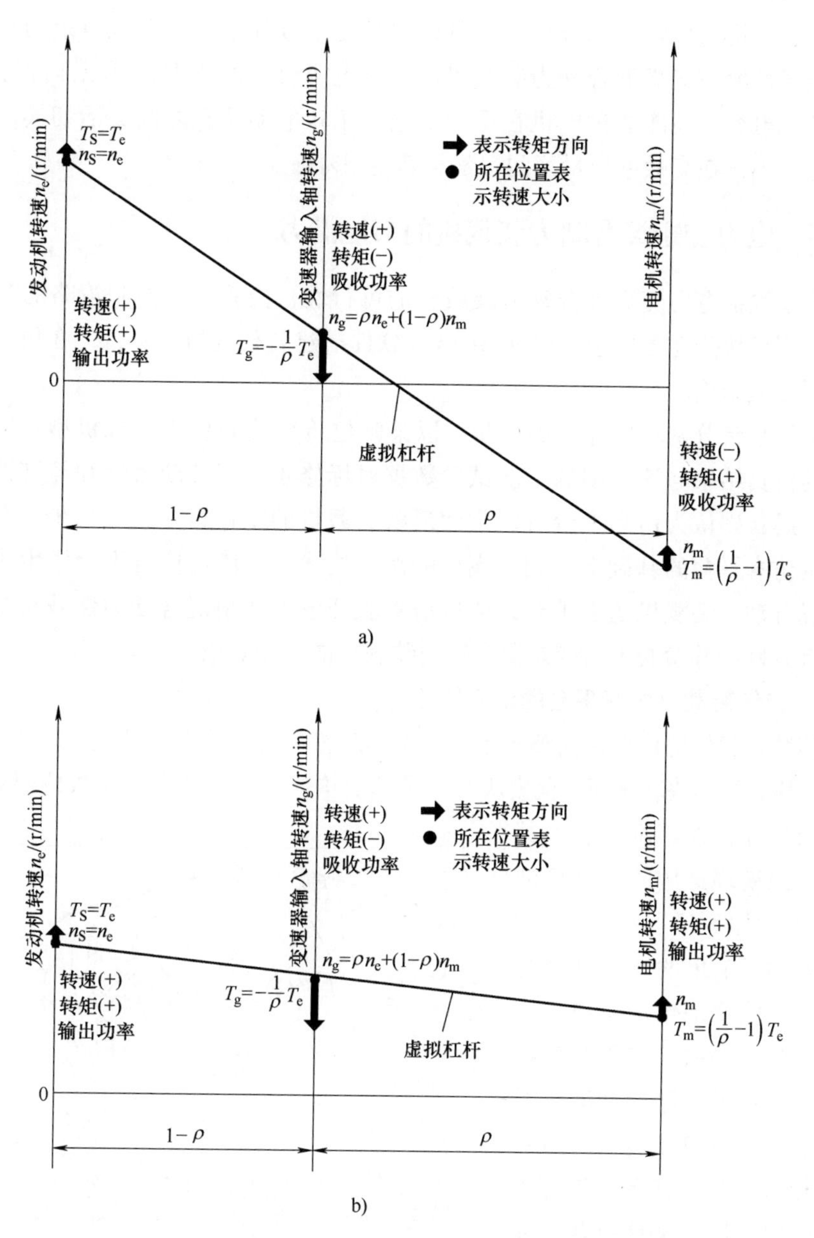

图 5-41　通过调节发动机转速保持电力变矩模式的策略

a）提升发动机转速维持电力变矩模式　b）降低发动机转速维持电力变矩模式

该控制策略下，尽管升降发动机转速可能会超越发动机的最佳经济区域，但是保证了混合动力装载机的电力变矩模式不受超级电容 SOC 值的限制，拓宽了电力变矩模式的工作阈，满足了装载机低转速、大转矩的驱动要求，同时可以提高装载机的变矩传动效率，还可以回收变矩过程中的发动机盈余功率。它不仅能降低电力变矩混合动力装载机对超级电容容量的要求，可以匹配容量更小的超级电容，还能通过电机在反转发电和正转电动状态之间灵活切换，确保超级电容工作在高效率容量区间，延长其使用寿命。

5.3.6 电力变矩混合动力装载机的节能潜力

为了验证电力变矩混合动力装载机的可行性，检验相应控制策略的节能效果，利用模块化建模思想，借助 Amesim 软件搭建装载机仿真平台，在仿真平台上验证相关结论。

仿真平台分两步搭建：第一步，以某吨位传统装载机为对标机型，用对标机型的仿真结果与该机型的工况试验数据对标修正，当其动力性和经济性指标均吻合后，则认为仿真平台可以全面反映装载机的工作性能；第二步，在对标装载机仿真平台的基础上，利用模型的派生技术，将传统仿真平台派生为电力变矩混合动力装载机仿真平台，通过仿真验证电力变矩混合动力装载机控制策略的有效性，并检验电力变矩混合动力装载机的节能效果。

1. 传统装载机仿真平台的对标修正

传统装载机仿真平台由整车模块、工作装置模块、动力源模块、传动系统模块、液压系统模块和循环工况模块 6 个子模块构成。仿真平台的参数按照对标机型的结构和性能特征设置，其中动力源模块选用的发动机油耗 MAP 图如 5-42 所示。

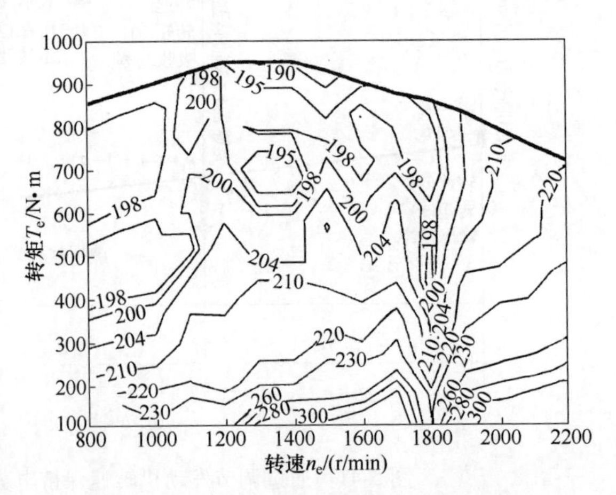

图 5-42 对标机型发动机油耗 MAP 图

发动机输出的动力被分为两路：一路驱动传动系统模块作用于整车模块，克服装载机行驶阻力；另一路驱动液压系统模块作用于工作装置模块，完成相应的作业任务。循环工况模块用于设置装载机各作业终端的动力要求，将第 2 章创建的装载机循环工况数值文件分别加载到仿真平台的各作业终端上，包括作用于整车模块的行驶阻力、行驶车速和整车重量（体现在行驶阻力上）以及作用于液压模块的驱动转矩（体现在工作装置的阻力和动作上），使仿真平台与装载机的动力输出相同，如图 5-43 所示。

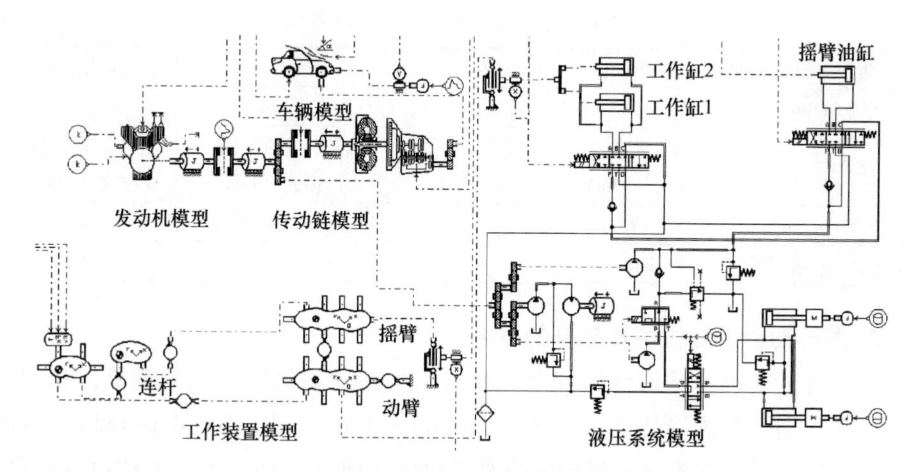

图 5-43　传统装载机仿真平台

完成基本设置后，分别针对松散土和原生土循环工况运行仿真平台，反复修正仿真平台的性能参数使其动力性能与循环工况动力要求逐渐吻合，如图 5-44 所示。

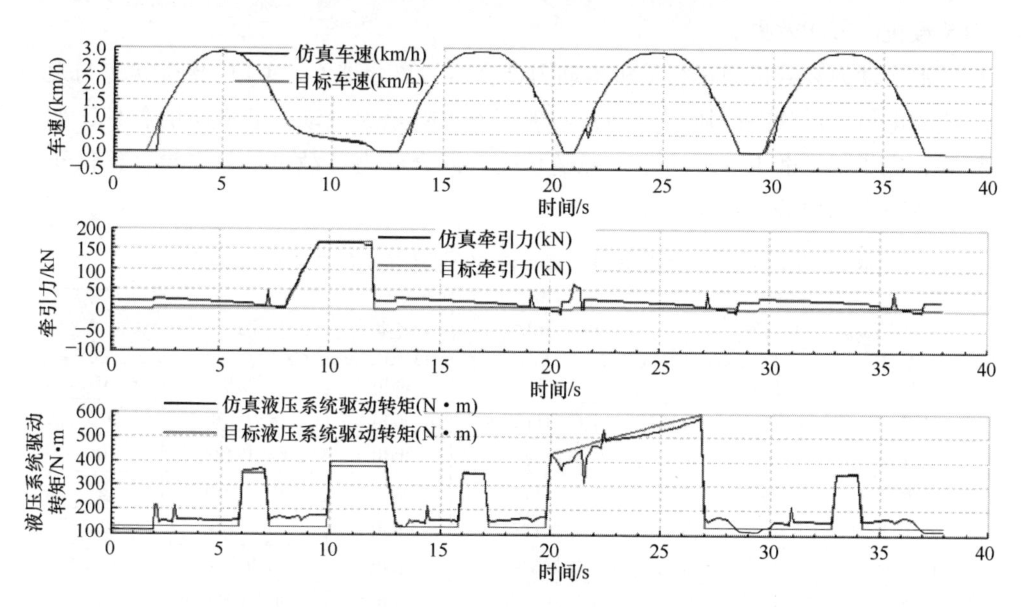

图 5-44　传统装载机仿真平台动力性能对标结果（松散土）

再以装载机工作调查试验的平均油耗数据与仿真平台进行对标修正，试验油耗数据见表 5-6，经过对标修正后的仿真平台在松散土循环工况下的油耗量为 290g/循环，在原生土循环工况下的油耗量为 340g/循环。仿真平台在动力性和经济性两方面均与传统装载机吻合，可以客观地反映装载机的动力性能和能耗规律。

表 5-6 对标机型典型工况试验数据

典型工况	松散土 1	松散土 2	原生土 1	原生土 2
作业量/斗	52	52	20	30
作业模式	"V" 形作业模式（13m）	"V" 形作业模式（13m）	"V" 形作业模式（13m）	"V" 形作业模式（13m）
作业效率/(s/循环)	37	39	44	48
油耗量/(g/循环)	288	291	320	367

2. 混合动力装载机仿真平台的派生

在传统装载机仿真平台基础上，利用电机和发动机取代原发动机，利用行星机构动力耦合系统取代液力变矩器，并嵌入了在 Matlab/Simulink 环境下生成的电力变矩控制策略模块，将传统仿真平台派生成混合动力装载机的仿真平台，如图 5-45 所示。

理论上，派生的仿真平台与传统装载机仿真平台具有相同的仿真精度，也能够真实地反映混合动力装载机的动力性和经济性，仿真结果也可验证混合动力装载机的节能效果。

混合动力装载机通过行星机构动力耦合器的离合器 C_1、C_2 的接合状态与发动机、电机工作状态的协调控制，实现了电力变矩混合动力装载机的各种工作模式，完成了松散土和原生土工况的仿真。混合动力装载机仿真平台在松散土工况的仿真结构分析见表 5-7。

表 5-7 混合动力装载机仿真平台在松散土工况的仿真结构分析

时间片段/s	离合器		工况	电池状态	模式	电量/W·h
	C_1	C_2				
0~1.0	分离	分离	怠速	断电	停驶	0
1.0~4.2	接合	分离	空载前进起步	放电	电力变矩	5.6
4.2~8.0	接合	接合	空载前进	断电	发动机单独驱动	0
8.0~8.6	接合	分离	撞料	放电	电力变矩	1.7
8.6~12.3	接合	分离	铲掘物料	充电	电力变矩	-192.6
12.3~13.6	接合	分离	铲掘物料	放电	电力变矩	25.1
13.6~20.6	接合	接合	满载后退	断电	发动机单独驱动	0
20.6~20.9	分离	分离	满载前进	断电	停车	0
20.9~21.6	接合	分离	满载前进起步	放电	电力变矩	7.2
21.6~28.5	接合	接合	满载举升前进	放电	电机助力驱动	39.1
28.5~29.4	接合	接合	卸料	断电	停车	0
29.4~29.9	接合	分离	空载后退起步	放电	电力变矩	2.9
29.9~37	接合	接合	空载后退	断电	发动机单独驱动	0

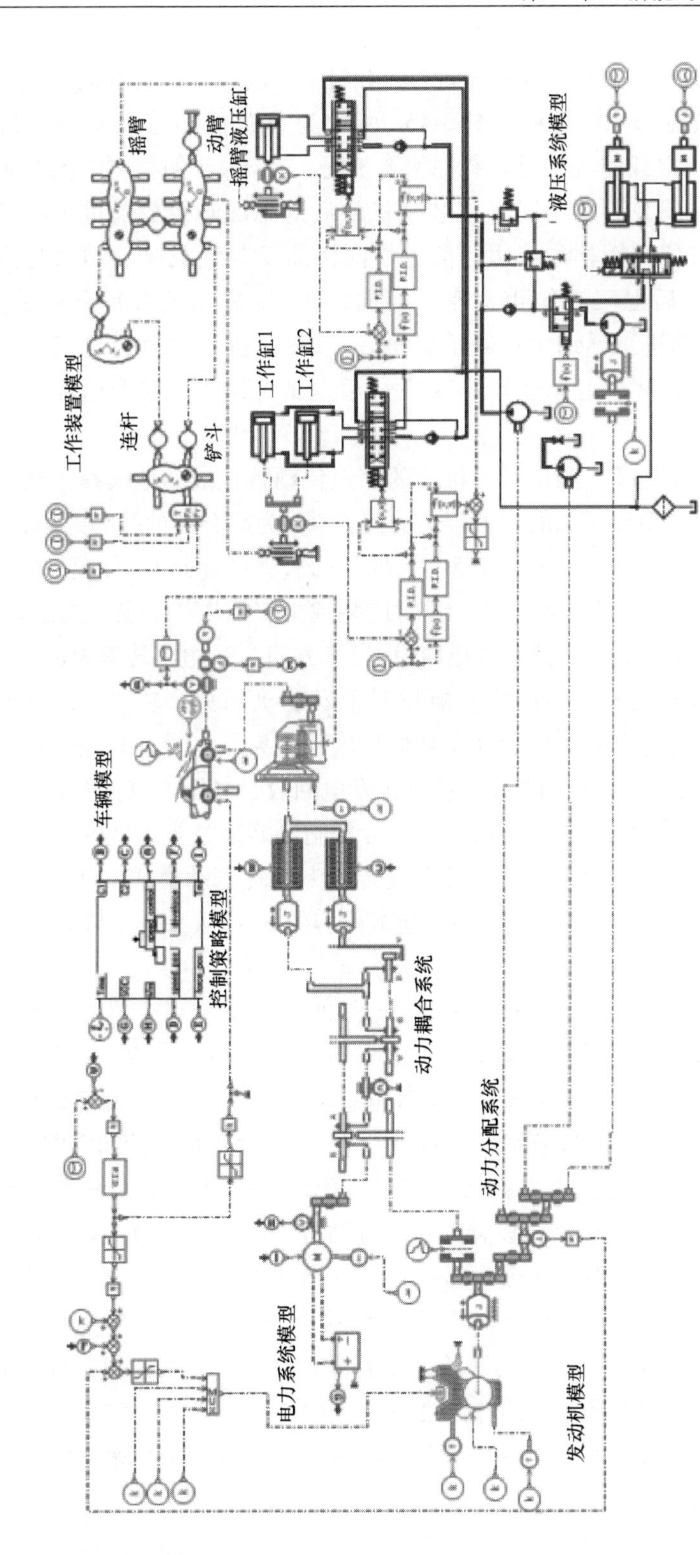

图 5-45　电力变矩混合动力装载机仿真平台

将传统装载机与电力变矩混合动力装载机的仿真结果放置在同一坐标上进行比较分析，如图 5-46 所示。图 5-46a 所示为装载机的行驶车速，仿真从 1.0s 开始，进入空载前进工况和铲掘物料工况，13.6s 铲掘物料工况结束；停车换向后，进入满载后退工况（将装载机的后退工况转变成前进工况，因为仿真软件不具备仿真倒档的能力，前进档同样能反映装载机的动力与能耗情况），20.6s 满载后退工况结束；停车换向，20.9s 进入满载举升前进工况，28.5s 满载举升前进工况结束；停车换向后，29.4s 进入空载后退工况（该工况也用前进车速代替后退车速），37s 空载后退工况结束，整个循环工况持续了 36s。

其中，电力变矩模式利用行星机构的变矩传动特性成功地模拟了液力变矩器的功能，克服了循环工况的铲掘阻力。图 5-46b 为离合器的接合逻辑，其中，1.0~4.2s、8.0~13.6s、20.9~21.5s 和 29.4~29.9 离合器 C_1 分离，C_2 接合，这 4 段均为电力变矩工况。8.6~13.6s 对应装载机铲掘物料工况，在该工况下，发动机工作于驱动状态，转速和转矩均为正，8.6~12.3s 电机转速为负，转矩为正，工作于反转发电状态，回收的能量源于发动机的盈余功率，回收电量为 192.6W·h，超级电容的 SOC 从 84.01%上升至 85%，如图 5-46f 所示。此时，发动机分配给行走系统功率的 95%被电机发电回收，如图 5-46g 所示；由于超级电容的 SOC 已经达到上限，12.3~13.6s 控制策略通过提高变速器档位的方法，如图 5-46c 所示，使电机由反转发电转换为正转电动模式，如图 5-46d 和图 5-46e 所示，释放电量 25.1W·h，超级电容的 SOC 从 85%下降到 84.87%，如图 5-46f 所示。

4.2~8.0s、13.6~20.6s、21.6~28.5s 和 29.9~37s，离合器 C_1 和 C_2 均接合，处于发动机和电机联合驱动模式。由图 5-46g 可以看出，21.6~28.5s 电机输出功率，超级电容放电，消耗超级电容电量 39.1W·h，可以判定该片段为电机助力模式，其余 3 个片段超级电容的 SOC 未变化，均为发动机单独驱动模式。

铲掘物料工况行星排机电耦合系统的齿圈输出转矩是太阳轮输出转矩的 1.75 倍，刚好等于仿真模型中设置的行星排结构参数 ρ 的倒数，装载机克服阻力的能力因而得到了提升，如图 5-46e 所示。行星机构动力耦合器 3 个构件的转速关系如图 5-46d 所示，当离合器 C_1、C_2 均接合时，3 个构件转速一致，当离合器 C_1、C_2 之一分离时，3 个构件转速关系满足式（5-2）的约束条件。混合动力装载机的一个完整循环工况的各作业终端动力需求由发动机和电机共同满足，其中，发动机工作在较为经济的中等负荷区域，不足或盈余功率由电机补充或吸收，如图 5-46g 所示。

图 5-46h 所示为装载机液压系统驱动转矩的目标值和仿真结果。图 5-46i 所示为装载机牵引力的目标值和仿真结果。

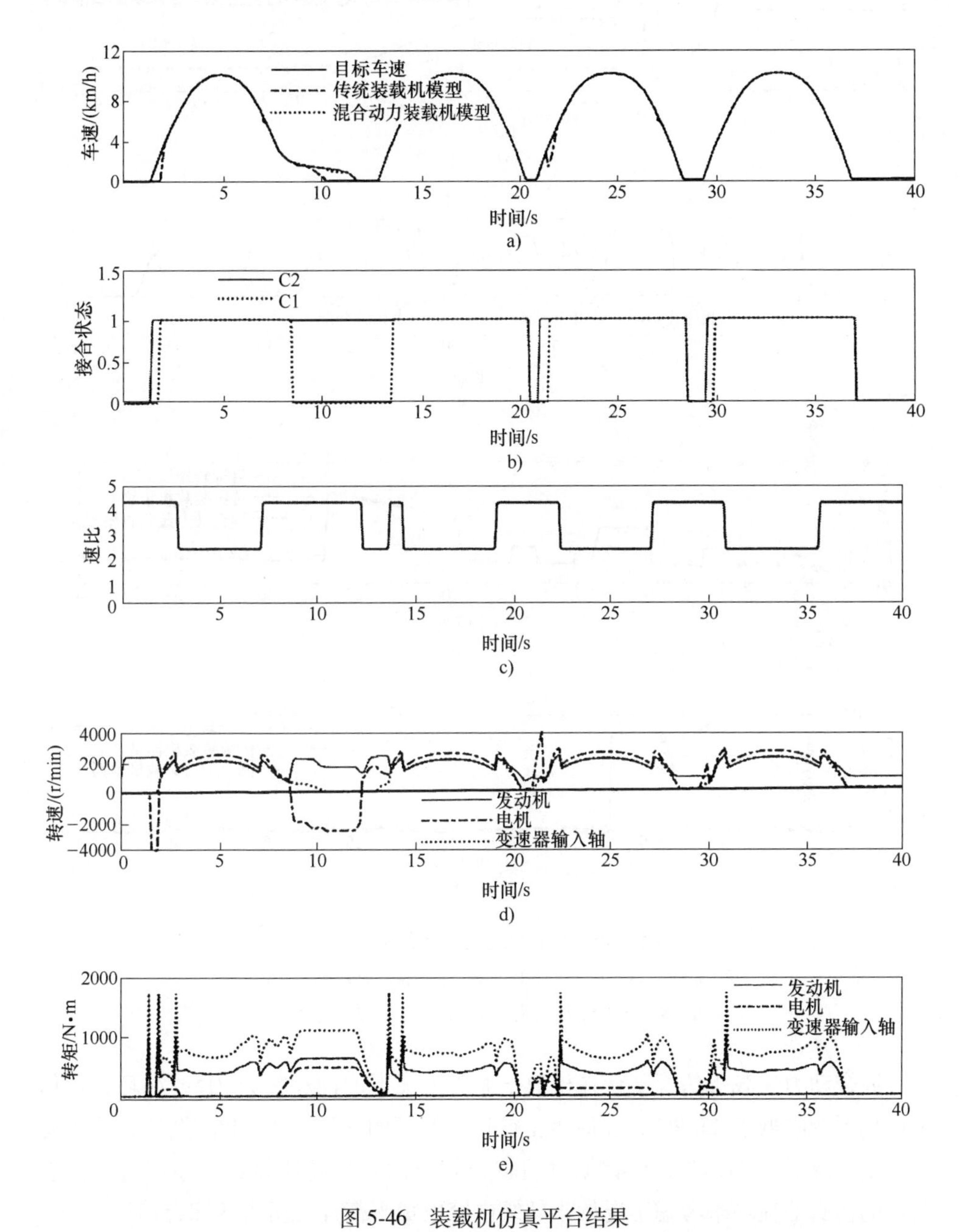

图 5-46　装载机仿真平台结果

a）行驶车速　b）离合器接合状态　c）变速器速比　d）与动力耦合器关联部件的转速　e）与动力耦合器关联部件的转矩

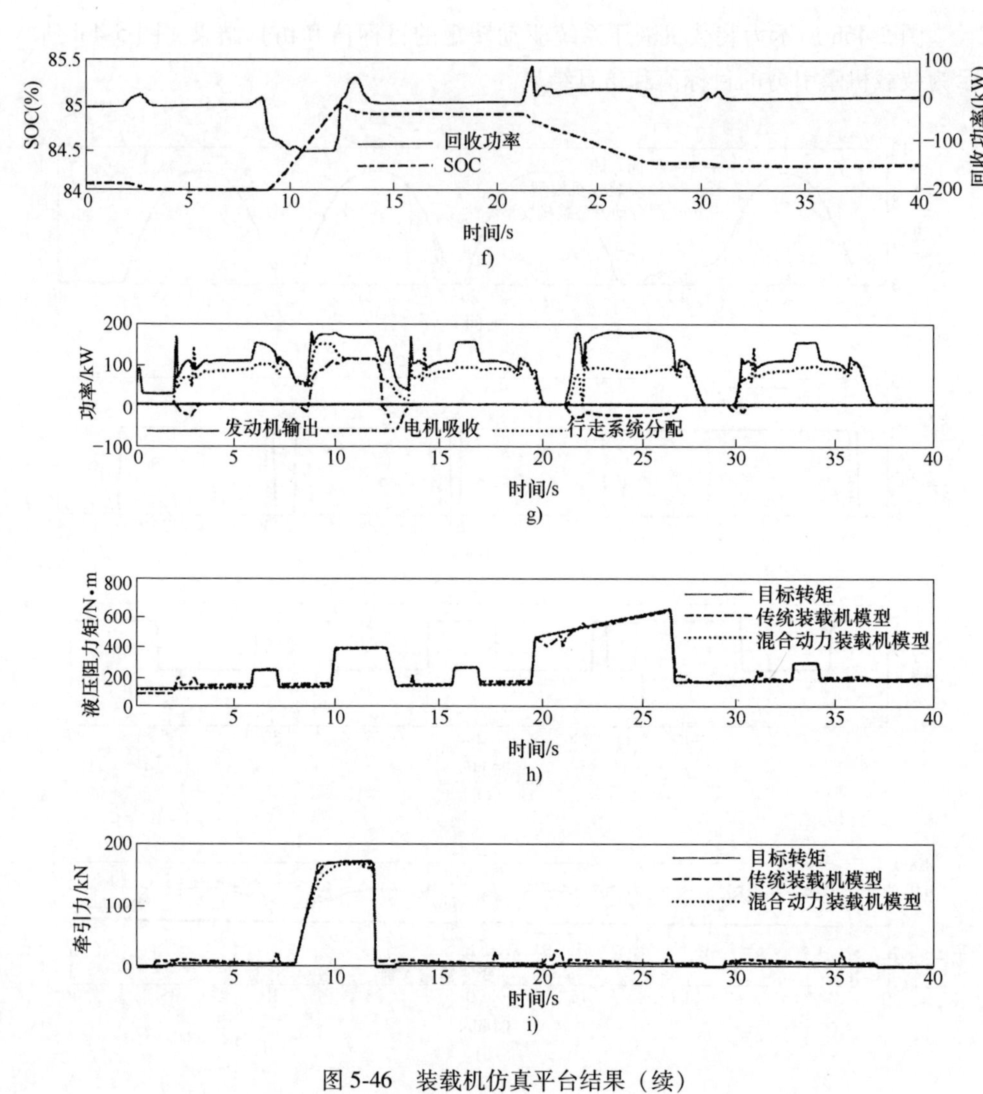

图 5-46　装载机仿真平台结果（续）

f）超级电容 SOC 与回收电功率　g）混合动力系统功率流

h）装载机的液压系统驱动转矩　i）装载机牵引力

混合动力装载机仿真平台在松散土循环工况下的油耗量为 215g/循环，比传统仿真平台降低了 25.9%，在原生土循环工况下的油耗量为 248g/循环，比传统仿真平台降低了 27.1%，且铲掘时间越长其节油效果越明显。上述混合动力装载机的仿真油耗均未考虑工况始末超级电容电量平衡计算所得的综合油耗。

3. 电力变矩模式的能量回收效果试验验证

为了进一步验证仿真分析的结论，采用发动机、电机、行星排、电控溢流阀及代表装载机负载的液压泵等部件，搭建了混合动力装载机电力变矩模式功能测试试验台。其中，发动机和电机与行星排的太阳轮和行星架连接，构成本试验系统的动力输入端口；行星排的齿圈连接液压泵，构成本试验系统的动力输出端口，即负载。液压泵的出口压力由电控溢流阀控制，溢流阀由上位机的程序控制，程序按照装载机铲掘物料工况的负载变化规律设置，因此，试验台的动力输出端口就具有了装载机铲掘物料工况负载的特性。行星排在整个试验过程中都处于二自由度状态，这使得发动机、电机和液压泵（作为负载）的转速始终满足行星排转速平衡方程的约束，确保了混合动力系统工作于电力变矩模式下。在发动机与太阳轮之间装有转速/转矩传感器，用于监测机械功率流，进而计算发动机输入传动系统的功率，在电机控制器上布置了电流和电压感知设备，用于监测电功率流，进而计算电机回收的盈余功率，试验台结构如图5-47所示。

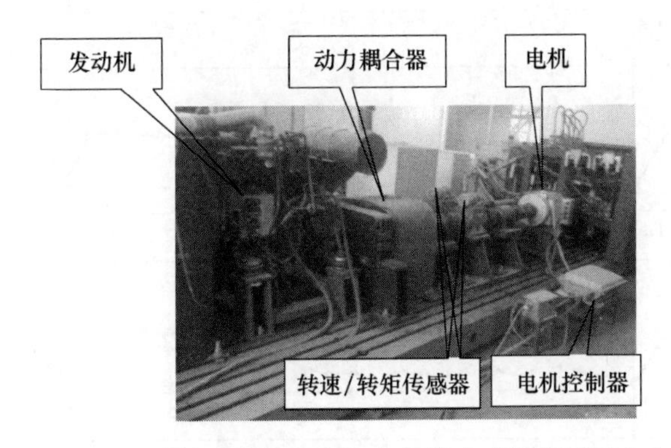

图5-47　混合动力装载机电力变矩模式功能测试试验台

试验结果如图5-48所示，试验中，行星机构处于二自由度状态，发动机、电机和负载的转速关系满足式（5-2）的约束条件。

试验时，发动机转速基本恒定在2100r/min±150r/min的范围；随着负载增加，动力总成输出转速从2010r/min逐渐下降，机电耦合系统从71.6s处进入电力变矩模式，到74s退出电力变矩模式，负载转速迅速下降至接近于0，偶尔稍有上升，对应装载机铲掘物料工况的车速。当系统进入电力变矩模式时，电机由正转电动过渡到反转发电状态，电机输出功率为负。整个电力变矩过程中，超级电容放电电流为负，电流值在−70A左右，电压逐渐从524V上升到577V，电机回收功率在47kW左右，发动机分配给传动系统的功率在51kW左右，如图5-48所示，整个电力变矩过程回收发动机分配给传动系统功率的90%以上。

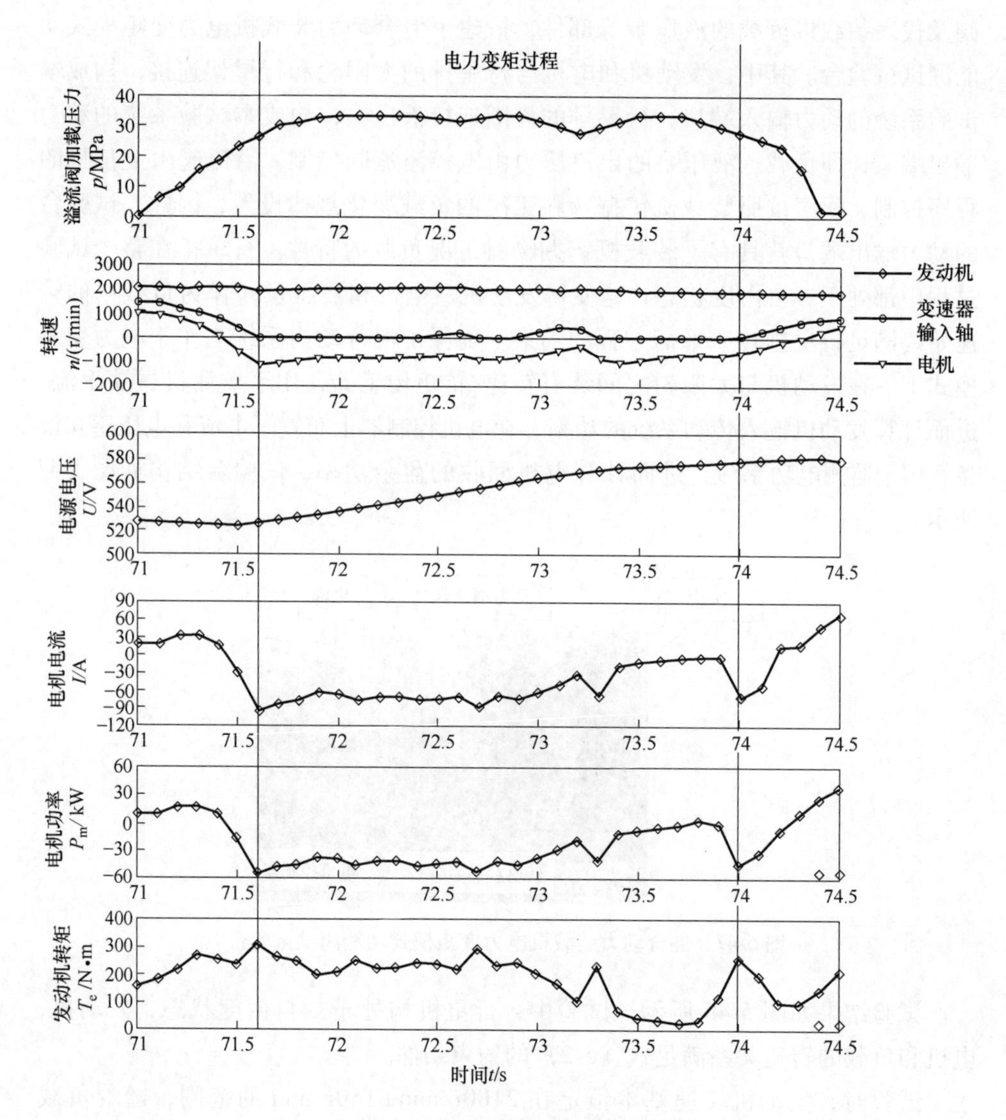

图 5-48　电力变矩模式的试验数据

5.3.7 电力变矩混合动力装载机的节能途径

电力变矩混合动力装载机最突出的特点就是用发动机、电机和行星机构动力耦合器取代了液力变矩器，利用行星机构的二自由度结构和发动机与电机的协调控制实现了装载机降速、增扭的变矩传动功能，同时通过电机发电回收了发动机在变矩传动过程中输出的盈余功率，提高了装载机的变矩传动效率。

由于发动机和电机的动力既通过行星机构耦合，又通过两组离合器的接合状态控制传动路线，混合动力装载机的动力系统可以有更多的组合方案，发动机和电机都可以单独工作。一方面，增加了发动机工作区域的优化空间，如电机单独驱动模式使装载机运行可以完全独立于发动机，使发动机的关停成为可能，增加了发动机的调节自由度；另一方面，电机与传动系统连接，实现了离合器完全将发动机分离出传动系统，电力变矩混合动力装载机可以通过再生制动模式回收制动能量，减轻了装载机对一次能源的依赖。

综上，电力变矩混合动力装载机实现了优化发动机工作区域、制动能量回收、消除发动机怠速和取消液力变矩器 4 种节能途径。

理论上，电力变矩混合动力装载机还可以实现发动机的降功率匹配，不过要满足电力变矩混合动力装载机的牵引性能，对发动机的转矩仍有较高的要求，为了满足牵引力足够大的要求，可以选择一款转矩较高、转速较低的小功率发动机，但是遗憾的是目前尚未找到合适的发动机。

混合动力装载机理论上还有工作装置独立驱动和铲斗势能回收两种节能途径，这都属于需要针对装载机工作系统单独设计的节能途径，有望在纯电动装载机和全液压混合动力装载机上实现。

2011 年，美国拉斯维加斯 CONEXPO 工程机械展览会上，日本的川崎重工公司展出了一款无液力变矩器的混合动力装载机 65Z Hybrid，该机采用单星行星机构耦合发动机和电机的动力，采用一组离合器控制动力传动路线，如图 5-49 所示。

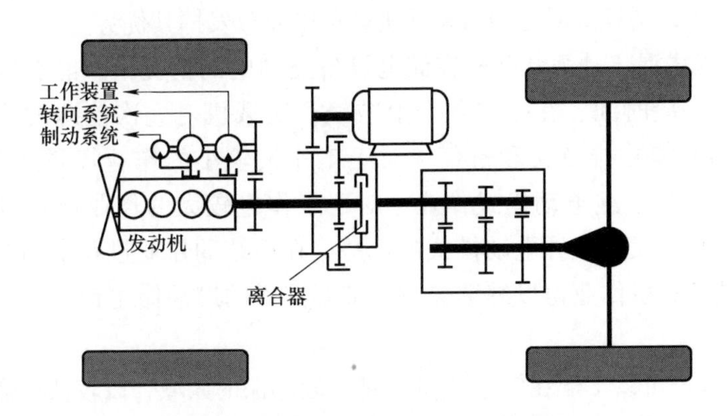

图 5-49　65Z Hybrid 混合动力装载机结构

它不仅利用混合动力技术提高了燃油利用率，还取消了液力变矩器，提高了变矩传动效率，总体可节能35%左右。

5.4 增程式混合动力装载机传动技术

增程式混合动力装载机具有较大容量的储电设备，能够维持装载机在纯电动状态下工作一定的时间，当电量不足时，再启动发动机驱动发电机为储电设备充电，以维持装载机电动系统继续工作。一般增程式混合动力装载机的吨位较大，以当前的储能技术尚难实现其纯电动化。

5.4.1 增程式混合动力装载机的意义

与增程式混合动力汽车的理念相似，增程式混合动力装载机更贴近于纯电动装载机，囿于装载机的能量消耗率过高，储电设备的成本又与存储能量几乎成正比，加之现阶段车载电源的能量密度较低，造成满足大型装载机一个工作日能量需求的储电设备的成本和重量远远超出了装载机可以承受的范围。因此，设计了一种储存电量足够大的混合动力装载机，在储电设备 SOC 较高阶段，优先使用车载电源储存的能量驱动装载机作业，待到车载电源 SOC 告急时再由增程器给其充电，同时装载机继续从车载电源获取电能维持装载机作业。

1）增程式混合动力装载机装备了储能量较大的车载电源系统，可以为装载机供给清洁能源，且噪声较小。虽然不能维持较长时间，但是能够满足一些需要环保和静音作业环境的要求，对于一些作业量不是很大的场合，比如市政抢修的紧急任务，增程式混合动力装载机就可以充分发挥其优势。

2）增程式混合动力装载机在储电设备充满电的情况下，能够以纯电动工作模式运行一段时间，在一定程度上减轻了装载机对一次能源的依赖，具有相当可观的节能减排意义和价值。对于工作量较小的作业场景非常有意义，相当于全程实现了纯电动模式作业；对于工作量较大的作业场景也非常有意义，一方面优先发挥了纯电动模式的优势，在后续的作业过程中因为有增程器的存在，使装载机作业得以继续保持，甚至同样的燃油储备量能够维持更长的作业时间。

3）增程器可以工作在较经济和（或）较环保的区域，以较低的燃油消耗产生较多的电量。并且发动机的工作可以独立于装载机的工作循环，工作点不必像传统装载机发动机那样频繁地迁移，工作点相对稳定，对节约燃油和减少排放都有重要意义。

4）装载机的每个子系统都可以独立工作，相互实现了发动机与各子系统之间的解耦。行走系统采用一台或两台电机驱动，液压系统采用单独的一台电机驱动，电机负荷大小和工作状态可以由负载灵活方便地决定。如当行走电机在再生制动模式时，工作在发电状态，而工作电机可以工作在驱动液压泵产生液压能的状态，各系统之间真正做到了解耦的独立控制。

5）取消了液力传动。增程式混合动力装载机行驶系统采用电机宽广的调速范围和传动系统较大的速比，利用一台电机或者两台电机满足装载机在低转速、大转矩工况的牵引特性要求，避免了传统装载机由液力变矩器引起的液力损失，提高了传动效率，进一步降低了能量消耗。

6）当车载电源技术取得了飞跃发展，电源的能量密度更大，或单位储电量的价格更加亲民时，增程式混合动力装载机可以快速地改造成纯电动装载机。

5.4.2 增程式混合动力装载机的结构组成

增程式混合动力装载机不但可以实现 7 种混合动力装载机的节能途径，而且还因为具有附加的纯电动驱动工作模式，更具有节能潜力。

增程式混合动力装载机在整机结构上与传统装载机相似，仍采用液压系统驱动工作装置，转向系统仍采用折腰转向，液压缸驱动，主要区别在于装载机的动力系统。增程式混合动力装载机的动力系统主要由增程器（由在某一区域工作时经济性能优异的发动机和发电效率较高的发电机组成）、车载电源（通常为储能性能优异的动力电池组）、为液压泵提供驱动能量的工作电机、驱动行走系统的行走电机（可以是一台电机，也可以是两台电机，两台电机需要配以动力耦合器）、不同电源之间的转换器和充电器组成，增程式混合动力装载机的典型结构如图 5-50 所示。

增程式混合动力装载机吨位一般在 8t 以上，所以其行走系统往往采用双电机结构，如图 5-50 所示。高速轻载工况仅靠行走电机驱动，因此，行走电机与传动系统固联；低速重载工况大转矩电机通过离合器接合介入驱动，辅助行走电机克服装载机遇到的负载。

5.4.3 增程式混合动力装载机的工作循环分析

以装载机最常见的“V”形作业循环为例说明各系统是如何相互配合完成作业任务的。装载机“V”形作业循环大致分为：空载前进、铲掘物料、满载后退、满载举升前进和空载后退 5 个主要工况，增程式混合动力装载机在每个工况下对各动力系统组成部件的要求如下。

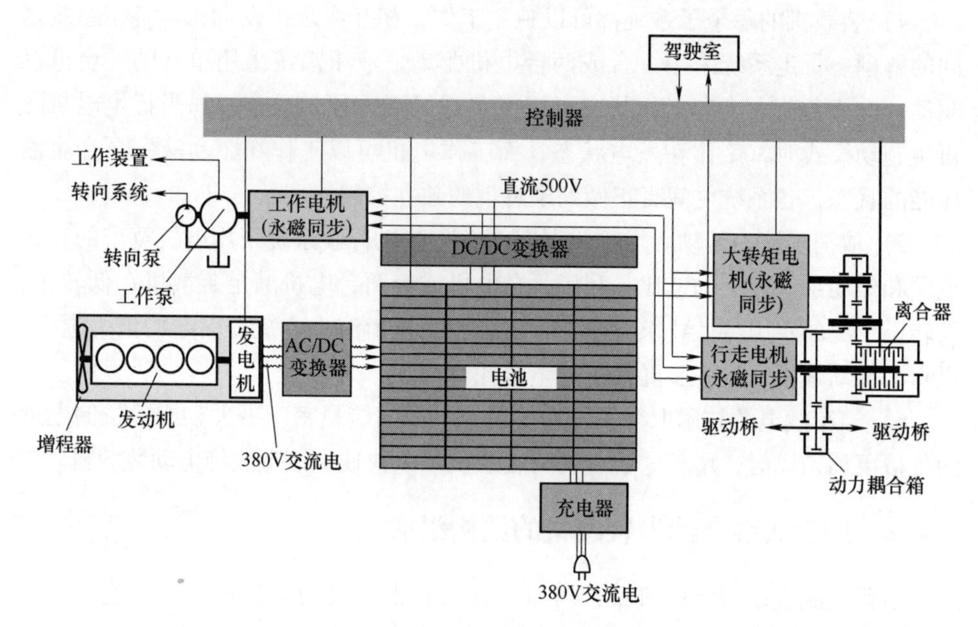

图 5-50　增程式混合动力装载机的典型结构

1. 空载前进工况

装载机在此工况需要从静止加速至工作车速，快速驶向料堆，工况末端稍微减速，利用装载机残存的行驶惯性冲向料堆，降低铲掘物料工况对铲掘功率的要求。装载机起步时需要较大的牵引力，加速踏板开度100%，需要行走电机和大转矩电机同时驱动，要求动力耦合器的离合器接合，两台电机的动力经过动力耦合器耦合对传动系统输出；当车速升高到一定值时，对牵引力的要求降低，加速踏板开度<100%，行驶系统仅需要行走电机驱动，要求动力耦合器的离合器分离，大转矩电机退出驱动。在此过程中，液压系统偶有微动，工作电机处于小功率输出工况。

2. 铲掘物料工况

装载机进入此工况车速迅速降低，牵引力快速增加，需求功率较大。装载机的牵引力迅速增加到最大牵引力，加速踏板开度100%，需要行走电机和大转矩电机同时驱动，要求动力耦合器的离合器接合，两台电机的动力经过动力耦合器耦合对传动系统输出，因为车速要求较低，所以电机的转速要控制得较低。装载机需要液压系统与行走系统配合工作，工作电机处于大功率输出工况。

3. 满载后退工况

装载机进入此工况要求车速从静止迅速加速到工作车速。装载机起步时需要较大的牵引力，加速踏板开度 100%，需要行走电机和大转矩电机同时驱动，要求动力耦合器的离合器接合，两台电机的动力经过动力耦合器耦合对传动系统输出；当车速升高到一定值时，对牵引力的要求降低，加速踏板开度<100%，行驶系统仅需要行走电机驱动，要求动力耦合器的离合器分离，大转矩电机退出驱动。到达预定换向位置后需要制动，此工况可以通过传动系统反拖行走电机为电池充电，最大限度地回收制动能量，如制动强度超出行走电机发电提供的转矩，为了保证作业安全，机械制动系统要能够随时弥补再生制动不能提供的制动转矩。在此工况中，液压系统还需要提升铲斗和转向，但功率要求不是很高，工作电机处于中等功率输出工况。

4. 满载举升前进工况

此工况要求装载机行走系统与液压系统配合工作。装载机起步时需要较大的牵引力，加速踏板开度 100%，需要行走电机和大转矩电机同时驱动，要求动力耦合器的离合器接合，两台电机的动力经过动力耦合器耦合对传动系统输出；当车速升高到一定值时，对牵引力的要求降低，行驶系统仅需要行走电机驱动，要求动力耦合器的离合器分离，大转矩电机退出驱动。但是液压系统仍需要以较高的功率提升动臂，将铲斗举升至预定的卸料高度，因此加速踏板开度仍为 100%。当装载机接近卸料地点时，减速过程可以采用再生制动，回收制动能量。同时液压系统需要驱动工作装置卸料，工作电机仍处于输出功率工况。

5. 空载后退工况

此工况要求装载机铲斗恢复到初始高度，可以实施铲斗势能回收的节能途径。装载机起步时需要较大的牵引力，加速踏板开度 100%，需要行走电机和大转矩电机同时驱动，要求动力耦合器的离合器接合，两台电机的动力经过动力耦合器耦合对传动系统输出；当车速升高到一定值时，对牵引力的要求降低，加速踏板开度<100%，行驶系统仅需要行走电机驱动，要求动力耦合器的离合器分离，大转矩电机退出驱动。空载后退工况的末端同样可以进入再生制动模式，最大限度地回收制动能量。

5.4.4　增程式混合动力装载机的设计与匹配

增程式混合动力装载机采用的电源应该是具有相对较高能量密度的动力电池，其单位重量和体积存储的电能更多，维持纯电动工作的时间更长。一般按照纯电动满负荷工作 2h 以上的容量设计。

行走电机主要用于供给装载机运输和行走所需的功率，要根据行走系统的功率要求进行匹配，转矩和转速要结合传动系统的速比调节能力来确定，同时还要考虑最大限度回收制动能量的需求。

大转矩电机主要用于满足装载机起步和铲掘物料工况的牵引特性，要根据装载机的牵引力要求和传动系统的速比，匹配额定转矩足以覆盖装载机牵引性能的电机。

工作电机主要用于驱动液压泵，为液压系统提供充足的液压能，按照液压泵的总功率和泵的转速进行匹配。

增程器是为增程式混合动力装载机提供后备能源的装备，要求其发动机要能够稳定地工作在经济区域，驱动发电机为电池以稳定的功率充电。增程器输出的功率要高于装载机的平均功率，只有这样才能够在增程式混合动力装载机工作过程中使动力电池的SOC得到恢复，电池的SOC恢复到一定程度时可以将增程器关闭，继续维持纯电动工作模式。

截至目前，真正的增程式混合动力装载机还处于研发阶段。在2011年美国拉斯维加斯CONEXPO工程机械展览会上，John Deere公司展出了两款电力传动装载机：644K型和944K型，两款机型都采用发动机驱动发电机产生电能，通过电缆向行走系统和工作电机输送电能，其中，644K型装载机采用一台行走电机，可以节能10%左右，944K型装载机采用四台轮边驱动电机，可以节能20%左右。在传动原理上，这两款装载机与增程式混合动力装载机有相似之处，但是这两款装载机都没有储能设备，因此还不能算作混合动力装载机，更谈不上增程式混合动力装载机。

5.5 油-液混合动力装载机传动技术

混合动力系统绝不仅仅局限于由发动机与电机系统构成，理论上可以由一切一次能源转化装置与可以实现能量回收的能量转化装置构成，且动力源不局限于两个。按照混合动力系统的定义，发动机与液压泵（马达)-蓄能器也可以构成混合动力装载机。

5.5.1 油-液混合动力装载机的结构

将传统装载机的传动系统并联一个二次液压元件，构成油-液混合动力装载机，如图5-51所示。油-液混合动力装载机通过二次液压元件回收传动系统在制动工况的制动能量，再在装载机起步时释放储存的液压能，辅助装载机驱动。

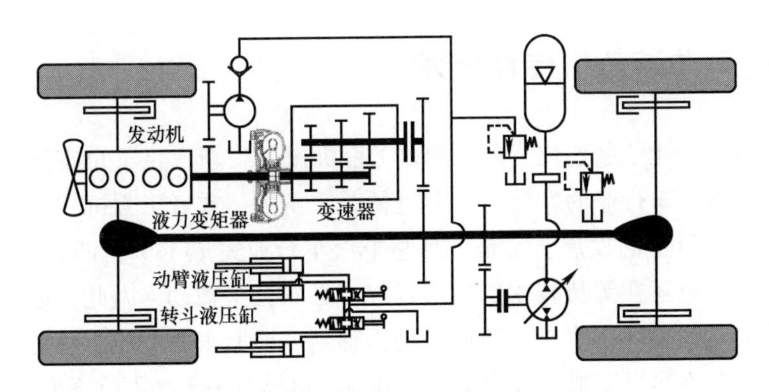

图 5-51　油-液混合动力装载机结构原理

油-液混合动力装载机的二次液压元件就是一个既可以当作马达又可以当作液压泵使用的液压元件，与之匹配的还有液压蓄能器，液压二次元件和液压蓄能器构成混合动力装载机的制动能量回收再利用系统。

5.5.2　油-液混合动力装载机的节能途径

图 5-51 所示的油-液混合动力装载机最大的优势就是回收装载机的制动能量。如前文所述，一般装载机的一个工作循环不超过 60s，但其中包含 4 次停车过程，其中 3 次要求以很高的制动强度对其制动。装载机作业时虽然车速不高，持续制动的时间较短，但是装载机的车身重量较大，蕴含的制动能量较高，能量回收的价值非常可观。二次液压元件系统的液压能量回收功率较大，经过合理匹配元件的性能，基本上可以回收装载机的制动能量。试验数据表明：油-液混合动力装载机最高可以回收制动能量的 90%以上，平均制动能量回收率可达 70%以上。

因为有二次液压元件的调节作用，发动机不必在装载机起步和铲掘物料工况输出很高的功率，在一定程度上控制了发动机的工作区间，还可以避免发动机工作点的剧烈迁移，这都将在油-液混合动力装载机上产生节能减排效果。

另外，在理论上油-液混合动力装载机因为二次液压元件的调节作用，降低了对发动机最高功率的要求，可以实施降功率匹配，但是因为降功率很小，所以没有被采用。

在 2010 年上海 Bauma 展上，展出了一台油-液混合动力装载机，官方宣传称可节能 25%，但未见有关该机型的后续报道。

5.6 纯电动装载机传动技术

迫于汽车行业“新四化”的影响，工程机械的“新四化”也在紧锣密鼓地进行着。看似汽车行业的发展与工程机械关系不大，或者工程机械技术进步明显滞后于汽车行业的发展。可是一旦整个汽车行业完成了“新四化”的布局，而工程机械行业还在等待技术的自然迁移，必然会很被动。因此，近几年工程机械行业面对汽车飞速的“电动化”进程感到了前所未有的压力和焦虑，如果工程机械行业不尽早实施“电动化”的升级，迟早有一天会面临无发动机可用，或发动机价格飙升的尴尬局面。

5.6.1 纯电动装载机的结构

简单地说，纯电动装载机就是把增程式混合动力装载机的增程器取消，增加车载电源的当量容量，可供装载机满负荷工作 5h 以上。从这个角度来说，纯电动装载机的结构更简单了。纯电动装载机的结构如图 5-52 所示，动力系统由工作电机驱动液压泵，产生驱动工作装置的液压能；行走电机通过两档变速器驱动装载机的行走系统；车载电源为大容量高功率的电池，电池的重量占纯电动装载机很大的比重，好在装载机对重量不太敏感，但是也有一个承受的极限，另外，还要考虑成本，不能一味地增加电池，期待着电池储能技术早日取得突破，届时纯电动装载机的满负荷工作时间将有新的突破。

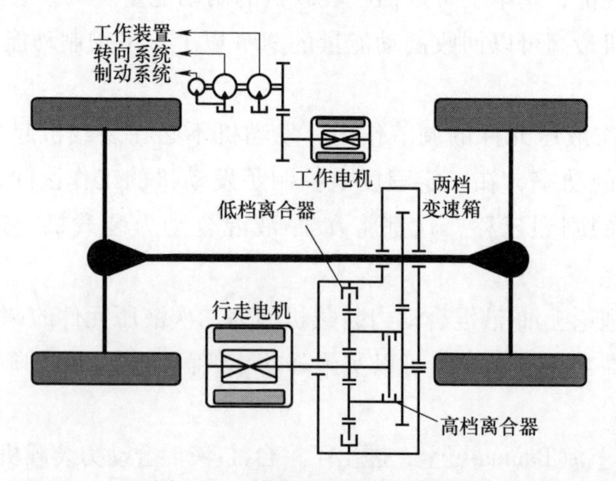

图 5-52　某纯电动装载机结构

5.6.2　纯电动装载机的匹配设计

这里仅讨论纯电动装载机传动系统的匹配设计问题。工作电机的功率要求根据装载机液压系统的载荷谱匹配，通常工作电机的额定功率要覆盖装载机最高功率要求，最高功率要大于所有泵的最高功率之和。工作电机的动力经过传动系统的转速应与泵的额定转速相当。

图 5-52 所示的纯电动装载机结构方案中只有一台行走电机，其实行走电机可以有两台，也可以有 4 台，不同结构的匹配方法有所差异。针对图 5-52 所示的结构方案，行走电机要结合变速器来匹配，使纯电动装载机变速器输出轴输出的动力特性与对标的传统装载机性能相当，对于具有基速以下恒转矩、基速以上恒功率外特性的电机，做到这一点并不困难，只要选配合适的变速器传动比就可以拼接出满足装载机行走系统驱动要求的变速器输出特性，如图 5-53 所示。

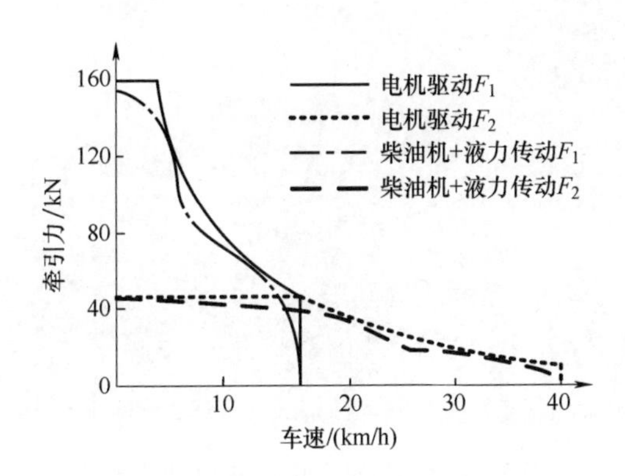

图 5-53　纯电动装载机与对标机型的车速-牵引力特性曲线

首先，电机和变速器匹配后要求在低档时满足装载机的最大牵引力要求，高档要满足最高车速要求，其次，要求低档与高档之间不能出现功率覆盖不到的区域，达到上述要求即完成了纯电动装载机行走电机的匹配。

电池的匹配是纯电动装载机匹配的难点，难度主要源于装载机工作循环能耗的计算和预估上。由于作业的物料和作业类型的不同，装载机每个循环能量消耗的差异很大，给纯电动装载机的满负荷作业时长估计带来了很大的不确定性。一般以铲掘某种坚硬的典型物料工作循环工况作为设计依据，统计计算每个作业循环的能量和循环时间，根据纯电动装载机设计的满负荷工作时长，反算电池容量和功率。

5.6.3 纯电动装载机对传动系统的要求

纯电动装载机的传动系统中取消了液力变矩器，档位也减少了一半，而且不需要倒档，电机可以用反转实现倒档功能。可是电机的转速比传统装载机提高了数倍，档位之间的速比差异也增加了，这就对传动系统降噪、对中和动平衡的要求更严格了，换档的冲击也比传统装载机更激烈了，而解决这些问题的难度远远超出了变速器结构复杂带来的难度。

5.6.4 纯电动装载机的性能

广西柳工机械股份有限公司 2019 年发布了一款 CLG856H MAX 纯电动装载机，如图 5-54 所示。

图 5-54　CLG856H MAX 纯电动装载机

该机匹配了 282kW · h 的三元锂电池，额定功率 160kW、峰值转矩 2800N · m、最高转速 3500r/min 的行走电机，额定功率 105kW 的工作电机。一次充满电可以满载工作 5h，充满电的时间为 1h，最大牵引力 170kN。该机型一经投放市场，立刻就受到广大用户的热烈欢迎。

参考文献

[1] 冶金工业部长沙矿山研究院露天装载机组. 露天装载机 [M]. 北京：机械工业出版社，1974.

[2] 杨占敏，王智明，张春秋，等. 轮式装载机 [M]. 北京：化学工业出版社，2006.

[3] 王胜春，靳同红，等. 装载机构造与维修手册 [M]. 北京：化学工业出版社，2011.

[4] 段传栋，朱碧华，杨锦霞，等. 装载机直线行驶振动理论模型及验证分析 [J]. 振动、测试与诊断，2022，42（1）：134-140，200.

[5] 张全根，高衡. 装载机 [M]. 北京：中国建筑工业出版社，1980.

[6] 罗映，王胜春，靳同红，等. 装载机构造与维修手册 [M]. 2 版. 北京：化学工业出版社，2014.

[7] 刘良臣，石光林. 装载机维修图解手册 [M]. 南京：江苏科学技术出版社，2007.

[8] 吉林工业大学工程机械教研室. 轮式装载机设计 [M]. 北京：中国建筑工业出版社，1982.

[9] 王丽，刘昕晖，王昕，等. 装载机数字液压传动系统换挡策略 [J]. 吉林大学学报（工学版），2017，47（3）：819-826.

[10] 金晓林，石来德，卞永明. 电动装载机轮边驱动行走系统设计与研究 [J]. 中国工程机械学报，2010，8（1）：62-65，71.

[11] 李亚芹. 道路坚实冰雪清除机理及关键部件研究 [D]. 长春：吉林大学，2015.

[12] 李玉玲，赵云峰，邹乃威. 装载机工作装置机构的演变史 [J]. 工程机械，2019，50（12）：100-109.

[13] 张云龙，诸文农，许纯新. 装载机半轴变均值、变幅值标准载荷谱制取方法 [J]. 机械工程学报，1995，31（5）：122-126.

[14] 殷涌光，诸文农. 非平稳随机载荷下齿轮载荷谱制取方法的探讨 [J]. 农业机械学报，1987（2）：50-56.

[15] MA W X，ZHANG Y B，LIU C B，et al. Prediction Method of the Fuel Consumption of Wheel Loaders in the V-Type Loading Cycle [J]. Mathematical Problems in Engineering，2015，2015：1-12.

[16] 张玉博. 基于 V 型作业循环的装载机动力性和经济性预测方法 [D]. 长春：吉林大学，2016.

[17] 常绿，徐礼超，吕猛，等. 基于典型工况试验的装载机循环工况构建 [J]. 农业工程学报，2018，34（1）：63-69.

[18] FILLA R. Operator and Machine Models for Dynamic Simulation of Construction Machinery [D]. Linköping：Linköping University，2005.

[19] FILLA R. An Event-driven Operator Model for Dynamic Simulation of Construction Machinery [C]//Scandinavian International Conference on Fluid Power. Linköping：[s. n.]，2011.

[20] 邹乃威，黄鸿岛，章二平，等. 面向作业终端动力需求的装载机循环工况的创建 [J]. 农业工程学报，2015，31 (1)：78-85.

[21] TATUM C B，VORSTER M，KLINGLER M. Innovations in Earthmoving Equipment：New Forms and Their Evolution [J]. Journal of Construction Engineering & Management，2006，132 (9)：987-997.

[22] 邹乃威，韩平，常胜，等. 装载机静液-机械无级传动系统数学建模及实例分析 [J]. 中国工程机械学报，2015，13 (2)：95-102.

[23] 党罡. 装载机液压机械复合传动牵引性能研究 [D]. 西安：长安大学，2018.

[24] 初长祥，马文星，仵晓强，等. 低速大能容的双涡轮液力变矩器 [R]. 广西柳工机械股份有限公司，2016.

[25] 王振宝，秦四成. 装载机液力变矩器的动态特性分析 [J]. 华南理工大学学报（自然科学版），2016，44 (7)：41-46.

[26] 惠记庄，程顺鹏，武琳琳，等. 装载机液力变矩器闭锁过程动态分析 [J]. 中国机械工程，2017，28 (16)：1899-1905，1913.

[27] 常绿，刘永臣. 基于挡位利用率的装载机传动比优化方法 [J]. 农业工程学报，2010，26 (7)：123-127.

[28] 李文嘉，王安麟，李晓田，等. 循环工况下变矩器叶片角设计空间的性能优化 [J]. 哈尔滨工程大学学报，2017，38 (11)：1781-1785.

[29] 姚亚敏，李怀义，王刚. 电传动装载机整车控制策略开发与硬件在环测试 [J]. 工程机械，2021，52 (1)：11-15.

[30] ZOU N W，ZHANG E P，CHU C X，et al. Study of Structure Scheme and Ratio Variety Mechanism for Wheel Loader Hydrostatic Mechanical Transmission [J]. Machine Tool & Hydraulics，2012，40 (19)：88-93.

[31] 莫艳芳. 纯电动装载机动力传动系统设计与开发 [J]. 工程机械，2022，53 (3)：83-86.

[32] 王松林，马文星，初长祥，等. 装载机液力变矩器闭锁技术的动力性和经济性分析 [J]. 北京理工大学学报，2014，34 (9)：907-911.

[33] 初长祥，马文星. 工程机械液压与液力传动系统：液压卷 [M]. 北京：化学工业出版社，2015.

[34] 黄海波，邹乃威. 装载机液力变矩器传动效率试验研究 [J]. 工程机械，2015，46 (6)：28-32.

[35] 张志文，赵丁选，李天宇，等. 基于自动变速的混合动力装载机控制策略 [J]. 东北大学学报（自然科学版），2015，36 (4)：532-536.

[36] 才委，褚亚旭，马文星. 双涡轮液力变矩器第一涡轮空转特性分析 [J]. 哈尔滨工程大学学报，2011，32 (7)：948-952.

[37] CAI W，CHU Y X，MA W X，et al. Analysis of the Torque Distribution Characteristics of Dual-

Turbine Torque Converter [C]//2010 8th World Congress on Intelligent Control and Automation (WCICA 2010). New York: IEEE, 2010: 2397-2400.

[38] 马文星，胡晶，褚亚旭，等. 双涡轮液力变矩器超越离合器动载强度分析 [J]. 吉林大学学报（工学版），2014，44（3）：675-679.

[39] 刘钊，肖学坤，朱玉田，等. 装载机用超越离合器改进与分析 [J]. 中国工程机械学报，2020，18（5）：420-424.

[40] 周云山，钟勇. 汽车电子控制技术 [M]. 北京：机械工业出版社，2004.

[41] 王意. 车辆与行走机械的静液压驱动 [M]. 北京：化学工业出版社，2014.

[42] 邹乃威，朱泉明，段传栋，等. 全液压装载机铲掘功能失效分析及修复 [J]. 工程机械，2021，52（8）：93-97.

[43] YANG S J, BAO Y, FAN C Y. Study on Characteristics of Hydro-mechanical Transmission in Full Power Shift [J]. Advances in Mechanical Engineering, 2018, 10 (7): 1-13.

[44] SAMORODOV V, KOZHUSHKO A, PELIPENKO E. Formation of a Rational Change in Controlling Continuously Variable Transmission at the Stages of a Tractor's Acceleration and Braking [J]. Eastern-European Journal of Enterprise Technologies, 2016, 4 (7): 37-44.

[45] ZHANG Z M, CUI H Y, LI R C, et al. Analysis of Main Characteristics of Hydro-mechanical Continuously Variable Transmission [C]//Proceedings of the 5th International Conference on Mechanical Engineering, Materials and Energy. Dordrecht: Atlantis Press, 2016: 88-92.

[46] RENIUS K T, RESCH R. Continuously Variable Tractor Transmissions [C]//The 2005 Agricultural Equipment Technology Conference. Louisville: American Society of Agricultural Engineers, 2005.

[47] NORTHUP R P. Development and Test of HMPT-500 [R]//US Government Science and Technology Report. [S. l.: s. n.], 1974.

[48] 罗俊林，吴维，苑士华，等. 液压机械无级变速器速比自抗扰控制研究 [J]. 汽车工程，2021，43（3）：374-380，404.

[49] WU W, LUO J L, WEI C H, et al. Design and Control of a Hydro-mechanical Transmission for All-terrain Vehicle [J]. Mechanism and Machine Theory, 2020, 154: 104052-104065.

[50] SHAKER A H. Stufenlose Hydrostatische Koppelgetriebe fuer Kraftfahrzeuge [D]. Bochum: University of Bochum, 1981.

[51] BERGER G. Automatische, Stufenlose Wirkends Hydrostatisches Lastschaltgetriebe Fuer Kraftfahrzeuge [D]. Bochum: University of Bochum, 1986.

[52] WANG W B, MOSKWA J J, RUBIN Z J. A Study on Automatic Transmission System Optimization Using a HMMWV Dynamic Powertrain System Model [C]//International Congress & Exposition. [S. l.: s. n.], 1999.

[53] KUMAR R. A Power Management Strategy for Hybrid Output Coupled Power-split Transmission to Minimize Fuel Consumption [D]. West Lafayette: Purdue University, 2010.

[54] NILSSON T, FROBERG A, ASLUND J. Predictive Control of a Diesel Electric Wheel Loader Powertrain [J]. Control Engineering Practice, 2015, 41: 47-56.

[55] ROSSETTI A, MACOR A. Multi-objective Optimization of Hydro-mechanical Power Split Transmissions [J]. Mechanism & Machine Theory, 2013, 62: 112-128.

[56] SCHULTE H. LMI-based Observer Design on a Power-split Continuously Variable Transmission for Off-road Vehicles [C]//2010 IEEE International Conference on Control Applications. New York: IEEE, 2010.

[57] 刘修骥. 车辆传动系统分析 [M]. 北京：国防工业出版社，1998.

[58] 魏超，苑士华，胡纪滨，等. 等差式液压机械无级变速器的速比控制理论与试验研究 [J]. 机械工程学报，2011，47（16）：101-105.

[59] 徐立友，周志立，彭巧励，等. 多段式液压机械无级变速器方案设计与特性分析 [J]. 中国机械工程，2012，23（21）：2641-2645.

[60] 杨树军，焦晓娟，鲍永，等. 油液含气量对液压机械换段性能的影响 [J]. 机械工程学报，2015，51（14）：122-130.

[61] 于今，吴超宇，胡宇航，等. 新型混合式液压机械复合变速器的特性分析 [J]. 江苏大学学报（自然科学版），2016，37（5）：507-511.

[62] 唐新星，赵丁选，黄海东，等. 工程车辆等比三段式液压机械的复合传动 [J]. 吉林大学学报（工学版），2006，36（S2）：56-61.

[63] 刘钊，张昱，吴仁智，等. 工程车辆电控机液复合传动试验台的设计与实现 [J]. 机床与液压，2008，36（1）：95-97.

[64] 王海飞，姚树新，孔燕，等. ZL50 装载机液压机械复合传动节能系统仿真研究 [J]. 西安建筑科技大学学报（自然科学版），2015，47（1）：141-146.

[65] 许佳音，楚红岩. Dana Rexroth 在 CeMAT 2014 展出 R2 液力机械变速器 [J]. 工程机械，2014，45（7）：71.

[66] 广西柳工机械股份有限公司. 机械液压混合无级传动变速箱：201710568175.6 [P]. 2017-09-15.

[67] 广西柳工机械股份有限公司. 机械液压混合传动变速箱：201710538549.X [P]. 2017-09-22.

[68] 邹乃威，韩平，邬万江，等. 内外啮合单排行星机构配齿条件 [J]. 中国工程机械学报，2018，16（6）：507-512.

[69] BENFORD H L, LEISING M B. The Lever Analogy: A New Tool in Transmission Analysis [J]. SAE Transactions, 1981, 90: 429-437.

[70] MERCATI S, PROFUMO G. Power Split Hydro-mechanical Variable Transmission (HVT) for Off-highway Application [C]//10th International Fluid Power Conference (10. IFK), Group 8-Mobile Hydraulics. [S. l. : s. n.], 2016.

[71] LEGNER J, REBHOLZ W, MORRISON R. ZF cPower-Hydrostatic-Mechanical Power Split

Transmission for Construction and Forest Machinery [C]//10th International Fluid Power Conference (10. IFK), Group 8-Mobile Hydraulics. [S. l.: s. n.], 2016.

[72] 邹乃威，段传栋，魏建伟，等. 利用虚拟杠杆分析复合传动系统无级变速特性方法研究[J]. 中国工程机械学报，2022，20 (1): 1-7.

[73] YOU Y, SUN D Y, QIN D T. Shift Strategy of a New Continuously Variable Transmission Based Wheel Loader [J]. Mechanism and Machine Theory, 2018, 130 (12). 313-329.

[74] 广西柳工机械股份有限公司. 调配装载机功率分配比例的方法：201810618715.1 [P]. 2018-11-06.

[75] 朱泉明，杨锦霞，朱斌强，等. 静液压装载机制动能量回收系统的研究 [J]. 工程机械，2021，52 (7): 93-99.

[76] 邹乃威，魏建伟，姚喜贵，等. 限制柴油机最高转速对装载机作业性能的影响 [J]. 中国工程机械学报，2020，18 (2): 171-177.

[77] 佳木斯大学. 一种切段长度可调节式青贮饲料收获机的切碎装置及其控制方法：201711346159.9 [P]. 2018-04-20.

[78] 佳木斯大学. 一种切段长度无级可调式青贮饲料收获机的切碎装置及其控制方法：201711346523.1 [P]. 2018-05-29.

[79] 佳木斯大学. 一种防塞止式青贮饲料收获机及其控制方法：201711345466.5 [P]. 2018-04-06.

[80] 佳木斯大学. 一种切段可调式青贮饲料收获机的切碎装置：201711345467.X [P]. 2018-05-29.

[81] ZOU N W, ZHANG E P, WEI Y T, et al. Study on Energy Saving by Means and Potentiality of Hybrid Wheel Loader with Energy Materials [J]. Advanced Materials Research, 2012 (578): 7-11.

[82] 邹乃威，章二平，韩平，等. 混合动力装载机节能途径分析及结构方案探讨 [J]. 工程机械，2012，43 (12): 43-51.

[83] 闫正军. 双轴并联插电式混合动力汽车能量管理策略及换挡规律研究 [D]. 北京：北京理工大学，2018.

[84] 邹乃威，章二平，任友存，等. 混合驱动系统动力耦合机构分类研究 [J]. 农机化研究，2011，33 (4): 200-203.

[85] 邹乃威，章二平，戴群亮，等. 并联混合动力装载机建模与仿真研究 [J]. 工程机械，2010，41 (11): 6-12.

[86] 邹乃威，章二平，于秀敏，等. 同轴并联混合动力装载机控制策略的研究 [J]. 中国工程机械学报，2012，10 (2): 132-138.

[87] 邹乃威，韩平，常胜，等. 混合动力装载机电力变矩机理 [J]. 中国工程机械学报，2014，12 (4): 287-292.

[88] 邹乃威，刘金刚，周云山，等. 混合动力汽车行星机构动力耦合器控制策略仿真 [J].

农业机械学报，2008，39（3）：5-9.

[89] 邹乃威，王庆年，刘金刚，等. 混合动力汽车行星机构动力耦合装置控制研究［J］. 中国机械工程，2010，21（23）：2847-2851.

[90] 石荣玲，赵继云，孙辉. 液压混合动力轮式装载机节能影响因素分析与优化［J］. 农业机械学报，2011，42（3）：31-35.

[91] 邹乃威，魏建伟，段传栋，等. 轮式装载机混合动力系统电力变矩控制策略［J］. 机械工程学报，2023，59（24）：1-11.

[92] 邹乃威，初长祥，段传栋，等. 装载机循环工况功率分布与功率分配规律［J］. 中国工程机械学报，2023，21（5）：427-432.